现代化学专著系列·典藏版　05

蛋白折叠液相色谱法

耿信笃　白　泉　王超展　著

科学出版社

北　京

内 容 简 介

　　本书是第一部全面和系统地论述用液相色谱对变性蛋白折叠并同时进行复性的专著，其内容涉及其原理、方法、设备、典型实验及其在化学、化工、生物化学、分子生物学、基因工程及生物制药等方面的应用。除对蛋白的分子结构及用于变性蛋白折叠的一般方法进行简要介绍外，本书主要论述将液相色谱用于变性蛋白折叠、分子构象变化及其工业化中所遇到的新理论、新方法、新设备和新技术。

　　本书可供化学、化工、生物化学、分子生物学、基因工程及生物制药等领域科研人员、工程师参考，也可作为高等院校相关专业教师和研究生用书。

图书在版编目(CIP)数据

现代化学专著系列：典藏版 / 江明，李静海，沈家骢，等编著. —北京：科学出版社，2017.1
ISBN 978-7-03-051504-9

Ⅰ.①现… Ⅱ.①江… ②李… ③沈… Ⅲ.①化学 Ⅳ.①O6

中国版本图书馆 CIP 数据核字(2017)第 013428 号

责任编辑：黄 海 吴伶伶 / 责任校对：包志虹
责任印制：张 伟 / 封面设计：铭轩堂

斜 学 出 版 社 出版
北京东黄城根北街 16 号
邮政编码：100717
http://www.sciencep.com

北京厚诚则铭印刷科技有限公司印刷

科学出版社发行 各地新华书店经销

＊

2017 年 1 月第 一 版　　开本：720×1000 B5
2017 年 1 月第一次印刷　　印张：19
字数：368 000

定价：7980.00 元（全 45 册）

（如有印装质量问题，我社负责调换）

前　言

自有人类历史以来，人类的一切活动，如科技进步、生产力发展和社会文明等，都是由人来推动并服务于人类的，如提高人类的生活质量、治疗疾病和延长寿命等，这就使生命科学成为当今科技的带头学科之一。如果说当今科技中另外的几个带头学科，如材料科学、信息科学所涉及的是提高人类生活质量的话，那么，人类健康及长寿则是成为提高人们生活质量更为关注的问题。

生命的基础是蛋白。在生命起源中，尽管科学家对如何从无机物变成有机物，氨基酸的合成及氨基酸如何由肽链连接成长度不同的多肽链，或蛋白质的氨基酸序列以及如何从活性蛋白质演化成有生命的生物体都了解得比较清楚。然而，对于如何从蛋白的无生物活性的氨基酸序列折叠成具有生物活性的、三维或四维的空间结构，迄今仍不清楚。有人指出，"蛋白质分子知道如何从它的一维结构折叠成它的三维或四维结构，但科学家并不知道，这是对科学家真正的挑战"。这的确反映出科学家对蛋白分子折叠机理了解得还很少。仅就有关蛋白折叠是由热力学控制，还是由动力学控制的争论，迄今为止尚未定论，因此，有关蛋白质的结构与其生物活性关系等许多奥秘都未曾揭开。这就吸引了许多科学家用毕生的精力来研究它，并称其为蛋白质科学。

从应用角度来说，用基因工程技术，可以重组出许多治疗疑难病的重组人蛋白药物或疫苗，从而出现了一个新型的高技术产业——生物制药。然而，目前收获量最大的由大肠杆菌（*E. coli*）生产的重组人治疗蛋白药物的氨基酸序列（蛋白的一维结构）是正确的，而其三维或四维结构基本上是错的。如果采用此法生产这类药物，首先要设法对其进行再折叠或复性。

虽然科学家采用了许多方法对变性蛋白进行复性，但一般折叠的成功率仅在5%～15%的范围，这就造成了这类药物药效高、成本极高、售价更高，大多数患者经济上承担不起，从而产生难以选择用此类药物进行治疗的问题。

有5次诺贝尔奖颁发给了对蛋白质科学研究有成就的科学家，在最近的3次（2002～2004年）诺贝尔化学奖中，就有2次。当今各国投入大量的人力和财力用于蛋白质组学的研究，更是显示出蛋白质科学在当今的科技发展中的重要地位。有2次诺贝尔化学奖专门颁发给了色谱科学家，并基于色谱的贡献，成就了另外相关的12次诺贝尔奖。那么，是否可以用色谱法解决蛋白折叠的问题呢？

笔者之一早在20世纪80年代就参加了我国的"863"高技术发展计划生物技术专题中的对重组人干扰素-γ的纯化工作，在解决此问题的过程中发现液相色谱的确能用于对变性蛋白进行复性，而且效果之佳出乎预料。作为科学上的新发现，在 1991 年发表了第一篇用高效疏水色谱法进行变性蛋白复性并同时纯化的论文，接着又于 1991 年在美国华盛顿召开的第 10 届国际蛋白、多肽及多糖的液相色谱会议上做了题为"高效疏水色谱是一种蛋白再折叠的工具"的大会报告，表明了疏水色谱和尺寸排阻色谱均可用于对变性蛋白复性，论文于 1992 年发表。两年后的 1994 年，美国、捷克、日本等国科学家分别用离子交换、亲和色谱和尺寸排阻色谱对变性蛋白进行了复性，迄今国际上已有多个研究小组进行这项研究。

这一方法受到国内外多个领域科学家的称赞，他们期望该法对其研究工作有所帮助。在产业部门工作的工程师则期望早日能将其用于工业化生产。科学技术的进步最终是要为推动生产力发展和为人类进步服务的，我们又经过 15 年的努力，克服了种种困难，设计了专门用于蛋白复性并同时纯化装置，即变性蛋白复性与同时纯化装置（USRPP）或色谱饼，使这一方法初步实现了工业化。

虽然在蛋白折叠和液相色谱两个领域中都出版过许多著作，但迄今为止，尚未见到有关用液相色谱对蛋白折叠这一新的特殊领域的专著。笔者之一作为该方法的提出者，在以往出版的两部著作即《现代分离科学理论导引》和《计量置换理论及应用》中也对该法进行过描述，但不详细，更不是系统的论述。笔者深深地感到有必要，也有义务将国内外这方面的工作进行系统总结，在总结过程中再提高，以便促进这一研究更深入和更快发展。希望《蛋白折叠液相色谱法》一书的出版能对在化学、化工、生化、基因工程和生物制药领域中从事教学、科学研究和进行生产的科技工作者及工程师有所帮助。

在过去 15 年中，笔者在研究和发展蛋白折叠液相色谱法及其应用方面的研究经费是来自于国家有关部委及陕西省有关部门，包括国家自然科学基金委员会的基础研究和高技术新概念项目、国家计划委员会高技术产业司下达并由陕西西大科林基因药业有限责任公司实施的产业化项目、科技部"863"生物技术项目和国家科技攻关项目、教育部留学回国人员资助项目、陕西省省长基金、陕西省计划委员会高技术产业化项目、陕西省科技厅、陕西省教育厅基础及应用研究项目及西北大学"211"工程重点建设项目。对于上述这些主管部门的关心、支持和帮助，笔者在此一并表示衷心的感谢！

笔者因在蛋白折叠液相色谱方面的研究成果于 1993 年和 1998 年两次获得陕西省科技进步一等奖以及 1994 年美国匹兹堡第 10 届国际发明与博览会金奖，在此对这些部门所给予笔者的肯定、鼓励和荣誉表示感谢。

在笔者过去的研究工作中，我国及国际上老一辈的化学家和工作在各个领域的科学家都曾给予笔者以大力的支持和帮助，他们对笔者寄予了很大的希望，然而笔者所完成的只是期望中很少的一部分，在此也谨向这些老一辈科学家的支持表示感谢！对所做的不满意之处，笔者表示歉意并请予以谅解。

笔者诚挚地感谢中国科学院高鸿院士、周同惠院士、陆婉珍院士，北京大学孙亦樑教授、茹炳根教授，中国军事医学科学院马立人教授以及北京理工大学的傅若农教授长期以来对此方面研究的支持，笔者同时也感谢西北大学卫引茂博士、申烨华博士、王骊骊博士对本研究做出的贡献。

由于水平有限，实际工作经验少，书中错误之处在所难免，望专家及读者能批评指正。

作　者

2005 年冬于西安

目　　录

第一章 绪 论

§1.1 蛋白折叠液相色谱法的定义

液相色谱（liquid chromatography，LC）与蛋白折叠（protein folding）是化学和生物化学中分别使用的两个术语，而蛋白折叠液相色谱法却是一个鲜为人知的专有名词。1997 年，英国剑桥大学的一个研究小组曾提出再折叠色谱（refolding chromatography）[1]，于 1999 年又提出氧化再折叠色谱（oxidative refolding chromatography）[2]，目的在于表明这是一个新的特别的方法。然而，这两个术语不仅不确切（至少应明确为 liquid chromatography），而且没有对它们下定义。这里讲的蛋白折叠液相色谱法，不仅是指在操作上只是将含变性蛋白样品溶液进样到 LC 柱上，再从流出液中接收目标蛋白的这样一种简单的操作方法，而是包含着如何将变性蛋白复性这样一个复杂过程在色谱柱上完成，结合色谱有很好的分离效果的特点，达到单独用通常复性方法和单独用通常液相色谱方法无法达到的蛋白复性，并能同时与杂蛋白分离的效果。因此，蛋白折叠液相色谱法可以定义为：有液相和固相起协同作用的，能实现蛋白折叠并满足质量控制所涉及的多种物理及化学过程的液相色谱法，称之为蛋白折叠液相色谱法（protein folding liquid chromatography，PFLC）。就其定义的含义讲，蛋白折叠还包含其折叠过程中所涉及的蛋白分子构象变化及折叠成稳定中间体（错误折叠）。这里要指出的 protein folding（蛋白折叠）和 protein refolding（蛋白再折叠）本是两个不同的概念。虽然二者均为从具有无序空间结构的、由氨基酸组成的肽链折叠成具有生物活性的天然蛋白结构的蛋白分子，但后者特指是在研究蛋白折叠时，将天然的蛋白先用不同的方法变性，再设法使其折叠成原有的天然蛋白结构状态。在本书中用 LC 法所进行的折叠均为后者，因其实质也是蛋白折叠，且文献中也常将二者混用，故本书中一律称蛋白折叠。

这个定义包括了四个方面的内容。① 固定相和流动相各自及其二者的协同作用对蛋白折叠均有不同贡献。② 必须能使目标蛋白完全或部分完成折叠。③ 所讲的质量控制包含了：固定相表面的化学组成及空间结构对变性蛋白中特定氨基酸片段的选择性吸附以有利于形成正确的区域结构（microdomain）；热力学稳定的区域结构，或折叠中间体进入 LC 的流动相后，能分别自动地成长，并折叠成具有天然蛋白空间结构的目标蛋白，而那些错误的蛋白区域结构、折叠中间体则会自动消失变成无序的去折叠状态；正确折叠的目标蛋白与那些错误折叠的，但很稳定的目标蛋白中间体的色谱分离。要指出的是，并非指通常意义上的用 LC 使目标蛋白与其他蛋白分离。④ 所指的多种物理或化学过程是包括可以生成沉淀（这是通常色谱法不能允许的）和溶解、氧化和还原、酸碱中和、缔合和解离等。这些通常只能在实验室中，在复相或均相溶液中才能进行的化学反应或物理过程。简而言之，可以将对蛋白复性所必需的化学或物理过程完全放在色谱柱上进行，并能在流出液中收获已完成复性的目标蛋白和去除不需要的、错误折叠的稳定的目标蛋白中间体、变性剂和其他种类型的杂蛋白。

由此看出，蛋白液相色谱折叠法不仅是一种新的蛋白折叠方法，而且是一种新的液相色谱方法。

§1.2　蛋白折叠液相色谱法的特色

依据 PFLC 的定义，可在 LC 柱上进行多种物理和化学过程，那么它就应显示出许多的、用单纯的在容器中进行通常的蛋白折叠，或单独用通常 LC 进行蛋白分离所实现不了的目的。换句话讲，具有特殊的功能。一个理想 PFLC 应同时具备如图 1-1 所示的以下四个功能，即除变性剂、变性目标蛋白复性、与杂蛋白分离、便于回收变性剂，或称为"一石四鸟"。一般只要 20~40min 就能完成这样一个"一石四鸟"的过程。此外，因为所用流动相可以连续改变其组成，故多种变性蛋白会各自"选择"适合自己的复性条件，一次色谱过程可使多种蛋白同时复性并实现纯化。

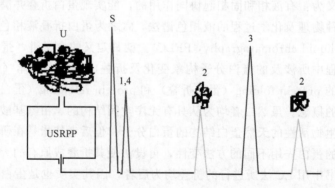

图 1-1　理想的蛋白折叠液相色谱法的"一石四鸟"功能示意图[4]

U. 变性蛋白；S. 溶剂；1. 变性剂溶液；2. 复性蛋白；3. 杂蛋白；4. 回收变性剂

用通常的稀释法进行变性蛋白复性时，无法除去变性剂和杂蛋白。由于稀释不可避免地会产生一些目标蛋白的沉淀，不仅造成目标蛋白的回收率低，而且通常要放置过夜后离心，因此在用该法复性后，还得再进行粗分离后进行精分离。如果用透析法对变性蛋白复性，一般需要 24h，且期间要多次更换透析缓冲液，该法虽然能除去绝大多数的变性剂，但不能完全除去变性剂，更不能与杂蛋白分离。

§1.3 发 展 史

在 20 世纪 80 年代后期，作者之一参加了我国"863"计划生物技术专题，承担了对用 *E.coli* 表达的重组人干扰素-γ（rhIFN-γ）制备规模的液相色谱的分离和纯化。当时就将用 7.0mol/L 盐酸胍（GuHCl）包涵体中提取的 rhIFN-γ 溶液，不经粗纯化直接进样到高效疏水色谱（HPHIC）柱上直接进行纯化。令我们吃惊的是，目标峰竟然有极高的生物活性，虽然当时得到的目标产品的纯度仅为 85%，但比活已高达 $5.7×10^7$ IU/mg。换句话讲，HPHIC 可用于 rhIFN-γ 的纯化并同时复性。这一结果在 1989 年的"863"生物技术年会上做了报告，并在 1991 年正式发表论文[3]，这是首次用 HPHIC 法于重组人治疗蛋白的复性并同时纯化，这一科学上的重要发现表明 LC 法有可能成为一种新的蛋白折叠工具。为此，又选择了蛋白分子质量为 $14.4～63$kDa① 的溶菌酶（Lys）、牛血清蛋白（BSA）、核糖核酸酶（RNase）及 α-Amy 四种标准蛋白，用 HPHIC 法进行复性并同时分离，发现前三者能完全复性，而后者仅能进行部分复性。用 SEC 法进行对照，结果表明，用 SEC 法也可进行变性蛋白复性并同时纯化，但效果不如 HPHIC。这一结果于 1991 年 11 月在美国华盛顿召开的第 10 届国际蛋白、多肽及多糖的液相色谱会议（ISPPP）上做了大会报告，引起了与会许多科学家的强烈反应，并于 1992 年在 *Journal of Chromatography* 杂志发表[4]。在该杂志编辑部送来的评审意见中写道 "A method in described to refold proteins by means of hydrophobic interaction chromatography. The idea is fascinating, because, as mentioned on page 8（指手稿中页码编号），the hydrophobic surface of the stationary phase and the mobile phase with continuous composition may provide a suitable environment for refolding of a protein and acceleration of the refolding process. The method is very simple and be optimized for a give protein. Therefore, this work is interesting and important. It is original in that no other papers dealing with this method have emerged during the past 5 years as has been verified by a computer aided search." ［阐明了一种用疏水色谱进行蛋白折叠的方法，这种想法是迷人的，因为正如在第 8 页（指手稿中页码）中提到的，固定相表面和可连续改变组成的流动相，可提供蛋白适合的复性环境并加速其折叠过程。因此，该研究是令人感兴趣的和重要的。用计算机对过去 5 年来的查寻，证明该研究属源头创新。］这一高度的评价无疑是对我们在科学上的新发现的充分肯定和鼓励。

1991 年在华盛顿召开的第 10 届 ISPPP 大会上报告时，大会上就有人提及该法放大到生产规模的可能性问题。从那时起，我们就开始思索并着手解决三个问

---

① 1Da＝$1.660\ 54×10^{-27}$kg，下同。

题：① 如何扩大应用范围；② 进行放大到生产规模的问题；③ 为何用 HPHIC 法对有些蛋白，如 α-淀粉酶的复性只能达到部分复性的结果？对一些蛋白能完全复性？对另外一些蛋白，完全不能复性？这就提出了用 HPHIC 对蛋白复性的机理等有关的理论研究课题。放大生产的最大障碍则是来自于一些变性蛋白，遇到盐水溶液的流动相就会产生沉淀，这样就导致柱压急剧升高，或堵塞柱头，或毁坏色谱柱等难题的产生。特别是疏水性很强的蛋白，如重组人治疗蛋白，就可能沉淀。如 rhIFN-γ、重组人细胞激落刺激因子（rhG-CSF），又如 7mol/L 盐酸胍（GuHCl）和 8mol/L 脲等的变性剂溶液，在遇到盐水溶液时情况更是如此。

在笔者意识到该法对未来基因工程制备蛋白药物贡献时，立即申请了"一种变性蛋白复性并同时纯化的方法"等两项发明专利[5,6]，并已获得批准。

1992 年，在法国召开的国际色谱研讨会上做了"HPHIC 对变性蛋白折叠机理研究"的报告[7]。后于 1993 年和 1994 年连续两年在美国《分析化学》上分别在其应用发展评论卷以 "Separation and Analysis of Peptides and Proteins"（蛋白和多肽的分离和分析）为标题[8]和在学科发展评论卷以 "Liquid Chromatography: Theory and Methodology"（液相色谱：理论和方法论）为标题又给予了高度的评价：In a unique practical application, Geng and Chang used HIC successfully as a means to separate denaturing agents from proteins such that protein refolding in facilitated in the HIC environment（作为一种特殊的用途，耿和常用疏水色谱法成功地将变性剂与蛋白折叠中的那些蛋白分离，从而使在疏水色谱环境中容易进行蛋白折叠）[9]。

笔者论文发表两年后的 1994 年，捷克的科学家 J. Suttnar 等用了强阴离子交换色谱（SAX）对 HPV16E7MS2 融合蛋白成功地实现了复性[10]。美国科学家 M. H. Wernner 用尺寸排阻色谱对 E. coli 制备的宿主体合因子（integration host factor）、核糖核酸酶 A（RNase -A）、rhETS-1 和 Rhodanese 进行了复性[11]，以及日本的两个研究组，即 Taguchi 等[12]和 Phadtare 等[13]分别用离子交换色谱法对 Rhodanese、Tubulin 以及 Glutamine synthetase、Human ETS-1 protein 进行了复性。1994 年 5 月，在美国召开的第 10 届国际发明与博览会（INPEX™X）上，以上成果 "New technology of renaturation with simultaneous purification of therapeutic proteins produced biotechnology"（基因工程生产的重组治疗蛋白复性并同时纯化新工艺）荣获金奖（图 1-2）。

1997 年，英国剑桥大学的一个研究组在将人工分子伴侣等三种组分键合在固定相表面后，对用其他方法根本无法复性的 Cyclophilin 进行复性，并提出一个专有名词——折叠色谱法（refolding chromatography）[1]，1999 年又提出了一个新名词——氧化折叠色谱法（oxidative refolding chromatography）[2]。如前所述，这两个名称并不准确。

1997 年，我们又在北京举办的亚太生物工程会（Asia-Pacific Biochemical

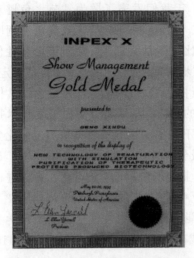

图 1-2　1994 年在美国召开举办的第 10 届国际发明与新产品博览会 (INPEX™ X)
上获金奖证书及奖章

Engineering Conference，October，20～30，1997，Beijing，China）上做了报告，并在名为《生物工程：迈向生物工程世纪》 （Biochemical Engineering：Marching forward the century of biochemical） 的会议论文集中发表了题为"蛋白复性并同时纯化装置［Renaturation and purification of proteins （USRPP）］，或称其为色谱饼（chromatographic cake）"的论文阐明了如何对变性蛋白进行复性[14,15]。用该 USRPP 的最大优点是，除了它仍具备通常色谱柱所有的如图 1-1 所示的"一石四鸟"功能外，还有色谱柱根本不可能具有的、能在进样或色谱过程中形成沉淀的条件下，进行正常的蛋白复性和纯化[16,17]。这看起来似乎只是一个纯技术的问题，其实在理论上还必须解决两个问题：① 在如此的 USRPP 上，目标蛋白分离和复性纯化是否会受影响？如果有，有多大的影响？② 在如此大直径的 USRPP 中，通用色谱中的"柱壁效应"对蛋白分离和复性有无影响？或到底有多大影响？这或许首先要建立一个有关蛋白质分离的"短柱理论"和解决蛋白复性动力学问题。笔者所在研究所首先用实验证实在 LC 中蛋白的分离以及蛋白复性基本与色谱柱长无关的结论[17]，并有两篇博士论文"蛋白质复性及同时纯化理论、装置及应用"[16]和"制备型色谱饼理论、性能及应用研究"[17]就是对这一问题的回答。这两篇博士论文的贡献就在于研究结果表明用该 USRPP 有可能放大到工业化的程度。

2000 年，笔者所在研究所首次测定了变性蛋白在用于变性蛋白折叠的 HPHIC 固定相表面的折叠自由能[18]，并发现固定相表面能为变性蛋白分子提供比通常蛋白复性缓冲液中高 $10\sim10^2$ 个数量级的能量进行折叠，有利于变性蛋白分子克服可能存在的能垒（energy barrier），为 HPHIC 对变性蛋白折叠取得好的效果提供了理论基础。在此基础上，2001 年我们发表了题为"疏水色谱对变性蛋白复性并同时纯化机理及应用"的论文[19]。这一研究是从微观角度阐明了用 HPHIC 进行蛋白折叠的分子学基础。这比一般认为的 LC 法对蛋白复性仅是防止变性蛋白分子聚集或沉淀的观点进深一步，即除此作用外，认为是固定相、流动相以及二者间的协同作用，促使变性蛋白折叠。2003 年，为纪念欧共体生物工程学会成立 25 年，在瑞士巴塞尔召开的第 11 届"欧洲生物工程学术报告会"上，在"生物工程发展战略进展"专题下做了"用疏水色谱法对工业化生产重组人干扰素-γ 复性并同时纯化"的大会报告，并全文收录在 *Journal of Bio-technology* 特辑中[20]。这一研究是首次在工业生产中用 LC 法对变性蛋白进行复性并同时纯化。对其在工业生产中 rhIFN-γ 生产工艺的重大改进，如图 1-3 所示。至此，从 20 世纪 90 年代初发现 LC 法能对变性蛋白复性这样一个科学上的新发现到设计并制作特殊的 USRPP，发展成高技术并用于工业化，共用了 15 年的时间。

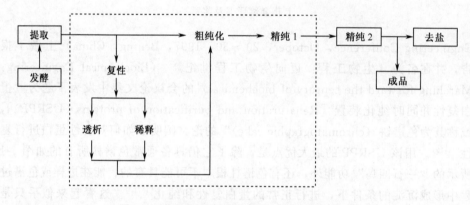

图 1-3　USRPP 缩短重组蛋白下游工艺示意图

图中的实线部分为通常的变性蛋白的先复性而后纯化的工艺路线图，而矩形虚线框则表示用 USRPP 一步可实现的效果

§1.4　本书的内容

为使读者对蛋白折叠液相色谱法（PFLC）有一个初步的认识，在本书第一章绪论中对这新一术语进行了详尽说明，目的是让读者一方面充分认识到 PFLC 法的复杂性，另一方面是在讲述该 PFLC 法优点的同时，又能激发读者的好奇心并积极参与和开发这一新的研究领域。讲述 PFLC 法发展史，一方面要让读者知道该 PFLC 法的发展过程，以增加读者的知识和智慧，另一方面也能再次使读者认识到科学研究的目标最终是要为社会发展、提高人类生活质量服务的。

蛋白复性是蛋白分子从无序到有序的立体结构的变化，为了能使读者更好地了解这一过程，第二章专门讲述了蛋白质的结构及分子构象变化，包括蛋白分子的化学结构，蛋白分子在溶液中为什么会产生分子构象变化以及研究其分子结构和分子构象变化的方法，在用液相色谱法进行蛋白折叠时，常常会用某种或某几种常用的研究蛋白分子构象变化方法进行比较，因此这些内容也是必须要知道的。

第三章介绍了如何用 LC 法研究蛋白分子构象变化。介绍了计量置换保留理论（SDT-R）是这一研究的理论基础。SDT-R 中的参数 Z 和 $\lg I$ 则是对蛋白分子构象变化大小的定量表征，还阐明了在反相液相色谱（RPLC）、疏水相互作用色谱（HIC）、离子交换色谱（IEC）中如何用 Z 对蛋白分子构象进行表征，以及如何用 $\lg I$ 对生物大分子构象表征方法。

第四章介绍要研究蛋白折叠液相色谱法，必须对蛋白折叠有充分的了解，包括蛋白分子能进行折叠或再折叠的理论依据，常用的蛋白折叠方法各自的优缺点，以及当前的进展状况。为了能使 PFLC 法用于实际，特别是能用到基因工程，E.coli 这些治疗蛋白基本上无生物活性地存在于包涵体中，必须先在包涵体中提取，再对重组人治疗蛋白进行复性。常用的方法之所以复性效率极低，就是形成了稳定的中间体或错误的折叠。这样就要求对折叠中间体性质进行研究。只有在了解到用 LC 法对蛋白折叠的机理，才能对变性蛋白进行复性。

第五章介绍了常用的可用于变性蛋白再折叠的方法，包括通用型的尺寸排阻色谱（SEC）、IEC、HIC 及选择性高的亲和色谱（AFC）。分别介绍了各自的复性机理、方法、优点、缺点及影响蛋白复性的因素。此外还对 PFLC 法未来的发展提出了看法和建议。

第六章介绍了在液–固界面上蛋白折叠自由能（$\Delta\Delta G$）测定的理论基础，通常测定 $\Delta\Delta G$ 方法及如何用 LC 法进行测定的方法论的建立，并在折叠路径上寻找是否存在着能垒或能阱。

第七章介绍变性蛋白复性并同时纯化装置（USRPP）。依据短柱理论，厚度仅 1cm 甚至更短，而直径远大于厚度的 USRPP 为什么能具有几乎与通常色谱柱一样好的、对蛋白分离及复性的效果。依次介绍了可用以分析型及制备型的 USRPP，并能用于变性蛋白的复性并同时纯化。依据 SDT-R 的溶质保留仅与其和色谱固定相表面的接触面积大小有关的观点，重新启用可以不用色谱输液泵的、能在低压条件下工作的大颗粒的长柱，又叫科林快速蛋白纯化柱，对蛋白进行分离并同时纯化。在提到变化蛋白复性策略的同时，举例说明这两类特殊色谱"柱"的应用。

第八章介绍重组蛋白药物的复性并同时纯化的工业化生产例子。从实验室规模放大到生产规模并非简单的线性放大，在讲述难点和最优化基础上，以 rhIFN-γ 和 rhG-CSF 为例，如何在规模上对其进行复性并同时纯化。

为了能使读者充分地理解和在实践中运用 PFLC，第九章给出几个更具代表性的用 USRPP 和科林快速蛋白纯化柱进行蛋白复性和纯化的实验，包括证实色谱饼及变化蛋白复性与同时纯化和科林快速蛋白纯化柱对标准蛋白分离效果实验（实验一和实验五），实验二为用科林快速蛋白纯化核对猪心中细胞色素 c 的分离与纯化，使读者亲自领略到这两类柱的分离效果。实验三为用科林快速蛋白纯化柱对变性溶解酶和核糖核酸酶复性与同时纯化。实验四为 rhIFN-γ 的复性及同时纯化。实验六为用科林快速蛋白纯化核对还原变性溶解酶的复性。

参 考 文 献

[1] Altamirano M M, Golbik R, Zahn R et al. Refolding chromatography with immobilized mini-chaperones. Proc Natl Acad Sci USA, 1997, 94 (8): 3576~3578

[2] Altamirano M M, Garcia C, Possani L D et al. Oxidative refolding chromatography: folding of the scorpion toxin Cn5 [see comments]. Nat Biotechnol, 1999, 17 (2): 187~191

[3] 耿信笃, 常建华, 李华儒等. 用制备高效疏水作用色谱复性和预分离重组人干扰素-γ. 高技术通讯, 1991, 1 (7): 1~8

[4] Geng X D, Chang X., High-performance Hydrophobic Interaction Chromatography as A Tool for Protein Refolding, J. Chromatogr, 1992, 599: 185~194

[5] 耿信笃, 冯文科, 边六交等. 一种变性蛋白复性并同时纯化方法. 中国专利, ZL92102727. 3

[6] 常建华, 耿信笃. 端酯基硅胶高效疏水色谱填料及合成方法. 中国专利, ZL92102727. 3

[7] Geng X D, Chang X Q, Li H R. Studies on the mechanism of protein folding with high performance hydrophobic interaction chromatography. Oral paper. 19th International Symposium on Chromatography, France, Aix-en Province, September 13~18, 1992

[8] Schoneich C, Kwok S K, Wilson G S et al. Anal Chem, 1993, 65: 67~84

[9] Dorsey J G, Cooper W T, Wheeler J F et al. Anal Chem, 1004, 66: 00~546

[10] Suttnar J, Dyr J E, Hamsikova E et al. Procedure for ref-olding and purification of recombinant proteins from *Escherichia coli* inc-lusion bodies using a strong anion exchanger. J Chromatogr B, 1994, 656 (1): 123~126

[11] Werner M H, Clore G M, Gronenborn A M et al. Refolding proteins by gel filtration chromatography. FEBS Lett, 1994, 345 (2~3): 125~130

[12] Taguchi H, Makino Y, Yshida M. Monomeric chaperonin-60 and its 50-kDa fragment possess the ability to interact with non-native proteins, to suppress aggregation, and to promote proteins folding. J Biol Chem, 1994, 269: 8529~8634

[13] Phadtare S, Fisher M T, Yarbrough L R. Refolding and release of tubulins by a functional immobilized groEL column. Biochem Biophys Acta, 1994, 1208 (1): 189~192

[14] 刘彤, 耿信笃. 多功能蛋白质增活器的研制及性能研究. 西北大学学报（自然科学版）, 1999, 29 (2): 123~126

[15] Liu T, Geng X D. A Unit for Simultaneous Renaturation and Purification of Proteins. Shen Z Y, Ouyang F, Yu J T, Cao Z A. In: Biochemical Engineering: Marching toward the century of biotechnology. Tsnghua Univ Press, 1997. 879~882

[16] 刘彤. 制备型色谱饼的理论、性能研究. 西北大学博士论文, 1999

[17] 张养军. 制备型色谱饼的理论、性能及应用研究. 西北大学博士论文, 2001

[18] 耿信笃, 张静, 卫引茂. 在液-固界面上变性蛋白折叠自由能的测定. 科学通报, 1999, 44 (19): 2046~2049

[19] Geng X D, Bai Q, Science in China (Ser. B), 2002, 45: 655~669

[20] Geng X D, Bai Q, Zhang Y J et al. J Biotech, 2004, 113: 137~149

第二章　蛋白质的结构与构象变化

§2.1　概　　述

　　蛋白质是一类重要的生物大分子，在生物体内占有特殊的地位，它与核酸是构成细胞内原生质的主要成分，是生命现象的主要物质基础。蛋白质的生物学活性不仅取决于其特定的化学结构，而且还取决于其特定的空间结构，如果化学结构不发生改变，因空间结构破坏也会导致蛋白质生物学功能的丧失。已经获得许多蛋白质的纯品，根据蛋白质元素分析表明，蛋白质主要含有碳、氢、氧、氮。此外还含有少量的硫。有些蛋白质还含有一些其他的元素，主要是磷、铜、铁、碘、锌和钼等。就其化学结构来说，有些蛋白质完全由氨基酸残基构成的多肽链组成，称为简单蛋白质，如核糖核酸酶、胰岛素等；有些蛋白质除了肽链部分外，还有非肽链部分，这种成分称为辅基或配基，这类蛋白质称为结合蛋白质，如血红蛋白、核蛋白。蛋白质的相对分子质量变化范围很大，为 5000～100 000 或更大一些。

　　蛋白质分子的结构与功能的研究是生命科学中一个核心问题。蛋白质的生物学功能在很大程度上取决于其空间结构，蛋白质结构和分子构象多样性导致了不同的生物学功能。蛋白质结构与功能关系研究是进行蛋白质功能预测及蛋白质设计的基础。蛋白质分子只有处于特定的三维空间结构情况下，才能获得特定的生物活性；三维空间结构稍有破坏，就很可能导致蛋白质生物活性的降低甚至丧失。因为它们的特定结构允许它们结合特定的配体分子。例如，血红蛋白和肌红蛋白与氧的结合、酶和它的底物分子、激素与受体，以及抗体与抗原等。知道了基因密码，科学家们可以推演出组成某种蛋白质的氨基酸序列，却无法绘制蛋白质空间结构。因而，揭示人类每一种蛋白质的空间结构，已成为后基因组时代研究的制高点，这也就是结构基因组学的基本任务。对于蛋白质空间结构的了解将有助于对蛋白质功能的确定。同时，蛋白质是药物作用的靶标，联合运用基因密码知识和蛋白质结构信息，药物设计者可以设计出小分子化合物，抑制与疾病相关的蛋白质，进而达到治疗疾病的目的。因此，后基因组研究有非常重大的应用价值和广阔前景。

　　蛋白质功能，不仅与蛋白质的一级结构有关，而且还与蛋白质的空间结构有关。如果我们只了解蛋白质的一级结构，而不了解蛋白质的空间结构，那么，我们就不能全面、彻底地阐明蛋白质结构与功能的相互关系。因此，为了要弄清蛋白质结构与功能的关系，我们不仅要测定蛋白质的一级结构，更要测定它的空间结构。本章主要介绍蛋白质分子的化学结构以及通常蛋白质分子构象的研究方法等。

§2.2　蛋白质分子的化学结构[1]

蛋白质是一种生物大分子，基本上是由 20 种氨基酸以肽键连接成肽链。肽键连接成肽链称为蛋白的一级结构。不同蛋白质其肽链的长度不同，肽链中不同氨基酸的组成和排列顺序也各不相同。肽链在空间卷曲折叠成为特定的三维空间结构，包括二级结构和三级结构两个主要层次。有的蛋白质由多条肽链组成，每条肽链称为亚基，亚基之间又有特定的空间关系，称为蛋白质的四级结构。所以，蛋白质分子有非常特定的复杂的空间结构。一般认为，蛋白质的一级结构决定二级结构，二级结构决定三级结构。

线性多肽链在空间折叠成特定的三维空间结构，称为蛋白质的空间结构或构象。蛋白质的空间结构具体包括：二级结构、超二级结构、结构域、三级结构和四级结构。

蛋白质分子的一级结构是指多肽链中氨基酸残基的排列顺序，即它的化学结构。

氨基酸是蛋白质分子的基本组成单位。氨基酸是带氨基的有机酸，它由一个氨基、一个羧基、一个氢原子和一个 R 基团所组成。一切蛋白质都是由表 2-1 中所列出的 20 种氨基酸组成的。这些氨基酸按照其侧链 R 基团的化学性质可分为亲水和疏水两大类。在亲水性侧链中，又可进一步分为中性、酸性和碱性侧链基团。

表 2-1　组成蛋白质的 20 种氨基酸[1,2]

名称	英文名称	R	三字母简写	一字母简写	等电点
甘氨酸	glycine	H	Gly	G	5.97
(1)疏水性侧链					
丙氨酸	alanine	CH_3	Ala	A	6.02
缬氨酸	valine	$CH(CH_3)_2$	Val	V	5.97
亮氨酸	leucine	$CH_2CH(CH_3)_2$	Leu	L	5.98
异亮氨酸	isoleucine	$CH(CH_3)CH_2CH_3$	Ile	I	6.02
苯丙氨酸	phenylalanine	CH_2-⬡	Phe	F	5.48
酪氨酸	tyrosine	CH_2-⬡$-OH$	Tyr	Y	5.66
色氨酸	tryptophane	CH_2	Trp	W	5.98
脯氨酸	proline	$CH_2-CH_2-CH_2-CH-N_\alpha$	Pro	P	6.30
蛋氨酸	methionine	$CH_2-CH_2-S-CH_3$	Met	M	5.72

名称	英文名称	R	三字母简写	一字母简写	等电点
(2)亲水中性氨基酸					
丝氨酸	serine	CH_2OH	Ser	S	5.68
苏氨酸	threonine	$CH(OH)CH_3$	Thr	T	6.53
天冬酰胺	asparagine	$CH_2—CONH_2$	Asn	N	5.41
谷氨酰胺	glutamine	$CH_2CH_2—CONH_2$	Gln	Q	5.65
(3)亲水酸性侧链					
天冬氨酸	aspartic acid	$CH_2—COO^-$	Asp	D	2.97
谷氨酸	glutamic acid	$CH_2CH_2—COO^-$	Glu	E	3.22
(4)亲水碱性氨基酸					
组氨酸	histidine	CH_2（咪唑环）	His	H	7.59
赖氨酸	lysine	$CH_2CH_2CH_2CH_2—NH_3^+$	Lys	K	9.74
精氨酸	arginine	$CH_2CH_2CH_2NC(NH_2)_2$	Arg	R	10.76
半胱氨酸	cysteine	$CH_2—SH$	Cys	C	5.02

组成蛋白质的氨基酸残基是通过肽键（图 2-1）进行连接的。最简单的肽是

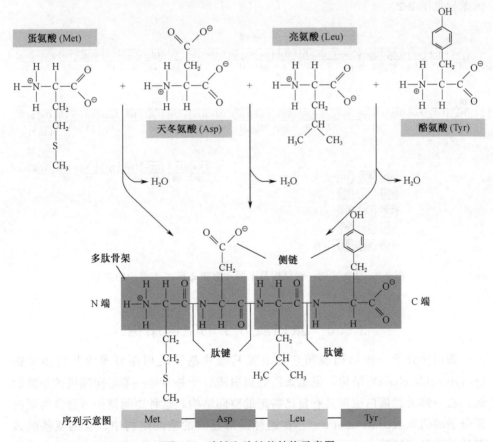

图 2-1　肽键和肽链的结构示意图

由两个氨基酸分子之间失去 1 个水分子形成肽键（—CO—NH—）。氨基酸借肽键连接起来叫做肽，肽是一大类物质，即两个氨基酸组成的肽叫做二肽；三个氨基酸组成的肽叫做三肽；多个氨基酸组成的肽叫做多肽。氨基酸借肽键连成长链，称为肽链（图 2-1），肽链两端有自由—NH$_2$和—COOH，自由—NH$_2$端称为 N 末端（氨基末端），自由—COOH端称为 C 末端（羧基末端）。构成肽链的氨基酸已残缺不全，称为氨基酸残基。肽链中的氨基酸的排列顺序，一般为—NH$_2$端开始，由 N 指向 C，即多肽链有方向性，N 端为头，C 端为尾。肽键是蛋白质分子的主链骨架结构的重复单位。

每一种蛋白质分子都有自己特有的氨基酸的组成和排列顺序，即一级结构，由这种氨基酸排列顺序决定它的特定的空间结构，也就是蛋白质的一级结构决定了蛋白质的二级、三级等高级结构，这就是著名的 Anfinsen 原理。

胰岛素（insulin）由 51 个氨基酸残基组成，分为 A、B 两条链。A 链 21 个氨基酸残基，B 链 30 个氨基酸残基。A、B 两条链之间通过两个二硫键联结在一起，A 链另有一个链内二硫键。胰岛素的一级结构及不同动物胰岛素在 A 链中的差异见图 2-2。

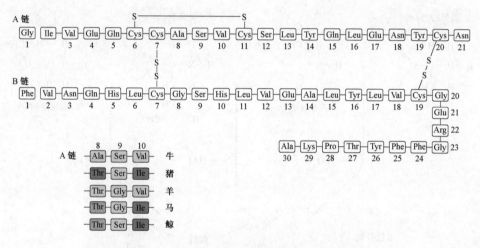

图 2-2　胰岛素的一级结构及不同动物胰岛素在 A 链中的差异

§2.3　蛋白质分子的空间结构

蛋白质分子一级结构表明它是由氨基酸残基首尾相连而成的共价多肽链（polypeptide chain）结构，但是天然的蛋白质分子并不是一条走向随机的松散肽链，每一种天然蛋白质都具有自己特定的空间结构，这种空间结构通常称为蛋白质分子的构象（conformation）。在这种紧密卷曲的空间结构中，有的氨基酸残基的侧链基团被卷曲内埋在分子的疏水内环境，有的则暴露在分子的亲水表面上，有的处于活性部位的疏水口袋内，有的则处于两个结构域之间的松散部位。侧链基团所处的微环境对于它们的化学反应具有重要的影响。因此，有必要了解蛋白质分子的空间结构。

线性的多肽链在空间中折叠成特定的三维空间结构，称为蛋白质的高级结构或构象。前面已经提到，蛋白质的空间结构包括以下几个结构层次：二级结构、超二级结构、三级结构和四级结构。

2.3.1 蛋白质二级结构

蛋白质的二级结构（secondary structure）是指多肽链借助于氢键沿一维方向排列成具有周期性的结构的构象，是多肽链局部的空间结构（构象），主要有 α-螺旋、β 折叠、β 转角等几种形式，它们是构成蛋白质高级结构的基本要素。

1. α-螺旋

α-螺旋（α-helix，图 2-3）是蛋白质中最常见、最典型、含量最丰富的二级结构元件。在 α-螺旋中，每个螺旋周期包含 3.6 个氨基酸残基，残基侧链伸向外侧，同一肽链上的每个残基的酰胺氢原子和位于它后面的第 4 个残基上的羰基氧原子之间形成氢键。这种氢键大致与螺旋轴平行。一条多肽链呈 α-螺旋构象的推动力就是所有肽键上的酰胺氢和羰基氧之间形成的链内氢键。在水环境中，肽键上的酰胺氢和羰基氧既能形成内部（α-螺旋内）的氢键，也能与水分子形成氢键。如果后者发生，多肽链呈现类似变性蛋白质那样的伸展构象。疏水环境对于氢键的形成没有影响，因此，更可能促进 α-螺旋结构的形成。

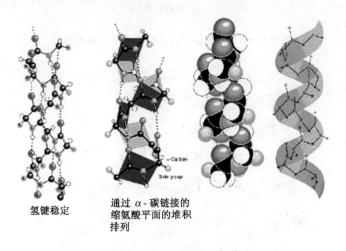

氢键稳定　　　通过 α-碳链接的缩氨酸平面的堆积排列

图 2-3　四种不同的 α-螺旋

2. β 折叠

β 折叠（β sheet）也是一种重复性的结构，可分为平行式和反平行式两种类型，它们是通过肽链间或肽段间的氢键维系（图 2-4）。可以把它们想像为由折叠的条状纸片侧向并排而成，每条纸片可看成是一条肽链，称为 β-折叠股或 β 股（β-strand），肽主链沿纸条形成锯齿状，处于最伸展的构象，氢键主要在股间而不是股内。α-碳原子位于折叠线上，由于其四面体性质，连续的酰胺平面排列成折叠形式。需要注意的是，在折叠片上的侧链都垂直于折叠片的平面，并交替地从平面上下两侧伸出。平行折叠片比反平行折叠片更规则且一般是大结构，而反平行折叠片可以少到仅由两个 β-股组成。反平行 β-折叠如图 2-5 所示。

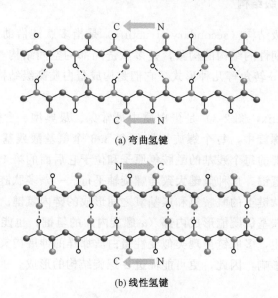

(a) 弯曲氢键

(b) 线性氢键

图 2-4　在平行和反平行 β-折叠片中氢键的排列

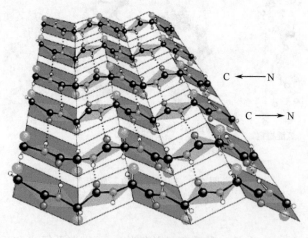

图 2-5　反平行 β-折叠

3. β-转角

　　β-转角（β-turn）是一种简单的非重复性结构。在 β-转角中第一个残基的
C＝O 与第四个残基的 N—H 氢键键合形成一个紧密的环，使 β-转角成为比较
稳定的结构，多处在蛋白质分子的表面，在这里改变多肽链方向的阻力比较小。
β-转角的特定构象在一定程度上取决于它的组成氨基酸，某些氨基酸如脯氨酸和
甘氨酸经常存在其中，由于甘氨酸缺少侧链（只有一个 H），在 β-转角中能很好
地调整其他残基的空间阻碍，因此是立体化学上最合适的氨基酸；脯氨酸具有环
状结构和固定的角，因此在一定程度上迫使 β-转角形成，促使多肽自身回折且这
些回折有助于反平行 β 折叠片的形成。其他二级结构元件还有 β-凸起（β-bugle）、
无规卷曲（random coil）等。两种主要类型的 β-转角如图 2-6 所示。RNase 的某
些二级结构见图 2-7。

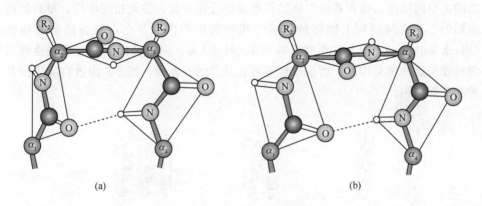

(a)　　　　　　　　　　　　　　(b)

图 2-6　两种主要类型的 β-转角

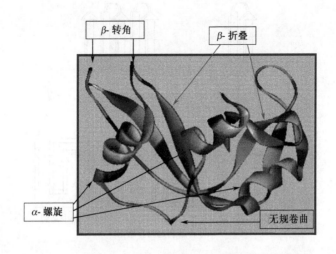

图 2-7　RNase 的某些二级结构

蛋白质可分为纤维状蛋白和球状蛋白。纤维状蛋白通常是水不溶性的,在生物体内常常起着结构和支撑的作用,这类蛋白质的多肽链只是沿一维方向折叠,β-折叠以反式平行为主且折叠片氢键主要是在不同肽链之间形成的;球状蛋白一般都是水溶性的,是生物活性蛋白,它们的结构比起纤维状蛋白来说要复杂得多。α-螺旋和 β-折叠在不同的球状蛋白质中所占的比例是不同的,平行和反平行 β-折叠几乎同样广泛存在,既可在不同肽链或不同分子之间形成,也可在同一肽链的不同肽段(β-股)之间形成。β-转角、卷曲结构或环结构也是它们形成复杂结构不可缺少的。

2.3.2 超二级结构

超二级结构(supersecondary structure)是介于蛋白质二级结构和三级结构之间的空间结构,指相邻的二级结构单元组合在一起,彼此相互作用,排列形成规则的、在空间结构上能够辨认的二级结构组合体,并充当三级结构的构件(block building),其基本形式有 $\alpha\alpha$、$\beta\alpha\beta$ 和 $\beta\beta\beta$ 等。多数情况下只有非极性残基侧链参与这些相互作用,而亲水侧链多在分子的外表面。图 2-8 为蛋白质中的几种超二级结构。

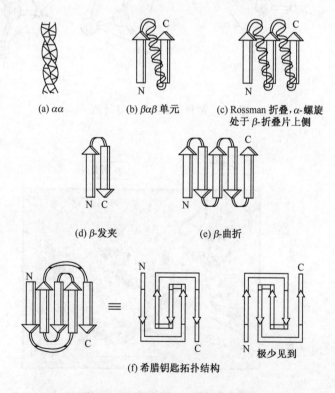

(a) $\alpha\alpha$ (b) $\beta\alpha\beta$ 单元   (c) Rossman 折叠,α-螺旋处于 β-折叠片上侧

(d) β-发夹   (e) β-曲折

(f) 希腊钥匙拓扑结构

图 2-8 蛋白质中的几种超二级结构

2.3.3　结构域

结构域（domain）是在二级结构或超二级结构的基础上形成三级结构的局部折叠区，一条多肽链在这个域范围内来回折叠，但相邻的域常常被一个或两个多肽片段连接。通常由 50～300 个氨基酸残基组成，其特点是在三维空间可以明显区分和相对独立，并且具有一定的生物功能如结合小分子。模体或基序（motif）是结构域的亚单位，通常由 2～3 个二级结构单位组成，一般为 α-螺旋、β-折叠和环（loop）。蛋白质分子结构域如图 2-9 所示。

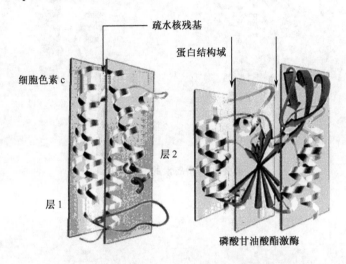

图 2-9　蛋白质分子结构域示意图

对那些较小的球状蛋白质分子或亚基来说，结构域和三级结构是一个意思。也就是说，这些蛋白质或亚基是单结构域的，如红氧还蛋白等；较大的蛋白质分子或亚基其三级结构一般含有两个以上的结构域，即多结构域的，其间以柔性的铰链（hinge）相连，以便相对运动。结构域有时也指功能域。一般来说，功能域是蛋白质分子中能独立存在的功能单位，它可以是一个结构域，也可以是由两个或两个以上结构域组成。

结构域的基本类型有全平行 α-螺旋结构域、平行或混合型 β-折叠片结构域、反平行 β-折叠片结构域和富含金属或二硫键结构域等四种。

2.3.4　三级结构

三级结构（tertiary structure）主要针对球状蛋白质而言的，是指整条多肽链由二级结构元件构建成的总三维结构，包括一级结构中相距远的肽段之间的几何相互关系及骨架和侧链在内的所有原子的空间排列。在球状蛋白质中，侧链基团的定位是根据它们的极性安排的。蛋白质特定的空间构象是由氢键、离子键、偶极与偶极间的相互作用、疏水作用等作用力维持的，疏水作用是主要的作用力。有些蛋白质还涉及二硫键。如果蛋白质分子仅由一条多肽链组成，三级结构就是它的最高结构层次。图2-10为胰岛素的三级结构。图2-11为溶菌酶分子的三级结构。

图 2-10　胰岛素的三级结构

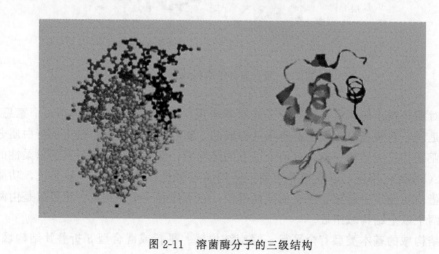

图 2-11　溶菌酶分子的三级结构

　　蛋白质的折叠是有序的、由疏水作用力推动的协同过程。伴侣分子在蛋白质的折叠中起着辅助性的作用。蛋白质多肽链在生理条件下折叠成特定的构象是热力学上一种有利的过程。折叠的天然蛋白质在变性因素影响下，变性失去活性。在某些条件下，变性的蛋白质可能会恢复活性。

2.3.5 四级结构

四级结构（quaternary structure）是指在亚基和亚基之间通过疏水作用等次级键结合成为有序排列的特定的空间结构。四级结构的蛋白质中每个球状蛋白质称为亚基，亚基通常由一条多肽链组成，有时含两条以上的多肽链，单独存在时一般没有生物活性。亚基有时也称为单体（monomer），仅由一个亚基组成的并因此无四级结构的蛋白质如核糖核酸酶称为单体蛋白质，由两个或两个以上亚基组成的蛋白质统称为寡聚蛋白质、多聚蛋白质或多亚基蛋白质。多聚蛋白质可以是由单一类型的亚基组成，称为同多聚蛋白质，或由几种不同类型的亚基组成，称为杂多聚蛋白质。对称的寡聚蛋白质分子可看成由两个或多个不对称的相同结构成分组成，这种相同结构成分称为原聚体或原体（protomer）。在同多聚体中原体就是亚基，但在杂聚体中原体是由两种或多种不同的亚基组成。

血红蛋白分子就是由两个由 141 个氨基酸残基组成的 α-亚基和两个由 146 个氨基酸残基组成的 β-亚基，按特定的接触和排列组成的一个球状蛋白质分子，每个亚基中各有一个含亚铁离子的血红素辅基。4 个亚基间靠氢键和 8 个离子键维系着血红蛋白分子严密的空间构象。血红蛋白的四级结构如图 2-12 所示。

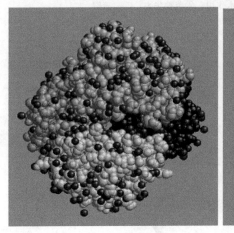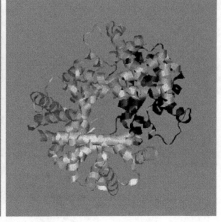

图 2-12　血红蛋白的四级结构

§2.4　稳定蛋白质分子构象的作用力

稳定蛋白质三维结构的作用力（图 2-13）主要是一些所谓弱的相互作用或称非共价键或次级键，包括氢键、范德华力、疏水作用和离子键。此外，共价二硫键在稳定某些蛋白质的构象方面也起着重要作用。

（1）氢键（hydrogen bond）。在稳定蛋白质的结构中氢键起着极其重要的作用。多肽主链上的羰基氧和酰胺氢之间形成的氢键是稳定蛋白质二级结构的主要作用力。此外还可在侧链与侧链、侧链与介质水、主链肽基与侧链或主链肽基与水之间形成。图 2-14 为蛋白质分子氢键形成示意图。

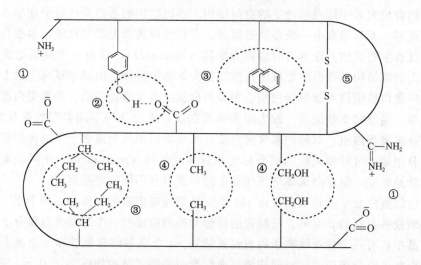

图 2-13　稳定蛋白质三维结构的各种作用力
①离子键；②氢键；③疏水作用；④范德华力；⑤二硫键

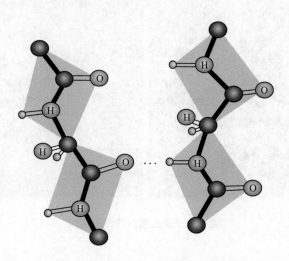

图 2-14　蛋白质分子氢键形成示意图

由电负性原子与氢形成的基团如 N—H 和 O—H 具有很大的偶极矩，成键电子云分布偏向负电性大的原子，因此氢原子核周围的电子分布就少，正电荷的氢核（质子）就在外侧裸露。这一正电荷氢核遇到另一个电负性强的原子时，就产生静电吸引，即所谓氢键。

（2）范德华力（van der Waals force）。广义上的范德华力包括三种较弱的作用力：定向效应、诱导效应和色散效应。

色散效应（dispersion effect）是在多数情况下主要作用的范德华力，它是非极性分子或基团间仅有的一种范德华力即狭义的范德华力，也称 London 色散力。这是瞬时偶极间的相互作用，偶极方向是瞬时变化的。

范德华力包括吸引力和斥力。吸引力只有当两个非键合原子处于接触距离（contact distance）或称范德华距离即两个原子的范德华半径之和时才能达到最大。就个别力来说，范德华力是很弱的，但其相互作用数量大且有加和效应和位相效应，因此成为一种不可忽视的作用力。

（3）疏水作用（hydrophobic interaction）。介质中球状蛋白质的折叠总是倾向于把疏水残基埋藏在分子的内部，这一现象称为疏水作用，它在稳定蛋白质的三维结构方面占有突出地位。疏水作用其实并不是疏水基团之间有什么吸引力的缘故，而是疏水基团或疏水侧链出自避开水的需要而被迫接近。

蛋白质溶液系统的熵增加是疏水作用的主要动力。当疏水化合物或基团进入水中时，它周围的水分子将排列成刚性的有序结构即所谓笼形结构（clathrate structure）。与此相反的过程（疏水作用），排列有序的水分子（笼形结构）将被破坏，这部分水分子被排入自由水中，这样水的混乱度增加即熵增加，因此疏水作用是熵驱动的自发过程。

（4）离子键。它是正、负离子以它们所带的正电荷与负电荷之间的一种静电吸引力而形成的化学键，也称静电键。吸引力 F 与电荷电量的乘积成正比，与电荷质点间的距离平方成反比，在溶液中此吸引力随周围介质的介电常数增大而降低。在近中性环境中，蛋白质分子中的酸性氨基酸残基侧链电离后带负电荷，碱性氨基酸残基侧链电离后带正电荷，二者之间可形成离子键。

离子键的形成（图 2-15）不仅是静电吸引而且也是熵增加的过程。升高温度时盐桥的稳定性增加，离子键因加入非极性溶剂而加强，加入盐类而减弱。

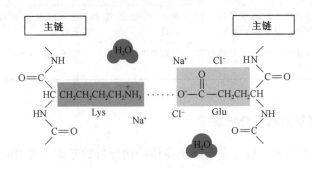

图 2-15　离子键的形成示意图

（5）二硫键。绝大多数情况下，二硫键是在多肽链的 β-转角附近形成的。二硫键的形成并不规定多肽链的折叠，然而一旦蛋白质采取了它的三维结构，则二硫键的形成将对此构象起稳定作用。假如蛋白质中所有的二硫键相继被还原，将引起蛋白质的天然构象改变和生物活性丢失。在许多情况下，二硫键可选择性地被还原。

§2.5　蛋白质分子构象的研究方法[2]

研究蛋白分子构象的方法可以包括两大类：一类是测定溶液中的蛋白质分子构象，如核磁共振法、圆二色性光谱法、荧光光谱法、紫外差示光谱法、激光拉曼光谱法以及氢同位素交换法；另一类是晶体蛋白质的分子构象，如 X 射线衍射结构分析法和小角中子衍射法。本节将对测定蛋白质构象的各种方法进行简单介绍（表 2-2）。

表 2-2　测定蛋白质构象的各种方法

方　法	提供的结构信息	主要指标	主要设备	应　用
核磁共振	溶液中蛋白质分子构象；构象动力学	化学位移，谱线强度，自旋偶合常数	脉冲傅里叶 NMR 波谱仪	越来越多
圆二色性光谱	二级结构及其变化	椭圆度	圆二色性光谱仪	很多
荧光光谱	Tyr 或 Tyr 微区；构象变化	发射光谱，量子产率	自动扫描荧光分光光度计	很多
紫外差示光谱	Tyr 或 Tyr 微区；构象变化	不同波长的 ΔOD	双光路紫外分光光度计	很多
激光拉曼光谱	二级结构	拉曼光谱峰	激光拉曼光谱仪	不够成熟，应用较困难
氢同位素交换	氢键数目，规则二级结构含量	与环境水不可交换的肽键氢的个数	1. 红外分光光度计 2. 分子筛＋氚测定	较少
X 射线衍射结构分析	多肽链上所有原子的空间排布，但氢原子除外	衍射点的强度和位置	高分辨率 X 射线衍射仪	很多
小角中子衍射	多肽链上所有原子的空间排布	散射强度的分布	中子源；小角相机	刚起步

2.5.1　X 射线衍射结构分析法[3~7]

蛋白质晶体结构分析是在小分子晶体结构分析的基础上发展起来的。测定蛋白质分子构象的 X 射线衍射仪必须采用高分辨率的 X 射线衍射仪。X 射线由仪器的 X 射线管产生，经过滤波器的滤波，得到一束单色 X 射线，其波长为 0.1～1nm。此射线照射绕晶轴旋转的蛋白质晶体，可以产生许多衍射线。用照相底片等方法记录，便得到了许多衍射图。然后，测定衍射图上各个衍射斑点的位置和强度。同时，还必须测定重原子在重原子衍生物中的位置，用同晶置换法解出蛋白质晶体的衍射相角。然后，计算并绘制蛋白质分子的电子密度图。根据这些电子密度图，并参照蛋白质的一级结构及二硫键的信息，就能解出蛋白质分子构象。这就是 X 射线衍射结构分析法。关于 X 射线衍射结构分析法的基本原理可参看有关专著[6]。

蛋白质晶体结构分析主要包括以下步骤：① 蛋白质晶体的培养。获得具有较高衍射能力的晶体是蛋白质晶体结构分析的关键。② 数据收集和处理。用单色 X 射线照射蛋白质单晶，产生许多衍射点。收集衍射点强度数据，经过专门的数据处理程序处理，根据统计结果进行分析。③ 相位的测定。采用重原子同晶置换法或分子置换法解决各衍射点的相位问题。④ 电子密度图的计算和解释。确定晶胞中的电子密度分布，作出一系列等密度线，绘制出晶面的电子密度图，电子密度大的地方就是原子所在的位置。⑤ 结构模型修正，进行蛋白质结构解析。利用标准的结构图形，如肽键、各种侧链的立体图形，参考蛋白质的一级结构和二硫键的知识，解出蛋白质的立体结构。

用 X 射线衍射结构分析法测定的都是晶体中蛋白质分子构象。但近年来有不少证据表明，晶体中分子构象与溶液中的分子构象是相同的。X 射线衍射结构分析法可以测定蛋白质分子的静态构象，构象变化的始态和终态，以及一些稳定中间态。但是，它不能测定过渡中间态的构象。该法只能测定晶体蛋白质构象，需要指出的是，相当大量的蛋白质尚不能结晶或者得不到较大的结晶。此外，它还有工作流程很长、出结果的周期比较长等弱点。

2.5.2　圆二色性光谱法[3~5,8~11]

圆二色仪在分子生物学领域中的最大应用是测定生物大分子的空间结构。由于生物大分子大多是不对称分子，亦即光学活性分子，所以通过圆二色仪的测定和计算可以了解生物大分子在溶液状态下的二级结构。

圆二色性是利用不对称分子对左、右圆偏振光吸收的不同进行结构分析的。当振幅相等并同步的两束左、右圆偏振光通过光活性物质时，由于该物质对这两束光的吸收不同（对振幅减小不同），从而使左、右圆偏振光变成了椭圆偏振光。这种光学效应被称为圆二色（circular dichroism，CD）。

由于吸光率之差（ΔA）与光活性物质溶液的浓度和厚度（即光径）有关，因而可以用摩尔椭圆度（$[\theta]_\lambda$）表示圆二色性大小。其关系式为

$$[\theta]_\lambda = \frac{360}{2\pi}\left(\frac{2.303}{4}\right) \times \frac{\Delta A}{cd} = 3300\Delta A/cd \quad [(°) \cdot cm^2/mol]$$

式中：c 为物质的量浓度；d 为溶液的厚度（光径），cm。

蛋白质是由氨基酸组成的，氨基酸分子含有不对称碳原子，因而，有光学活

性。在蛋白质分子中，每个残基（Gly除外）的 α-碳原子仍然是不对称的。因此，蛋白质的残基也有光学活性。蛋白质的主链可以初分为 α-螺旋、β-折叠、β-转角和无规卷曲四种形式。一些实验表明，二级、三级结构对蛋白质的光学活性也是有贡献的。

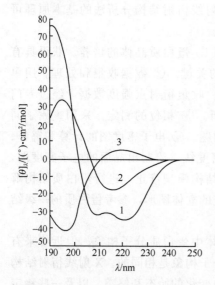

图 2-16　多聚 L-赖氨酸的 CD 光谱

1，2，3 分别是 100%α-螺旋、100%β-折叠、100%无规卷曲的 CD 光谱

研究蛋白质的主链构象变化可用远紫外 CD 光谱。它是肽键的吸收峰范围，反映了主链构象。在远紫外区，一般天然蛋白质的 CD 光谱包含一个正峰（在 190nm 波长左右）和一个副槽（在 205～235nm 波长范围）。其中，副槽的形状与主链构象密切相关。一般地说，曲形的 α-螺旋给出 209nm 和 222nm 左右的两个副槽，称为双槽曲线；β-折叠给出了 215nm 的副槽。因此，利用该 CD 光谱可以推算蛋白质分子的 α-螺旋、β-折叠和 β-转角以及无规卷曲的含量。图 2-16 给出了多聚 L-赖氨酸全部分子都是 α-螺旋、β-折叠或无规卷曲时的 CD 光谱。

圆二色谱对蛋白质的构象变化很灵敏，因此通过 CD 光谱可以灵敏地检测一些反应的、引起的蛋白分子构象变化。如底物、辅酶或抑制剂与酶分子作用时，会导致酶分子构象变化，从而引起 CD 光谱的变化等。还可用 CD 光谱研究蛋白质变性，因为蛋白质变性时，常常发生 α-螺旋和 β-折叠的减少或消失，以及无规卷曲的增加。这种构象变化，必然导致 CD 光谱的变化。因此，通过一定波长下的椭圆度或旋光率对变性条件（pH、温度、变性剂浓度等）关系图，可以追踪蛋白质的变性程度，即构象变化大小。

2.5.3　紫外差示光谱法[3,5,9,12,13]

蛋白质由于芳香族氨基酸侧链，如 Trp、Tyr、Phe、His、Cys 等残基对光的吸收而产生紫外光谱。此外还有肽键对光的强烈吸收。在蛋白质分子中，生色基团如 Trp、Tyr、Phe、His、Cys 等残基的侧链基团在蛋白质中的分布是不同的，有各种微环境。微环境的性质是由蛋白质分子构象所决定的。构象改变，则微环境随之改变，导致生色基团的紫外吸收光谱也随之改变。因此，只要测出生色基团紫外吸收光谱的变化，就可以了解微环境的变化，从而推断蛋白质分子在溶液中的构象变化。

用紫外光谱研究蛋白质的构象变化主要采用差示光谱。差示光谱是基于生色基团的微环境发生变化时，吸收峰发生位移，吸光度及谱带半宽度也有变化。生色团经受的这种环境变化称为微扰作用，变化后与变化前的光谱之差，称为差示光谱（differential spectrum）。差示光谱是两个不同条件的比较。选择一个参比条件，然后比较参比条件与其他条件的光谱差别。一般选用完全伸展的蛋白质（变性蛋白质）或完全天然的蛋白质作为参比条件。

紫外差示光谱常用的有三种，即溶剂微扰差示光谱、pH 差示光谱和变性差示光谱。根据这些生色团紫外差示光谱所提供的信息，可以推断溶液中蛋白质分子的大致构象；可以推断这些残基是位于分子的表面还是内部，是处于极性环境还是非极性环境，其数量是多少；还可以检测和跟踪蛋白质分子中 α-螺旋、β-折叠和无规卷曲相互之间的构象转化过程。

2.5.4　荧光光谱法[3,4,9,14~16]

荧光光谱法是研究水溶液中蛋白质分子构象的一种新方法。利用该法研究蛋白质在水溶液中的构象，有两条途径：一条是测定蛋白质分子的自身荧光；另一条是向蛋白质分子的特殊部位引入探测剂，然后，测定荧光探测剂的荧光。

在蛋白质分子中，能发射荧光的氨基酸残基只有 Trp、Tyr 和 Phe。个别蛋白质分子含有黄素腺嘌呤二核苷酸（FAD）。此 FAD 也能发射荧光。Trp、Tyr 和 Phe，由于其侧链生色基团的不同，而有不同的荧光光谱。利用荧光光谱可进行蛋白质分子的构象变化、Trp 或 Tyr 残基的微环境以及蛋白质变性等研究。

由于蛋白质自身荧光的强度很弱，测定比较困难，一般都只作为构象变化的一种指标来研究蛋白质构象变化过程。现在，常用荧光探针技术（外源荧光法）来测定蛋白质分子的疏水微区，二基团之间的距离，以及酶与底物结合过程中的蛋白质分子构象变化等。所谓荧光探针技术，就是利用荧光探测剂（小分子荧光化合物），使其与荧光较弱或不发荧光的物质共价或非共价地结合，以形成发荧光的络合物，然后，测定络合物的荧光。对蛋白质来说，最常用的荧光探测剂有 ANS（1-苯胺基萘-8-磺酸）、TNS（2-对甲苯胺基萘-6-磺酸）、DNS［1-（N-二甲基胺）-萘-5-磺酸］等。这些荧光探测剂在水溶液中的量子产率很低，但在非极性溶剂中，其量子产率大增，荧光峰蓝移，它能与许多蛋白质结合。例如，与去辅基肌红蛋白或去辅基血红蛋白结合。结合之前，在水溶液中，ANS 的量子产率和荧光峰位分别为 0.004nm 与 515nm 波长；结合之后，相应地变成 0.98nm 和 454 nm 波长。因此，推断与 ANS 结合的部位是疏水性很强的区域。其他的证据表明，ANS 与上述蛋白质结合的部位就是上述蛋白质与血红素结合的部位。因此在上述蛋白质中，血红素位于疏水性很强的区域。

向蛋白质分子中的两个不同侧链基团分别共价结合 A 和 B 两种不同的荧光探测剂，可以测定蛋白质分子中的两个基团之间的距离。向蛋白质分子引入荧光探测剂，运用荧光偏振法，可以测定蛋白质分子的聚合与解离、抗原与抗体的反应机理、不同蛋白质分子相互作用等。

2.5.5　激光拉曼光谱法[3]

拉曼光谱是一种散射光谱，是分子的振动、转动光谱。可分为非共振拉曼光谱和共振拉曼光谱。激光拉曼光谱能够显示蛋白质分子中肽键的特征振动谱带、主链骨架的振动谱带，以及侧链的振动谱带。由于肽键（酰胺键）的微环境是蛋白质主链构象的反映，因此，可以利用肽键的特征性振动谱带（简称酰胺带）作为指标，来推断蛋白质的主链构象。在蛋白质的拉曼光谱中，最主要的有 3 个酰胺带（酰胺 Ⅰ $1653cm^{-1}$；酰胺 Ⅱ $1567cm^{-1}$；酰胺 Ⅲ $1299cm^{-1}$）能反映肽平面的结构变化。酰胺 Ⅰ 是 $C=O$ 伸张与 $C—N$ 伸张；酰胺 Ⅱ 与 Ⅲ 是 $C—N$ 伸张及 $N—H$ 在平面上的转折。一般地说，蛋白质不同的酰胺带各自对应于 α-螺旋、β-折叠和无规卷曲。根据这些结构，可以进一步研究那些待测蛋白质的二级结构。

近年来，在生物大分子和生物超分子体系的分子构象研究中，特别是溶液中生物大分子空间结构与功能关系的动态研究中，激光拉曼光谱已成为很有发展前途的新技术。应用该方法已经能够对蛋白质分子中的三种二级结构（α-螺旋、β-折叠和无规卷曲）做出确切分析，但是要对蛋白质激光拉曼光谱的所有谱带都做出结构上确切的解释还需要深入地进行研究。

2.5.6　氢同位素交换法[3,17]

氢同位素交换法是测定溶液中蛋白质分子二级结构含量的重要实验手段。蛋白质分子中的氢原子很多，可以分为两大类：一类氢原子与碳原子相连，不能与 D_2O（重水）或 ^3H_2O 中的 D（氘）或 ^3H（氚）发生同位素交换；另一类氢原子与其他原子（氮、氧、硫等）相连，可以与 D_2O 或 ^3H_2O 中的 D 或 ^3H 发生氢同位素交换。由于上述氢同位素交换的结果，蛋白质分子中的可交换的氢都变成了D 或 ^3H。可以利用氚放射性测定法、红外光吸收法或计算法来测定蛋白质分子中的 D 或 ^3H。

在蛋白质分子中，可交换的氢有各种不同的情况，氢键中的氢原子与 D_2O 或 ^3H_2O 中的 D 或 ^3H 交换的速度较慢；非氢键的可交换的氢原子，与 D_2O 或 ^3H_2O 中的 D 或 ^3H 交换速度较快。氢同位素交换法的核心，就在于测出上述慢交换氢的数量，从而计算出氢键的数量以及 α-螺旋与 β-折叠的含量之和。

2.5.7　核磁共振法[18,19]

20 世纪 40 年代发现了核磁共振，50 年代开始应用核磁共振法研究溶液中蛋白质分子构象，80 年代取得了重大突破，1986 年，K. Wuthrich 等用二维核磁共振法测定溶液中蛋白质分子构象，取得了成功，从而开辟了一条测定蛋白质分子构象的新途径。

关于核磁共振法的基本原理以及仪器结构请参阅有关专著[18,19]。这里仅对用二维核磁共振法测定蛋白质分子的构象给予简介。

根据产生核磁共振的原子核的不同，可以将核磁共振波谱分为质子核磁共振波谱（^{1}H-NMR 谱）和^{13}C-核磁共振波谱（^{13}C-NMR 谱）等。由于^{1}H同位素的自然丰度最高（99.98％），因此，^{1}H-NMR 的灵敏度最高。但是，由于蛋白质分子中的氢核很多，以至于一维 NMR 的谱峰太多，互相重叠，难以分辨。现在，采用多维 NMR 法，可以使上述重叠的谱峰分开，利于分辨。碳原子是蛋白质分子的骨架成分。^{12}C没有核磁共振，但^{13}C有。由于^{13}C的自然丰度太低（1.1％），因而，^{13}C-NMR 的灵敏度很低，比^{1}H-NMR 的灵敏度低 6000 倍。近年来，采用脉冲傅里叶 NMR 技术，克服了^{13}C的上述缺点，使^{13}C-NMR 成为测定蛋白质等生物大分子构象的重要工具。^{13}C的化学位移为 200ppm① 以上，比^{1}H的化学位移（10ppm）大得多，因此，^{13}C-NMR 谱的谱峰虽然很多，但极少重叠，可以观察到每个碳核的信号。

用 2D-NMR 法与计算机模拟相结合，通过下列步骤，可以测定蛋白质分子在溶液中的空间结构。

（1）对溶液中的蛋白质分子做一系列的二维核磁共振实验，得到各种 2D-NMR 谱，如二维核磁相关谱（COSY）、二维核的奥氏效应（nucleax Overhauser effect，NOE）核磁相关谱（NOESY）等。

（2）根据 20 种氨基酸的质子自旋体系的特征，从 2D-NMR 谱上，确定每一个质子自旋体系属于哪一种氨基酸。

（3）按照氨基酸残基序列识别共振峰。首先在 COSY 谱上识别某一氨基酸残基相对应的共振峰，作为序列识别的起始点，然后，综合应用 COSY 和NOESY谱，沿着多肽链序列，一个一个地识别出各个氨基酸残基的共振峰。

（4）测定蛋白质分子中的规则二级结构，并确定其在多肽链上的确切位置。

（5）采用计算机辅助，利用特定的程序，运用距离几何学，建立蛋白质分子三维结构的粗模型。

（6）用能量优化法，或分子动力学方法，对上述模型进行结构修正。至此，完成了蛋白质分子三维结构的测定。

利用多维 NMR 法能够测定溶液中蛋白质分子构象，研究各种因子，如温度、pH、变性剂等对蛋白质分子构象变化的影响。还可研究底物、产物、抑制剂、辅基、效应物与酶分子构象的相互作用，以获得活性中心或结合部位的结构信息。此外，还可用来研究相同或不同蛋白质分子之间的相互作用以及蛋白质与核酸分子之间的相互作用和研究蛋白质分子的构象动力学等。

---

① 1ppm＝10^{-6}，下同。

参 考 文 献

[1]   周海梦，王洪睿. 蛋白质化学修饰. 北京：清华大学出版社，1998，6

[2]   陶慰孙，李惟，姜涌明. 蛋白质分子基础. 第二版. 北京：高等教育出版社，1999，238

[3]   鲁子贤. 蛋白质化学. 北京：科学出版社，1981

[4]   李惟等. 蛋白质结构基础. 吉林：吉林大学出版社，1990

[5]   孙崇荣等. 蛋白质化学导论. 上海：复旦大学出版社，1991

[6]   李家瑶. 生物大分子晶体结构研究. 成都：四川教育出版社，1987

[7]   Blundell T L et al. Protein Crydtallography. New York：Acad Press，1976

[8]   鲁子贤等. 圆二色性和旋光色散在分子生物学中的应用. 北京：科学出版社，1987

[9]   张树政等. 酶学研究技术（上册）. 北京：科学出版社，1987

[10]   Jinoco I Jr. Application of Optical Rotatory Dispersion and Circular Dichroism to the Study of Bio-
       polymers. Methods of Biochemical Analysis. 1969，18：81

[11]   Leach S J. Physical Principles and Techniques of Protein Chemistry. Parts A B & C. New York：
       Acad Press，1975

[12]   Freifelder D. Physical Biochemistry Applications to Biochemistry and Molecular Biology. Freeman
       and Company，1976

[13]   Haschemeyer R H et al. Protein，A Guide to Study by Physical and Chemical Methods. New York：
       John Wiley & Sons Inc，1973

[14]   郭尧君. 分光光度技术及其在生物化学中的应用. 北京：科学出版社，1987

[15]   Steiner R F et al. Fluorescence Excited States of Proteins and Nucleic Acids. New York：Plenum
       Press，1970

[16]   Lakowics J R. Principles of Fluoresence Spectroscopy. New York：Plenurn Pres，1986

[17]   Ottesen M. Methods for Measurement of Hydrogen Isotope Exchange in Globular Proteins. Methods
       of Biochemical Analysis，1971，20：135

[18]   Ernst R R et al. Principles of Nuclear Magnetic Resonance One and Two Dimensions. Oxford：Clar-
       endon Press，1987

[19]   Griesinger C et al. Novel Three Dimensiomal NMR Techniques for Studies of Peptides and Biological
       Macromolecules. J Am Chem Soc，1987，109：7227

第三章　液相色谱对生物大分子构象变化的表征

§3.1　概　　述

众所周知，液相色谱（LC）是生物大分子分离纯化的有效手段。在 LC 中蛋白分子要与固定相表面接触，所以蛋白分子构象变化就必然与它在色谱中的保留行为有关，所依据的原理就是作者之一提出的液相色谱中计量置换保留理论（stoichiometric displacement theory of solute for retention，SDT-R）中的线性参数 Z 和 $\lg I$ 值的变化程度[1~6]。Z 为 1mol 溶剂化蛋白质被溶剂化固定相吸附时，从两者接触表面处释放出溶剂或置换剂的物质的量。在蛋白质被吸附时，它与固定相接触面积越大，Z 值就越大，所以 Z 可用以表示蛋白质分子与固定相之间有效接触面积的大小。对于蛋白质而言，只要分子构象不变，蛋白质分子与固定相之间的接触面积就不会改变，即在固定相和与蛋白质分子接触表面上释放出的置换剂分子数 Z 便为定值。相反，温度、pH 变化及流动相中变性剂的存在所引起的蛋白质分子构象的微小变化就一定会引起它与固定相接触表面面积的变化，从而导致 Z 值发生变化。因此，Z 值可以作为平衡状态下蛋白质分子构象变化的表征。

$\lg I$ 表示 1mol 溶质对固定相的亲和势。当生物大分子的构象发生变化时，它与固定相之间的相互作用力也会发生变化，也就是说，它对固定相的亲和势会发生改变，因此，$\lg I$ 也可作为生物大分子构象变化的表征参数（关于 Z 和 $\lg I$ 的物理意义及组成，后面还要做详细介绍）。1986 年，Snyder 等从理论上推导出一个公式，并借用 Z 的物理意义，将他们的一个经验公式中的 S 与 Z 联系在一起，以便利用 S 值研究生物大分子的构象变化，使 S 值能得到广泛的应用，并且对 30 余种白细胞介素-2 突变蛋白的分子构象变化进行了研究[6]。Karger 等也用 $\lg I$ 和 Z 研究了蛋白质分子构象变化[1]。近年来，本实验室依据计量置换理论（stoichiometric displacement theory，SDT），不仅在用 LC 对生物大分子构象变化的表征方面进行了许多研究[3~5,7~11]，而且还对溶菌酶胍变和脲变的氧化和还原态分别进行了定量表征[12]。

用 Z 和 $\lg I$ 值研究蛋白分子构象变化的优点是：① 因为在用 LC 测定 Z 和 $\lg I$ 值的过程中蛋白就会与其他组分分离，故可使用不纯且用量极少（微克级）的样品进行蛋白分子构象变化研究；② Z 和 $\lg I$ 可以准确测定，故使用 Z 和 $\lg I$ 值还可对蛋白分子构象变化进行数字化定量表征，这是目前其他方法无可比拟的；③ 因蛋白分子构象变化可以理解为从天然蛋白到变性态蛋白之间的中间过程，不可逆的分子构象变化，实际上就是蛋白变性。研究蛋白质的 Z 和 $\lg I$ 也可为用 LC 研究蛋白折叠或复性奠定基础。因此，在生物技术下游工程中用 LC 对蛋白复性也要求更多这方面的信息。本章将仔细讨论用 SDT-R 中的 Z 和 $\lg I$ 两个参数对生物大分子构象的变化进行表征。

§3.2　液相色谱中的计量置换保留理论

液相色谱中溶质的计量置换保留理论（SDT-R）是适用于除体积排阻色谱以外的各类液相色谱的保留模型[13,14]。该理论考虑到了色谱体系中溶质、溶剂和固定相分子之间相互作用的 6 种分子间的热力学相互作用力，并用 6 个热力学平衡表示，认为在色谱保留过程中，当一个溶剂化的溶质分子被溶剂化的固定相吸附时，在溶质和固定相的接触界面上必然要释放出一定计量的溶剂分子 Z。LC 中简化的 SDT-R（仅考虑 5 种分子间的相互作用力）的总过程可用图 3-1 来表示。

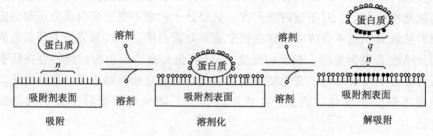

图 3-1　蛋白质的吸附-解吸附计量置换示意图

图 3-1 显示的过程由吸附、溶剂化和解吸附三个部分组成。在载体表面上的"毛刷"表示硅烷基配体，圆圈和黑圆点均表示参与溶剂化过程的溶剂分子。二者的不同之处在于在蛋白质表面上的小圆圈表示它们被载体或蛋白质分子吸附时，对蛋白质保留无贡献；相反，黑圆点表示了在蛋白质解吸附时，在载体和蛋白质分子的接触表面上释放出的溶剂分子。

在 RPLC 中，在二组分流动相体系中，上述的 6 个热力学平衡可简化为 5 个，可分别表示如下：

1. 吸附剂表面的溶剂化

如用 $\overline{\text{L}}$ 表示吸附剂表面上一个"平均活性点"，以 D 表示溶剂分子，当 $\overline{\text{L}}$ 溶剂化时

$$\overline{\text{L}} + \text{D} \Longrightarrow \overline{\text{LD}} \tag{3-1}$$

式中：$\overline{\text{LD}}$ 为平均活性点-溶剂络合物，或溶剂化配体，或一般称为溶剂化固定相。

2. 蛋白质分子的溶剂化

当蛋白质分子 P 溶解在纯溶剂 D 中时，也会发生溶剂化作用。

$$P + mD \Longrightarrow PD_m \tag{3-2}$$

式中：PD_m 为蛋白质-溶剂化物，或溶剂化蛋白质；m 为一个蛋白质分子溶剂化时所需溶剂分子的配位数。

3. 蛋白质分子被未溶剂化的固定相表面吸附

当吸附只发生在溶剂不存在或在真空中时，蛋白质分子 P 与未溶剂化的吸附剂表面上的平均活性点 $\overline{L}$ 作用。

$$P + n\overline{L} \Longrightarrow P\overline{L}_n \tag{3-3}$$

式中：$P\overline{L}_n$ 为平均活性点-蛋白质络合物；n 为该蛋白质分子被吸附时，它所覆盖的 $\overline{L}$ 的数目。由于一个 $\overline{L}$ 与一个 D 为等物质的量，所以 n 也可理解为在溶质与吸附剂接触的表面上，吸附剂吸附或解吸附溶剂分子的数目。

4. 平均活性点-蛋白质络合物的溶剂化

因与吸附剂作用的蛋白质分子的面积仅为分子表面面积的一部分，通常称其为与吸附剂表面作用的接触表面，并形成了 $P\overline{L}_n$，而暴露在溶液中的这一部分蛋白质分子表面就会再溶剂化。

$$P\overline{L}_n + (m-q)D \Longrightarrow P\overline{L}_n D_{(m-q)} \tag{3-4}$$

式中：$P\overline{L}_n D_{(m-q)}$ 为再溶剂化的产物，平均活性点-蛋白质-溶剂络合物；q 为一个溶剂化的蛋白质分子被吸附剂吸附时所减少的溶剂分子数。

5. 平均活性点-蛋白质-溶剂络合物解吸附

当 $P\overline{L}_n D_{(m-q)}$ 解吸附时，在原来吸附剂和蛋白质分子分开的接触界面上，两者各自会再溶剂化。

$$P\overline{L}_n D_{(m-q)} + (n+q)D \Longrightarrow PD_m + n\overline{L}D \tag{3-5}$$

为方便起见，令

$$n + q = Z \tag{3-6}$$

式中：Z 为在吸附（或解吸附）过程中，在 1mol 溶剂化蛋白质分子与吸附剂表面之间所释放（或吸附）溶剂的总物质的量，并且在一定条件下 Z 是一个常数值。

假定以活度 a 表示式（3-1）～式（3-5）中各组分的活度，并且假定在平衡时能以质量作用定律来描述上述 5 个热力学平衡中活度间的相互关系，并分别用 K_{a_1}、K_{a_2}、K_{a_3}、K_{a_4} 和 K_{a_5} 表示这 5 个热力学平衡常数，则有

$$K_{a_5} = \frac{K_{a_1}^n K_{a_2}}{K_{a_3} K_{a_4}} \tag{3-7}$$

式（3-5）实际上表示的是溶剂化的蛋白质分子被溶剂化固定相表面吸附的过程，其平衡常数为 K_a，则 $K_a = 1/K_{a_5}$，并且有

$$K_a = \frac{a_{P\overline{L}_n D_{(m-q)}} a_D^Z}{a_{PD_m} a_{\overline{L}D}^n} \tag{3-8}$$

在色谱中有以下关系式：

$$\lg k' = \lg K_d + \lg \phi \tag{3-9}$$

式中：k' 为容量因子；ϕ 为柱相比；K_d 为蛋白分子在两相中的分配系数，可表示为

$$K_d = \frac{a_{P\overline{L}D_{(m-q)}}}{a_{PD_m}} \tag{3-10}$$

将式（3-8）和式（3-10）代入式（3-9）中，并通过一定的假设和理论推导，就可得出在 RPLC 中，适用于二组分流动相体系中的 SDT-R 表达式，即

$$\lg k' = \lg K_a + n \lg a_{\overline{L}D} + \lg \phi - Z \lg a_D \tag{3-11}$$

若令

$$\lg I = \lg K_a + nr \lg a_{\overline{L}D} + \lg \phi \tag{3-12}$$

$$Z = nr + q \tag{3-13}$$

式（3-11）则是 RPLC 中适用于二组分流动相体系中简化的 SDT-R 表达式，即溶质的容量因子 k' 与流动相组成间的定量关系可写为[15,16]

$$\lg k' = \lg I - Z \lg a_D \tag{3-14}$$

式中：a_D 为流动相中有机溶剂或置换剂的活度；Z 为 1mol 溶剂化溶质被溶剂化固定相吸附时，从两者接触表面处释放出溶剂或置换剂的总物质的量，其中从溶剂化固定相表面上释放出的物质的量为 nr，n 表示溶质能覆盖固定相表面配基的个数，r 可以从两个方面去理解，即如果溶质与固定相配体接触（即常讲的 RPLC 中的吸附机理），则 r 表示在固定相表面所形成的吸附层中分子层个数；如果溶质不与配体接触，溶质只被该吸附层完全或部分淹没（即常讲的 RPLC 中的分配机理），则 r 与溶质被淹没的程度和溶质分子的大小有关。由于 nr 表示在计量置换过程中从固定相表面释放出溶剂分子的总数，故它与溶质被吸附层淹没的表面面积成正比。q 表示在该接触处从溶剂化溶质表面释放出溶剂的物质的量。$\lg I$ 表示一个与 1mol 溶质对固定相亲和势有关的常数。式（3-12）中的 $\lg I$ 包括了一组常数，其中 K_a 表示溶质置换有机溶剂的计量置换平衡常数，$a_{\overline{L}D}$ 表示在固定相表面的吸附层中置换剂的活度。当流动相中 a_D 变化范围不很大时，$a_{\overline{L}D}$ 是一个与 a_D 变化无关的常数。在流动相和固定相选定时，n 也只与溶质分子结构有关。由于式（3-14）中 $\lg I$ 和 Z 为两个常数，故式（3-14）是一个线性方程式[15~17]。换句话讲，表征生物大分子构象变化的定量参数 $\lg I$ 和 Z 是可以用实验方法测得的。

如果将图 3-1 中的配体看成是垂直于固定相表面的毛刷状配体，则生物大分子因体积很大，不可能进入毛刷状间的通道（或毛细管）。但是小分子溶质有可能进入这种通道，出现被通道中的吸附层部分或全部淹没的情况[17]。计量置换过程的基础是能量守恒定律[18]，用被溶质置换出溶剂分子个数多少来表征该计量置换过程的条件是，被吸附在溶质分子表面上的溶剂分子分别具有相同的能量。因此在计算 nr 和 $Z(nr+q)$ 时，一律不考虑固定相表面不同吸附层中溶剂

分子的能量差别，这样处理不会影响非极性和极性小分子溶质的有关计量置换过程差异的比较。

极性溶质与非极性溶质相比带有亲水性的极性基团，该极性基团有将该极性溶质拉回流动相的倾向。从而使极性溶质的非极性基中的一部分不得不与流动相接触，从而减小了该极性溶质与固定相的接触表面面积。由于极性基的存在使该接触表面减小值 C_p 应当与该极性基的亲水性大小成正比[17]。所以该极性基能使 Z（或 nr 和 q）值减小。依据上述的讨论，下述的关系式应当存在：

$$n = d_n(C_m - C_p) \tag{3-15}$$

$$q = d_q(C_m - C_p) \tag{3-16}$$

式中：C_m 为小分子溶质的非极性部分与固定相的接触表面面积；d_n 和 d_p 分别为溶剂化溶质表面和固定相表面置换剂的密度。

当流动相中置换剂活度 a_D 变化范围不大时，d_n 和 d_p 均看成常数值。

比较式（3-10）、式（3-12）和式（3-13），得

$$Z = (rd_n + d_p)(C_m + C_p) \tag{3-17}$$

式（3-12）～式（3-14）表明，无论极性（$C_p > 0$）或非极性（$C_p = 0$）溶质，其 n、q 和 Z 值均与其实际的接触表面面积（$C_m - C_p$）成正比。

在 SDT-R 中的另一个重要线性方程式为[15,16]

$$\lg I = Zj + \lg\phi \tag{3-18}$$

式中：ϕ 为柱相比；j 为一个与 1mol 置换剂对固定相的亲和势有关的常数，它与溶质种类无关，且已经从理论上得到了证明，j 的理论值应等于纯置换剂物质的量浓度的对数值[17]。

在 SDT-R 中，式（3-18）也是一个线性方程。只要用溶质的 $\lg I$ 对 Z 进行线性作图，从截距便可求出柱相比 ϕ，从斜率可求出 j。为便于理解，图 3-2 和图 3-3 分别表示了 9 种小分子溶质的 $\lg k'$ 对流动相中置换剂甲醇浓度的对数 $\lg[D]$ 和 27 种小分子溶质的 $\lg I$ 对 Z 的线性作图，两者良好的线性关系表明 SDT-R 确实能准确描述和预计小分子溶质在 RPLC 中的色谱保留行为。

事实上，SDT-R 不仅适用于 RPLC 中的小分子溶质，也适用于描述情况更为复杂的生物大分子在 RPLC 上的保留[14,15]。

蛋白质具有三维结构决定了其在 RPLC 中的保留特征。因为它可能与色谱种类有关，故在研究 RPLC 中保留的理论时必须从对蛋白质的结构讨论开始。RPLC 是一个在相界面上的分离过程，保留与溶质和烷基化硅烷衍生表面之间的作用力有关。因为蛋白质通常是具有三维结构的大分子，氨基酸残基在分子中是不对称分布的，它可能包括：① 在蛋白质分子表面可能有多个疏水区域或位点；② 只有暴露在外面的那些残基对保留过程有贡献；③ 由于空间位阻效应使蛋白质表面的所有基团不能同时与 RPLC 固定相作用；④ 蛋白质表面的各种基团，甚至疏水区与固定相结合的牢固程度可能不同；⑤ 蛋白质三维结构的变化能够

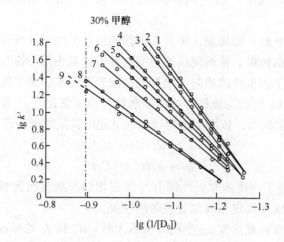

图 3-2 小分子溶质在反相色谱中 $\lg k'$ 对 $\lg(1/[D_0])$ 的线性作图

固定相：Synchropak-C$_8$。流动相：甲醇-水；1. 对二异丙基苯；2. 正戊
基苯；3. 2,2'-苯基丙烷；4. 4-苯基甲苯；5. 仲丁基苯；6. 1,2,3,4-四甲
基苯；7. 2,4,6-三甲苯；8. 萘；9. 邻二甲苯

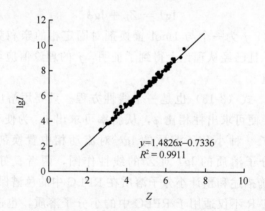

图 3-3 27 种溶质在不同温度条件下的 $\lg I$ 对 Z 作图[19]

改变分子表面疏水性，从而改变保留。

在 RPLC 过程中，由有机溶剂、水及离子对试剂组成的流动相会改变大多
数蛋白质的三维结构。在梯度洗脱过程中，当溶质和固定相溶剂化时，溶质的结
构可能会发生另外的改变。假定在保留过程中：① 当蛋白质被洗脱时，只有当
时存在的一种分子结构形式对色谱保留有贡献；② 在洗脱过程中不会再有进一
步的蛋白分子结构改变；③ 当蛋白质从 RPLC 柱洗脱时，它将和平均数为 n 的
烷基化配基结合；④ n 与配基密度成正比；⑤ n 也与溶质和 RPLC 柱的疏水接触

面积成正比；⑥ 在一定的溶剂浓度 [D_0] 时，固定相表面的每一个配基（L_0）会被平均数为 r（与蛋白质分子实际达到吸附层中厚度有关）的溶剂分子溶剂化；⑦ 蛋白质吸附在固定相表面时，暴露在流动相中的部分，也是非接触部分，仍会以溶剂化状态存在；⑧ 溶液中的蛋白质分子表面的所有疏水残基聚集在一起，并被总数为 m 的溶剂分子溶剂化；⑨ 只有当蛋白结构和 n 变化时，被吸附蛋白的除接触区外的残基的溶剂化才会影响保留；⑩ 从 RPLC 固定相表面置换出蛋白质需要一定计量数目（Z）的溶剂分子；⑪ 当蛋白质被置换时，伴随着 RPLC 固定相和蛋白质接触区的溶剂化。蛋白质在 RPLC 固定相上的保留和洗脱可以看成是体系中的三个组分，即固定相表面的烷基化硅烷键合相（L_0）、没有溶剂化的裸露蛋白质（P_0）和游离溶剂之间的一系列平衡。

只有在满足上述假定时，SDT-R 才可用于描述生物大分子在 RPLC 的保留，才可以得到与上述小分子溶质在 RPLC 中相同的 SDT-R 及其表达式。

依据式（3-14），在一定温度下，以不同蛋白质的 $\lg k'$ 对流动相中置换剂甲醇浓度的对数 $\lg[D]$ 进行线性作图，如图 3-4 所示，斜率为 Z，截距为 $\lg I$。表 3-1 列出了温度范围为 $10 \sim 30℃$，间隔为 $10℃$ 的条件下，七种蛋白质的 $\lg I$ 和 Z。从图 3-4 和表 3-1 可看出，不同蛋白质的 $\lg k'$ 对流动相中置换剂甲醇浓度的对数 $\lg[D]$ 作图有良好的线性关系，其线性相关系数 R 均大于 0.995。这表明生物大分子能够很好地遵循 SDT-R，其精确度可以和小分子溶质相比拟。

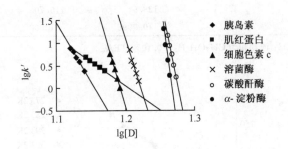

图 3-4　30℃时六种蛋白质的 $\lg k'$ 对 $\lg[D]$ 线性作图

在不同的温度条件下，依据式（3-18），以七种蛋白质的 $\lg I$ 对 Z 线性作图，其斜率为 j，截距为 $\lg \phi$。图 3-5 给出的是在六种温度条件下，七种蛋白质的 $\lg I$ 对 Z 的线性作图，其线性相关系数 R 为 0.9997。这充分表明可以用 LC 方法测定出足够准确的 $\lg I$ 和 Z 值对生物大分子构象变化进行表征。

表 3-1　不同温度时七种蛋白质的 **lg*I*** 和 ***Z*** 值（ODS柱，甲醇-水）

蛋白质	线性参数	$T^{-1}/10^3\,\mathrm{K}^{-1}$		
		3.53	3.41	3.30
胰岛素	lg$I$	27.24	29.98	32.21
	Z	23.32	25.95	28.12
	R	0.9997	0.9995	0.9990
肌红蛋白	lg$I$	15.00	12.37	12.87
	Z	12.36	10.25	10.81
	R	0.9997	0.9997	0.9999
铁蛋白	lg$I$	15.64	12.07	12.71
	Z	12.91	9.98	10.67
	R	0.9983	0.9995	0.9998
细胞色素 c	lg$I$	69.81	64.68	59.65
	Z	57.93	54.26	50.90
	R	0.9989	0.9979	0.9996
溶菌酶	lg$I$	66.54	63.28	58.33
	Z	53.93	51.80	48.49
	R	0.9995	1.000	0.9999
碳酸酐酶	lg$I$	107.69	98.57	92.04
	Z	83.82	77.22	72.68
	R	0.9998	1.000	0.9990
α-淀粉酶	lg$I$	164.49	147.85	134.67
	Z	128.91	116.70	107.65
	R	0.9998	1.000	0.9990

注：固定相为 ODS；流动相为 CH_3OH-H_2O-0.10％ TFA。

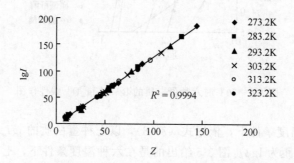

图 3-5　不同温度下七种蛋白质的 lg$I$ 对 Z 线性作图

蛋白质：胰岛素，肌红蛋白，铁蛋白，细胞色素 c，溶菌酶，

碳酸酐酶，α-淀粉酶

§3.3 Z 和 $\lg I$ 对生物大分子构象变化的表征

由于生物大分子，如蛋白质、酶在生物体内在多数情况下是处于体液之中，即是在一种"溶液"中，只要溶液成分发生变化，就会影响到生物大分子内疏水键的强度。当其疏水相互作用力变化大到一定程度，它可能完全失去四维或三维结构，从而使生物大分子失活。所以，从某种意义上讲，研究其在溶液中的蛋白质分子构象变化比研究其在固体状态下的空间结构更有价值。

对于生物大分子而言，除了上述所讲的均遵守式（3-14）和式（3-18）的相同点外，它还具有与小分子溶质许多不同的特性。蛋白质分子是由重复的、具有极性的肽键将种类不同的氨基酸残基连接起来，并可形成三级或四级结构，其分子质量可达数万或几十万道尔顿（Dalton，简写为 Da）。在 RPLC 中，蛋白质分子会因流动相中有机溶剂或离子对试剂的存在使这些蛋白质分子完全或部分失去三维结构而发生分子构象的变化。也会因温度的变化而改变分子构象，甚至失活，这称之为热变性。在发表的有关 SDT-R 的第一篇论文中，就指出 Z 和 $\lg I$ 对环境因素的依赖关系，Snyder 等指出 "Geng（耿）和 Regnier（瑞格涅尔）首次详细讨论了 $Z(S)$ 可作为溶质结构的表征参数，表征溶质分子结构的 $Z(S)$ 值的变化范围很大，如 $2 < Z(S) < 150$。他们提出的 RPLC 中的计量置换保留模型中的参数 Z 表示从溶质和固定相接触界面之间释放出的溶剂分子的数目，Z 与溶质分子与固定相之间的接触面积成正比"[20]。然而，明确用 Z 值表征蛋白质分子构象变化的是 Snyder 领导的研究组[21]，他们提出了一个在 RPLC 中的经验公式：

$$\lg k' = \lg K_w^0 - S\varphi \tag{3-19}$$

式中：φ 为流动相中有机溶剂的体积分数；$\lg K_w^0$ 为当流动相中有机溶剂浓度外推到零时的 $\lg k'$，它表示组分在纯水与固定相之间的分配系数；S 为一经验常数。在 SDT-R 问世之前，S 被认为是一个与溶质种类无关的可以表示溶剂强度的参数。

1986 年，Snyder 等借用 Z 的物理意义，推导出了一个能将 S 与 Z 联系在一起的公式[6]：

$$Z = 2.3\varphi S \tag{3-20}$$

使 S 能得到广泛应用，并且对 30 余种白细胞介素-2 突变蛋白的分子构象变化进行了研究[6]。耿信笃等又用更为准确的方法重新推导式（3-20），使 S 与 Z 之间的联系更为合理[22]。

当流动相和固定相一定时，生物大分子 Z 值的任何变化便是对其本身特性及其引起蛋白质分子构象变化的那些因素的表征。如果蛋白质分子未失去或部分失去三维结构，它的分子构象便会随色谱条件的些微变化而改变，从而引起它与固定相接触表面面积的变化，如图 3-1 所示，Z 值就会跟着改变。Z 值的这种变化是如此的灵敏，有时会因分子质量为数万道尔顿的蛋白质分子中的一个氨基酸残基的差异而导致 Z 值很大的变化，而相同情况下的 k' 值的变化几乎可以忽略。图 3-6、图 3-7 和图 3-8 表示了 α-乳酸清蛋白、溶菌酶和牛胰岛素在实验条件下其构象随温度变化的示意图。

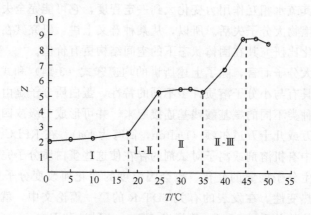

图 3-6 α-乳酸清蛋白 Z 对 T 的作图[2]

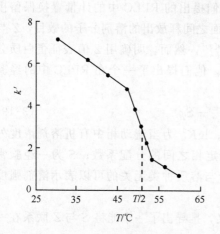

图 3-7 在 8mol/L 脲存在下溶菌酶的
k' 随 T 的变化[2]

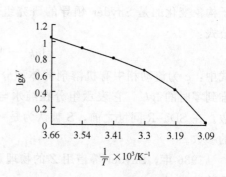

图 3-8 RPLC 中异丙醇浓度为 4.2% 时，
牛胰岛素的 $\lg k'$ 对 $1/T$ 作图

这方面的研究文献中还报道了 Monger 等[23]用 Z 值解释了 RPLC 分离中 β-内啡肽的相对分子质量是 γ-内啡肽的 2 倍，但其 Z 值却小于它的原因。Macedo 等用 Z 值研究发现不同构象的 β-酪蛋白与固定相吸附能力不同[24]，Karger 等用 $\lg I$ 和 Z 比较了一些蛋白在 RPLC 中天然态与变性态蛋白质分子构象之间的变化[1]。Regnier 等[25]以相对分子质量很大的乳酸脱氢酶为研究对象，发现 Z 值取决于蛋白亚基的组成。M. Yoshimoto 用局部疏水性表征了还原变性及非还原变性溶菌酶的分子构象变化[26]。近年来，本实验室依据计量置换理论，不仅在用LC对生物大分子构象变化的表征方面进行了许多研究，还对溶菌酶胍变和脲变的氧化和还原态进行了定量表征，下面将对这方面的工作进行详细介绍。

§3.4　RPLC 中 Z 和 $\lg I$ 对生物大分子构象变化的表征

3.4.1　Z 值与蛋白质相对分子质量[15]

蛋白质分子是一大类具有特定结构和生物功能的生物大分子，约有 20 种氨基酸是它的基本组成。一旦蛋白质分子失去空间结构，其实质上就变成了一个含有许多极性肽基的相对分子质量很大的极性分子。依据 SDT-R，实验表明，小分子极性或非极性溶质同系物的分子大小与 Z 值有线性关系（图 3-9）。研究表明，当生物大分子在异丙醇-甲酸-水流动相中甲酸浓度分别为 52.8％和 44％时，蛋白质会完全失去空间结构，这时除核糖核酸酶 A 外，其余蛋白质的 Z 值与相对分子质量有线性关系，其线性相关系数分别为 0.9956 和 0.9973。

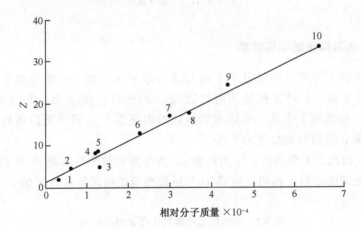

图 3-9　一组蛋白质的 Z 和相对分子质量之间的关系[15]

流动相：异丙醇的 50％甲酸溶液。色谱柱：RP-C$_8$（50mm×4.1 mm I. D.）。流速：1.0 mL/min

1. 糖原；2. 胰岛素；3. 核糖核酸酶 A；4. 细胞色素 c；5. 溶菌酶；6. 胰蛋
白酶抑制剂；7. 碳酸酐酶；8. β-乳球蛋白；9. 卵清蛋白；10. 牛血清白蛋白

但是，当流动相中甲酸的浓度为 32.5％时，Z 与蛋白质分子的相对分子质量却无线性关系。这是因为蛋白质分子处于部分失去立体结构的状态。研究表明，在蛋白质分子不完全失去构象时，Z 值与蛋白质相对分子质量的立方根呈现良好的线性关系（图 3-10）。这与 Kunitani 等所得的在乙腈-三氟乙酸-水体系中，蛋白质分子的 Z 值与相对分子质量的 0.39 次方成正比的情况完全符合[6]。

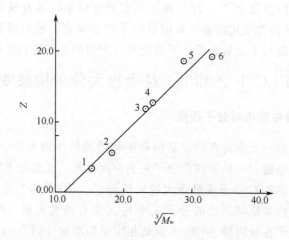

图 3-10　不完全失去立体结构蛋白的 Z 值与其相对分子质量
立方根的线性作图[6]

1. 糖原；2. 胰岛素；3. 细胞色素 c；4. 溶菌酶；5. 胰蛋白
酶抑制剂；6. β-乳球蛋白

3.4.2　蛋白质构象的始末状态[4]

液相色谱中溶质的容量因子 k' 是与热力学平衡常数——溶质的分配系数相关的。Z 值可由 $\lg k'$ 对置换剂活度对数 $\lg a_D$ 的线性作图求出，并且是一常数，现已证明 Z 值实质上也是一个热力学函数的表征值[27]。只要蛋白质构象变化是可逆的，则 Z 值应与起始状态无关。

表 3-2 列出了把胰岛素、细胞色素 c、溶菌酶和核糖核酸酶 A 分别溶在不同溶液和变性剂中以后，再用异丙醇-40％甲酸为流动相时各自的 Z 值。

表 3-2　蛋白质起始态对终态 Z 值的影响

蛋白质	试剂组成			平均
	0.1 mol/L Tris pH 为 7.0	40％异丙醇-0.1％ 三氟乙酸	7.0 mol/L 盐酸胍	
胰岛素	6.45	6.75	6.58	6.59±0.13
细胞色素 c	10.8	10.7	11.4	11.0±0.3
溶菌酶	11.4	12.1	10.7	11.4±0.5
核糖核酸酶 A	5.54	5.50	5.46	5.50±0.03

注：异丙醇-40％（体积分数）甲酸-水体系，Synchropak RP-C8。

众所周知，蛋白质在 0.1mol/L pH 为 7.0 的 Tris 缓冲液中不失去生物活性，说明它的分子构象不会发生显著变化或 Z 值为常数。蛋白质在 40％异丙醇和 0.1％三氟乙酸-水溶液中，分子构象会发生显著变化，但不会完全失去三维结构。然而，蛋白质在 7.0mol/L 的盐酸胍溶液中是会失去三维结构的。所以，这里选用的蛋白质分子构象的三种起始态分别为天然、部分失去和完全失去立体结构的三种情况。但是，从表3-2看出，对胰岛素和核糖核酸酶 A 而言，三种起始状态不同，但最终所得的 Z 值完全相同，其差别完全在或然率测定误差范围之内，对细胞色素 c 和溶菌酶来讲，虽然 Z 值的误差稍大，但可以认为 Z 值基本保持不变。所以，这四种蛋白质的终态 Z 值是由流动相 40％异丙醇-0.1％三氟乙酸和固定相 Synchropak RP-C_8，$(25±0.1)$℃的这些终态条件决定的。由此可得出的结论是，Z 可以对平衡状态的每一终态条件下的蛋白质分子构象进行表征。这就为用不同变性剂蛋白质变性，进行 LC 条件下复性奠定了理论基础。

3.4.3　RPLC 中甲酸浓度与生物大分子的构象变化[3]

在反相液相色谱中，当流动相和固定相一定时，生物大分子 Z 的任何变化便是对其本身特性及其引起蛋白质分子构象变化的那些因素的表征。

溶液中生物大分子构象变化完全取决于溶液组成的变化。在未失去三维结构前，这种变化是随流动相组成的改变朝着同一方向连续变化的，但是，当流动相变化到一定程度时，生物大分子的三维结构就会"崩塌"，或者"双硫键"就会断裂，这时使得生物大分子构象出现突变。上述的这种连续及巨变可由表征生物大分子与色谱固定相接触表面积大小的 Z 值的变化大小来衡量。Z 值变化越大，生物大分子构象的变化就会越甚。

从理论上讲，蛋白质失去三维结构，Z 值会增大。但是，当用 RPLC 研究流动相中置换剂浓度对生物大分子构象变化影响时，情况会变得很复杂，主要是因为流动相中还有离子对试剂存在，在 RPLC 中流动相中的离子对试剂有三种作用，其中的一种便是它如同置换剂一样，参与了从固定相置换蛋白质过程，如在相同色谱条件下高浓度的三氟乙酸（TFA）所得 Z 值较低浓度时小。当用甲酸为离子对试剂时，有机溶剂，如异丙醇为置换剂，随着甲酸浓度的增大，Z 值就会减小。所以，这时 Z 值是由蛋白质分子构象使 Z 值增大，还是由离子对试剂浓度使 Z 值减小？这是两种对 Z 值起相反作用的两种因素的总结果，这就是会出现当流动相甲酸浓度增大时，蛋白质的 Z 值会减小的原因。

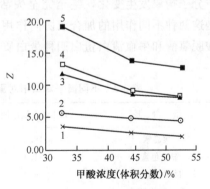

图 3-11　甲酸浓度变化对蛋白质
分子构象变化的影响

异丙醇-甲酸-水，Synchropak RP-C_8
1. 糖原；2. 胰岛素；3. 细胞色素 c；
4. 溶菌酶；5. 胰蛋白酶抑制剂

图 3-11 显示出当异丙醇-甲醇-水流动相中甲醇的浓度从 32.5％依次增大到 44％和 52.2％时，5 种标准蛋白质 Z 值的变化情况；虽然在甲酸浓度增大时，Z 值均在减小，表明蛋白质分子与固定相接触表面在减小，即蛋白质分子在向失去主体结构的方向变化。但是，从另一个方面来讲，图 3-11 中所示的这 5 种蛋白各自的变化趋势是不同的，其中的糖原和胰岛素的 Z 值变化为连续的，而细胞色素 c、溶菌酶和胰蛋白酶抑制剂的 Z 值变化为不连续。这表明后三种蛋白质在甲酸浓度大于 44％时三维结构发生了巨变或者失去了三维结构，而其他的两种蛋白质可能在甲酸的这一浓度变化范围内（32.5％～52.5％）未发生巨变。这说明了或者它们在甲酸浓度小于 32.5％时就已完全失去了三维结构，或者是完全相反的情况，即在甲酸浓度大于 52.5％时，它们还未完全失去三维结构。也就是说，对曲线 1，曲线 2 来讲，可能是蛋白质分子构象变化所引起的 Z 值变化不随甲酸浓度的变化而改变，但这还需要用其他方法来进一步证实。

3.4.4　Z 值与离子对试剂[28]

在 RPLC 中，流动相一般为水及与之互溶的有机溶剂体系。在分离生物大分子时，在流动相中常加入离子对试剂来增强流动相的洗脱能力，这是因为强酸性流动相还可抑制硅胶键合相未被覆盖的硅羟基离解以减少对蛋白质的不可逆吸附。常用的离子对试剂是 0.1％三氟乙酸（TFA），0.05mol/L KH$_2$PO$_4$（pH 为 2.0～3.0）和甲酸（40％～55％），并以三氟乙酸应用最多。研究表明，三氟乙酸也可作为置换剂参与蛋白质分子与置换剂分子间的计量置换过程[27]。另外，反相液相色谱中的有机溶剂和某些离子对试剂（如甲酸、三氟乙酸）都能使蛋白质分子构象发生变化，甚至完全失活。通常用计量置换保留理论测定的 Z 值只是这两种不同作用的加合或协同作用，表 3-3 中列出了胰岛素、细胞色素 c、碳酸脱氢酶和牛血清白蛋白四种蛋白质在异丙醇为置换剂条件下的 Z 值。

表 3-3　不同离子对试剂对蛋白质 Z 值及异丙醇洗脱范围的影响

蛋　白　质	0.1％三氟乙酸	0.05mol/L 磷酸盐缓冲液	52.5％甲酸
胰岛素	16.6	15.7	4.16
细胞色素 c	31.4	30.5	8.12
碳酸脱氢酶	36.4	45.8	17.1
牛血清白蛋白	96.5	117	33.1

从图 3-11 可看出，随甲酸浓度的增加，Z 值在减小，这与 Kunitani 等从实验中所得的蛋白质分子构象变化越大，一些蛋白的 Z 值越小的结论是一致的[6]。所以在表 3-3 中，在变性程度较大的异丙醇-磷酸盐缓冲液中的碳酸脱氢酶和牛

血清蛋白的 Z 值较在异丙醇-0.1％三氟乙酸中的大。但是，只要蛋白质完全失去立体结构，它与 RPLC 固定相的接触表面就不会再变。

如何从表 3-3 的数据中将有机溶剂及离子对试剂的作用分开研究还是困难的。但是，从表 3-3 数据中可以发现下述规律：对于离子试剂 0.1％三氟乙酸和 0.05mol/L 磷酸盐缓冲溶液而言，其每种蛋白质的异丙醇洗脱范围（最高和最低浓度）及其差值很接近，特别是胰岛素和细胞色素 c 分别在该两种离子对试剂存在下的 Z 值尤为接近，这表明该两种离子对试剂的作用机理和对 Z 值大小的贡献很接近。与 52.5％甲酸比较，则与前两者相差很大。前已说明，52.5％甲酸能使所有蛋白质分子完全失去三维结构。所以，在此体系中 Z 值与相对分子质量有线性关系。对于前两种体系而言，在 RPLC 中磷酸盐缓冲溶液中，蛋白质的 Z 值与其相对分子质量有近似的线性关系和 0.1％三氟乙酸则无这种关系的事实表明，蛋白质在磷酸盐缓冲溶液中失去三维结构的程度比在 0.1％三氟乙酸中严重。由此而得出的结论是：在甲酸-异丙醇体系中，在甲酸浓度大于 44％时，蛋白质失活主要是甲酸在起作用；在磷酸盐-异丙醇体系中，是磷酸盐和异丙醇两者共同起作用的；在 0.1％三氟乙酸-异丙醇体系中，蛋白质构象变化主要是由异丙醇引起的。

3.4.5　蛋白质热变性的表征[5]

1. $\lg k'$ 对 $1/T$ 的作图

已知在 RPLC 中，小分子溶质的 $\lg k'$ 和 Z 对 $1/T$（T 为热力学温度）有线性关系。对于生物大分子而言，如果不发生热变性，则也应存在上述两种关系，如果有偏离，则偏的大小便有可能成为生物大分子构象变化的表征。

图 3-12 表示核糖核酸酶 A（a）、胰岛素（b）、细胞色素 c（c）和溶菌酶（d）四种蛋白质的 $\lg k'$ 对 $1/T$ 的线性关系。从图 3-12 中看出，除胰岛素在异丙醇（IPA）浓度在 0.455mol/L 时可以得到从 0～50℃温度范围内的全部 $\lg k'$ 与 $1/T$ 的变化外，在改变温度时，其余 3 种蛋白质的 k' 值变化是如此之大，以至于无法在同一异丙醇浓度条件下分别测出 0～50℃温度范围内的全部 k' 值。所以，图3-12分别表示在最可能接近的两种 IPA 浓度条件下，分别测得的核糖核酸酶 A（a 和 a'）、细胞色素 c（c 和 c'）和溶菌酶（d 和 d'）的 $\lg k'$ 对 $1/T$ 的两种斜率不同的直线，胰岛素是在同一 IPA 浓度条件下的 $\lg k'$ 对 $1/T$ 的作图，故所得到的两条不同斜率的直线是可以比较的，并且从这两条直线的斜率的差异可以用来作为是否发生分子构象变化的判断。但其余 3 种蛋白的 $\lg k'$ 对 $1/T$ 作图的线性关系是在两种不同的 IPA 浓度条件下得到的，我们尚无法做出它们是否会发生分子构象变化的结论。所以，在 RPLC 中不能简单地用 $\lg k'$ 对 $1/T$ 作图是否得到直线来对分子构象变化进行判断和表征。

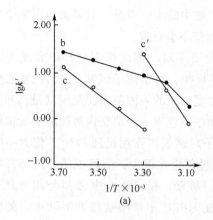
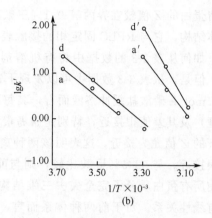

图 3-12 4 种蛋白质的 $\lg k'$ 对 $1/T$ 作图

RNase-A (a. 0.416mol/L IPA, a'. 0.208mol/L IPA)；Ins (b. 0.455mol/L IPA)；Cyt-c
(c. 0.715mol/L IPA, c'. 0.368mol/L IPA)；Lys (d. 0.975mol/L IPA, d'. 0.598mol/L IPA)

2. Z 对 $1/T$ 作图

SDT-R 中的 Z 是一个不随置换剂浓度变化的常数，当流动相中其他成分

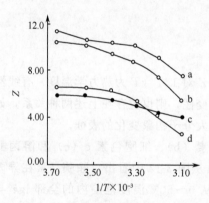

图 3-13 4 种蛋白质的 Z 对 $1/T$ 作图

a. RNase-A；b. Ins；c. Cyt-c；d. Lys

（离子对试剂种类、浓度等）不变时，所得的在不同温度范围内的 Z 值，并以 Z 对 $1/T$ 作图，便可看出蛋白质分子随温度变化的全过程。图 3-13 是核糖核酸酶 A、胰岛素、细胞色素 c 和溶菌酶 4 种蛋白质的 Z 对 $1/T$ 的作图。从图 3-13 中可看出，所有 4 种蛋白质的 Z 对 $1/T$ 作图均无线性关系，但均随温度的升高而降低。此外，这 4 条曲线都有一个拐点，除胰岛素的拐点在 10～15℃ 且不明外，其余 3 条曲线的拐点均在 30℃ 附近。

Z 值随温度升高而减小的原因可用疏水相互作用随温度升高而增大来解释[29]。

在 44%（体积分数）甲酸中，蛋白质分子完全失去三维结构，这些变性的蛋白质分子中的疏水氨基酸残基会发生相互作用。但还达不到形成埋藏在蛋白质分子内部的疏水核的程度。随温度的升高，这些疏水氨基酸残基间相互作用力的增大会使杂乱结构的蛋白质分子向一种紧密结构的方向过渡，从而使其与 RPLC 固定相表面接触面积减小。但是，这并不意味着在此情况下，蛋白质分子在向复性的方向转化，它可能离蛋白质正确复性的距离很远。

3. 蛋白分子热变性的表征

从 SDT-R 来看，随温度升高，在溶质和固定相之间的表面上吸附的置换剂分子的密度减少，而且溶质分子计量置换的置换剂分子是与溶质分子与固定相间的接触表面面积成正比的，它不会随温度升高而减小，所以 Z 会随温度升高而减小且与 $1/T$ 呈线性关系，如前所述，蛋白分子结构的某种紧缩也会使 Z 减小，这两种过程的差别即为蛋白分子构象变化的表征。如果将图 3-13 的每一曲线当成两条近似的直线来研究，则各自的线性参数列于表 3-4 中。

表 3-4   2 个温度范围内 4 种蛋白质的 Z 对 $1/T$ 作图的参数

蛋白质	温度范围/℃	R	斜率/$\times 10^3$	截距	温度范围/℃	R	斜率/$\times 10^3$	截距	Δ斜率/$\times 10^3$	T/℃
RNase-A	0～20	0.888	1.32	1.84	30～50	0.995	13.6	−39.4	12.4	25.3
Ins	0～10		−0.123	6.45	20～50	0.986	4.76	−10.7	488	11.5
Cyt-c	0～30	0.980	5.04	−7.75	30～50	0.996	15.5	−42.2	10.5	31.8
Lys	0～30	0.971	3.08	−0.009 36	30～50	0.986	11.8	−28.6	8.72	31.2

可以看出，蛋白疏水性越强，受热影响越小，斜率差就越小。从表 3-4 数据看出，除核糖核酸酶 A 为特例外，其余 3 种蛋白质的斜率差与蛋白在疏水色谱的洗脱顺序完全相反，或者与蛋白疏水性强弱完全一致。此外，还能看出，在异丙醇-44%（体积分数）甲酸溶液中，这 4 种蛋白质的分子构象变化温度是不同的。表 3-4 也列出了该两条直线的交叉点，即为突变温度。如果以图 3-12 的 $\lg k'$ 对 $1/T$ 作图来考查蛋白分子构象变化的突变温度，以胰岛素为例，图 3-12 所示为 37.6℃，图 3-13 所示为 11.5℃，两者之间的差别很大。可见用通常的方法以 $\lg k'$ 对 $1/T$ 作图来研究蛋白分子的构象变化是不准确的。

3.4.6 RPLC 中 Z 对白细胞介素-2 突变蛋白分子的构象变化的表征[6]

在 RPLC 中，蛋白或其他分子的保留是以一种置换方式存在的，计量因子 Z 或 S 可用来表征溶质与固定相的接触面积。因此，当蛋白分子从其天然态展开时，其与固定相接触面积也增大，从理论上讲，Z 与 S 值也增大。所以，Z 值可以用来界定 RPLC 中蛋白分子的构象变化。

Kunitani 等[6]通过研究 30 种白细胞介素-2（IL-2）突变蛋白分子在 RPLC 中的保留行为，发现这些相对分子质量和组成相似的蛋白分子的计量因子 Z 值相差可达 2.5 倍之多，从而进一步证明了 Z 值与蛋白分子构象之间的关系：疏水性越大，结构越稳定的蛋白分子具有较小的 Z 值；在 RPLC 保留中，越容易去折叠的蛋白分子，其 Z 值也越大，但构象已经发生了变化。

IL-2 蛋白具有强烈的疏水性，其突变蛋白分子是在母体蛋白的 1，58，104，125 位置上进行氨基酸替换。在母体蛋白上，58，105，125 位置上有三个半胱氨酸，其中两个巯基氧化就很易形成 S^{58}—S^{105} 这一对二硫键。如果将突变蛋白分子这三个半胱氨酸之一将会被丝氨酸替换，使得蛋白氧化时 S^{58}—S^{105} 这一天然二硫键无法形成，而形成一个非天然二硫键 S^{58}—S^{125} 或 S^{105}—S^{125}。另外，在天然 IL-2蛋白分子中有四个蛋氨酸基团，在温和的氧化条件下，104 位置上的蛋氨酸会形成蛋氨酸亚砜[29]。

1. 梯度洗脱法测定计量置换因子及 $Z(S)$[①] 值对蛋白分子构象的表征

对每种蛋白质分别进行三种线性梯度洗脱，分别为 20min，40min，80min。通过各梯度对：20/40，40/80，20/80 的保留时间可求得 S 和 $\lg k_w$ 值[7]。在乙腈–水比率为 55：45 的流动相中，根据 $\lg k'$ 和 S 值可得到 $Z(S)$ 值。对于每一种替换氨基酸所造成的 IL-2 突变蛋白，又有四种形式 A-ox、B-ox、A-red、B-red[其中 ox 代表包含二硫键（S—S）的蛋白；red 代表含半胱氨酸（SH，SH），未氧化为二硫键的蛋白；A 代表峰 A：104 位置蛋氨酸氧化为硫砜（Met-104 sulfoxide）的蛋白；B 代表峰 B：104 位置蛋氨酸未被氧化为硫砜（Met-104 not sulfoxidized）]的蛋白。表 3-5 中列出了各种突变蛋白峰 B 的 S、Z 及 $\lg k'$（55%）的平均值。

表 3-5　各种突变蛋白质峰 B 的 S、Z 及 $\lg k'$（55%）的平均值[6]

突变蛋白	B-ox			B-red		
	S	Z	$\lg k'$（55%）	S	Z	$\lg k'$（55%）
Ala¹Cys¹²⁵（parent）	22.1	26.4	0.03	15.7	19.4	0.67
Ala¹Ser¹²⁵	25.5	29.3	−0.70	19.7	23.2	0.02
desAla¹Ala¹²⁵	19.3	23.4	0.31	15.6	19.8	0.84
desAla¹Ala¹⁰⁴Ser¹²⁵	24.1	27.4	−0.82	21.6	25.5	−0.25
desAla¹Cys¹²⁵	20.0	23.8	0.05	17.1	21.1	0.61
desAla¹Ser¹²⁵	22.6	25.8	−0.52	16.2	19.0	−0.01
desAla¹Ser⁵⁸	36.9¹⁾	37.0¹⁾	−3.9¹⁾	18.7	23.2	0.59
desAla¹Ser¹⁰⁵	47.8¹⁾	48.7¹⁾	−5.0¹⁾	17.2	21.0	0.35
desAla¹Ser⁵⁸,¹⁰⁵,¹²⁵	2)	2)	2)	18.1	21.5	0.04

1) 代表含有非天然二硫键的蛋白。

2) 半胱氨酸均被替换。

注：B 代表 104 位置蛋氨酸未被氧化为硫砜（Met-104 not sulfoxidized）的蛋白；ox 代表包含二硫键（S—S）的蛋白；red 代表含半胱氨酸（SH），未氧化为二硫键的蛋白。

---

① $Z(S)$，或文献中的 $S(Z)$ 表明是以梯度洗脱方法测定的 Z 值，以区别于在 SDT-R 中以等度洗脱法测定的 Z 值，后者比前者准确。

普遍认为，球形蛋白疏水残基折叠在分子内部，亲水性残基大部分暴露在分子外部。当蛋白疏水性增加时，为了使其疏水基团与外部水溶液介质达到分离，会产生一作用力使得蛋白在溶液中进一步折叠。这表明疏水性大的蛋白会具有更密集，更稳定的结构，在 RPLC 中与固定相接触面积较小，Z 值也会较小。从表 3-5 中看出，Z 的变化范围较广：$19 < Z < 49$。这样的变化对于具有相同相对分子质量，氨基酸序列和组成的蛋白是有些出乎意料的。这说明了各吸附蛋白的分子构象发生了变化，使得接触面积也发生了变化，导致 Z 值发生了较大的变化，而在相同情况下所对应的 $\lg k'$ 值却十分小，表明 Z 对分子构象变化灵敏度极高，有可能以 Z 值的不同对不同突变 IL-2 进行鉴别。

从表 3-5 中还可以看出，对于半胱氨酸在 125 位上的两个含有双硫键组成的半胱氨酸衍生物其 Z 值达到了 30 以上。这是由于从 58 或 105 位置上替换了一个半胱氨酸，使得天然双硫键（S^{58}—S^{105}）遭到破坏，而剩余的两个半胱氨酸形成了一个非天然的二硫键（S^{58}—S^{125} 或 S^{105}—S^{125}）。通常认为含有半胱氨酸（SH）的分子能使疏水基团最少范围的暴露于水相，从而降低部分摩尔自由能，而天然二硫键则在最低自由能点位置上形成。当此位置上的半胱氨酸被替换而形成非天然的二硫键，破坏了其原始结构，降低了分子稳定性时，使得其分子部分展开，增加了蛋白的疏水表面与固定相的接触面积，使氧化的突变蛋白分子 Z 值明显增大。

另外，我们还可看出，除了 Ser[58] 及 Ser[105] 外，B-ox 的 Z 值要比 B-red 的 Z 值大（4.7 ± 2.2），$\lg k'$（55%）减小一（0.59 ± 0.07）。这是由于对于疏水性很强的蛋白，即使是在最低自由能点形成二硫键，也会破坏其最合适的热力学动力学构象，使其在 RPLC 的保留中稳定性降低，展开程度增大。

实验还表明，将 IL-2 蛋白 104 位置上的蛋氨酸氧化为蛋氨酸硫砜时，RPLC保留行为会发生变化，峰 B 变为峰 A[6]。IL-2 蛋白的蛋氨酸极性增加，在 RPLC 中保留减小，Z 值较小但稳定增加＋（6%±3%）。但若氧化其他三个蛋氨酸，只能使其反相保留有很小的增加，这说明了 104 位置蛋氨酸对于 IL-2 蛋白分子构象变化有一定的贡献。

2. 用 $Z(S)$ 值表征 IL-2 蛋白分子中特定位置氨基酸替代对构象的影响

将蛋白主链上不同的氨基酸进行替换，将会对蛋白构象有显著的影响。这种影响取决于替换的氨基酸及替换发生的位置。表 3-6 中总结了这些替换 Z 值和 $\lg k'$（55%）的变化。从表 3-6 中可以看出，将单个的半胱氨酸（Cys）用丝氨酸（Ser）替换后，—SH 变为—OH，Z 只有较小的增大。但对于还有非天然二硫键（S—S）的蛋白，其 Z 值显著增大，说明其构象发生明显变化。另外，还可看出在 125 位置上替换丙氨酸（Ala）或从亲水 N 端基[6]去除（Met）Ala 后，Z 值减小，说明在 RPLC 保留中这种替换有可能使蛋白构象更加稳定。

表 3-6　IL-2 蛋白分子中氨基酸替换对构象的影响[6]

氨基酸替换	氧化态	ΔZ[1)	$\Delta \lg k'$ (55%)
$Cys^{58或105} \to Ser^{58 或 105}$	Cys (SH, SH) (1.5)[1)	$+ (3.1 \pm 1.6)$	$- (0.05 \pm 0.05)$
$Cys^{58或105} \to Ser^{58或105}$	Cys (S—S)	$+ (17 \pm 8)$	$- (4.4 \pm 0.8)$
$Cys^{125} \to Ser^{125}$		$+ (2.2 \pm 1.5)$	$- (0.58 \pm 0.15)$
$Cys^{58,105,125} \to Ser^{58,105,125}$	Cys (SH, SH) (-4.5)[1)	$+ 0.4$	-0.40
$Cys^{125} \to Ala^{125}$	(-0.4)[1)	(0.9 ± 0.6)	$+ (0.25 \pm 0.01)$
$Met^{104} \to Ala^{104}$	(0.5)[1)	$+ (4.1 \pm 3.5)$	$+ (0.41 \pm 0.18)$
(Met) $Ala^1 \to desAla^1$	(-1.0)[1)	$- (2.2 \pm 2.6)$	$+ (0.09 \pm 0.13)$

1) 氨基酸替换后疏水性变化。

3.4.7 不同变性态条件下 Lys 的构象表征

1. 不同变性状态下 Lys 在 RPLC 上的保留[31,32]

在蛋白质的 RPLC 分离过程中，疏水效应起着重要的作用。蛋白分子暴露于外部的疏水性氨基酸残基越多，在 RPLC 的保留就越强。

我们分别测定了五种不同状态的 Lys〔天然态（native）、脲非还原变性（urea-unfolded）、盐酸胍非还原变性（GuHCl-unfolded）、脲还原变性（Urea-reduced-unfolded）及盐酸胍还原变性（GuHCl-reduced-unfolded）〕在 RPLC 上的保留。RPLC 固定相表面的疏水性很强，所使用的有机流动相也是高浓度的蛋白变性剂，所以天然 Lys 在此时已经处于失活变性状态。以下为方便起见，这里暂且还是用"天然"来表示。

实验结果表明，"天然" Lys 保留时间最短，胍和脲非还原变性态的 Lys 次之，而胍和脲还原变性态的 Lys 保留时间最长。在蛋白质的 RPLC 分离过程中，疏水效应控制着保留。蛋白分子暴露于外部的疏水性氨基酸残基越多，在 RPLC 的保留就越强。所以，这一结果说明了与其他四种变性状态相比，"天然"暴露在外部的疏水性氨基酸残基最少，而单纯用变性剂变性的未还原的 Lys，即脲变及胍变 Lys 有部分原来埋藏于 Lys 分子内部的疏水性氨基酸暴露出来，增强了它与固定相的作用，使保留时间增加。但此时由于二硫键未打开，埋藏于内部的疏水性氨基酸并没有完全暴露出来，所以保留时间没有其对应的两种还原变性态的大。还原变性的 Lys，即脲还原变性和胍还原变性，由于二硫键已经打开，三维结构完全被破坏，疏水性氨基酸充分暴露出来，所以它们的保留时间最长。

Lys 含有 4 对二硫键，还原与非还原变性蛋白的复性过程和机理差别很大。前者分子间容易聚集，因涉及分子内二硫键的对接使折叠速率变慢（τ 为 15～20min），折叠过程至少是一个三态折叠机理；后者分子间却不容易聚集，折叠速率较快（τ 为 15～20s），一般认为折叠过程遵循二态机理。这些差别，从本质上说，主要是由于还原与非还原变性的蛋白分子构象不同的结果。此外，还原变性的 Lys 如此容易聚集，是因为它在变性时疏水性氨基酸暴露的多，疏水性太强，在复性过程中容易形成聚集体。非还原变性的 Lys 复性很容易，则是因为变性后疏水性氨基酸暴露的较少，在复性过程中不容易形成聚集体。

对非还原变性的 Lys，当使用不同的变性剂，即脲变及胍变的保留时间几乎是一致的。同样对其还原变性态，使用不同的变性剂产生的脲变还原和胍变还原的 Lys 在 RPLC 中的保留值也很难区分开。从这可以说明，虽然 RPLC 的保留行为可以反映出在 Lys 变性时二硫键是否打开所引起的 Lys 分子构象变化，但对使用不同的变性剂胍和脲所引起的分子构象的不同却还是不能区分开来。

2. 在 RPLC 中不同变性状态下 Lys 的 Z 和 lgI

在 RPLC 中，蛋白分子越接近天然结构，即三维结构越完整，暴露出的疏水性氨基酸越少，同时它与固定相的接触面积也越小，故其对应的 Z 值就越小。表 3-7 为 RPLC 中 Lys 分子处在不同构象状态的 Z 值。前已指出，由于 RPLC 自身的特点，本文所称的在 RPLC 中的"天然"其实已不是天然状态的 Lys，它是由反相固定相表面的强疏水性诱导及高浓度的有机试剂导致的一种变性的构象状态[32]。从表 3-7 可看出，"天然"和脲非还原变性这两种构象状态的 Z 值非常接近，说明反相 C_{18} 固定相表面及乙腈流动相引起天然 Lys 变性失活时，其疏水性氨基酸的暴露程度与 8.0mol/L 脲引起的变化程度相近，两者与固定相接触的面积差不多，且这两种构象状态的蛋白分子与固定相作用的强度也基本相同。

表 3-7   在 RPLC 中不同构象状态的溶菌酶的 Z 及失活度[30]

构象状态	t_R	Z	lgI	α	α'
天然	11.688	35.5±0.3	28.9±0.2	0.00± 0.00	0.00± 0.00
脲非还原变性	11.784	35.2±0.5	28.7±0.4	0.00± 0.04	0.00± 0.15
胍非还原变性	11.796	39.4±0.1	32.0±0.1	0.11±0.01	0.41±0.04
脲还原变性	12.509	40.0±0.7	32.0±0.6	0.13±0.03	0.48±0.11
胍还原变性	12.478	45.0±1.0	36.1±0.8	0.27±0.04	1.00±0.15

对于非还原变性的 Lys 分子构象来说，胍变的 Z 值大于"天然"和脲变的分子构象状态，而当二硫键打开后，Lys 分子构象，胍变还原的 Z 值和 lgI 又比前三种都大。说明胍引起蛋白失活的程度要大于 RPLC 固定相表面引起的蛋白失活，疏水性氨基酸与固定相的接触面积和强度均大于表面诱导失活时的变性状态。但二硫键打开后，蛋白的疏水性氨基酸与固定相接触却是最多的，强度也是最大的。这个结果定量地说明了 Lys 的"天然态"、变性和还原变性态这几种分子构象状态在 RPLC 上的保留强弱，从而也又一次证明还原变性 Lys 复性难的原因是疏水性氨基酸的充分暴露。

此外，表 3-7 还表明了一个有趣的现象，对于同为非还原变性态来说，胍变

的 Z 值要大于脲变的。对于还原变性来说，同样，胍还原变性的 Z 值也都大于脲还原变性的。说明在当二硫键的打开与否保持一致的情况下，盐酸胍变性后蛋白分子与固定相的接触面积要大于脲变性的接触面积，盐酸胍变性后蛋白分子与固定相作用的强度也要大于脲变性的作用强度，目前认为脲和胍使蛋白失活的主要原因是与天然蛋白相比，在失活蛋白的分子构象上有更多相似的，未发生相互作用的键合位点，当蛋白失活时变性剂分子与肽键相结合，使更多的肽键暴露于变性剂中[33]。对于这两种生物工程中最常用的变性剂引起蛋白变性时所造成的蛋白构象是否相同，长期以来人们已进行了深入地讨论。一部分学者认为蛋白质的变性与变性剂无关，而另一部分却认为有关。如果只从 RPLC 的保留行为来判断，可以认为 Lys 的变性与所用的变性剂无关，但从表 3-7 中 Z 和 lg$I$ 值能够很清楚地看出这与实际情况不符。变性剂使 Lys 变性后其分子构象并不相同，盐酸胍使 Lys 变性的程度要大于脲变性的程度。所以对于 Lys 来说，蛋白质的变性与变性剂是有关的。Greece 和 Pace[33]也曾经证明对于核糖核酸酶的变性，盐酸胍的变性能力是脲的 2.8 倍，对于溶菌酶，盐酸胍的变性能力是脲的 1.7 倍。

如果我们用 α 来表示蛋白分子的变性程度的大小，且将变性度定义为[30]

$$\alpha = \frac{Z_U - Z_N}{Z_N} \tag{3-21}$$

式中：Z_U 为各种失活态的 Z 值；Z_N 为天然态的 Z 值。

再假定把变性度最大的 α 定义为 1，其他变性状态下的 α 与它相比较即可得到相对变性度 α'。根据表 3-7 中算出的变性度 α 和相对变性度 α'，不仅可以排出这几种构象中蛋白的疏水性氨基酸暴露程度的次序为天然≈脲非还原变性＜ 胍非还原变性＜ 脲还原变性 ＜ 胍还原变性，还可判断分子构象变化的程度。

3. 在 RPLC 中不同折叠态的蛋白分子的 Z 和 lg$I$ 的表征[34]

表 3-8 是一系列标准球形蛋白在不同折叠状态下在 RPLC 中的保留行为。每一种蛋白有四种不同的折叠状态，分别是折叠态、色谱表面去折叠态、脲非还原变性态及二硫键还原变性态。比较 Z 值的变化可以达 10 倍之多，而 I 值倍数也可达 10^{12}。

从表 3-8 中看出，每种蛋白其不同状态的 Z 都遵循如下规律：折叠态＜色谱表面去折叠态＜脲变态＜二硫键还原变性态。不同状态下 Z 值不同，说明其不同状态是构象不同。折叠态时，蛋白的保留与小分子相似，在 RPLC 中与固定相只有微弱的作用力。但蛋白表面去折叠时，与固定相接触面积开始增大，键合力增大，各种计量参数也相应增大。同时可看出蛋白在二硫键断裂时具有最大程度的去折叠状态，色谱表面去折叠态比脲变态的去折叠程度要低许多。从表 3-8 中可以看出，每种蛋白其不同状态的 I 值变化与 Z 值遵循同样规律，即折叠态≪色谱表面去折叠态＜脲非还原变性态＜二硫键还原变性态。

表 3-8　不同蛋白在不同折叠态的 Z, S 结果 [35]

蛋白和形态	M_w	Z	lg$I$	S
Heme	618			
水中		10±1	2.3±0.3	17±1
脲中		10±1	2.3±0.3	17±1
RNase	13 000			
表面去折叠态		11±1	2.5±0.7	36±4
脲非还原变性态		16±2	4.9±0.4	38±4
双硫键还原变性态		21±3	7.0±0.7	44±4
LYSO	14 300			
折叠态		2.6±0.1	−0.6±0.2	25±2
表面去折叠态		20±1	4.9±0.6	46±3
双硫键还原变性态		35±3	11.6±1.2	57±5
APMY	17 000			
表面去折叠态		22±2	6.5±1.1	45±4
脲非还原变性态		34±1	11.2±1.2	52±5
PAPN	21 000			
折叠态		4.3±0.1	−0.3±0.3	26±2
表面去折叠态		23±1	6.1±0.5	43±4
脲非还原变性态		33±3	10.7±1.1	53±5
CHTG	25 000			
折叠态		3.9±0.3	−1.3±0.1	34±2
表面去折叠态		27±2	7.9±0.1	53±5
脲非还原变性态		38±3	9.6±0.1	61±5

3.4.8　在 RPLC 中人工交联修饰蛋白保留行为及其 Z 和 lg$I$ 值的表征[34]

如表 3-9 所示是两种人工交联修饰蛋白在 RPLC 中的保留行为，它们分别是二硝基交联[Lys(7)- Lys(41)] RNase -A、酯键交联[Glu(35)- Trp(108)]LY-SO。交联修饰后及未被修饰的蛋白的 Z 和 lg$I$ 列于表 3-9 中。

表 3-9　交联修饰及未被修饰的蛋白的 Z 和 lg$I$ 值[34]

蛋白	交联数	Z	lg$I$	S
折叠态（35-108）LYSO	5	2.5±0.1	−0.3±0.1	22±2
折叠态 LYSO	4	2.6±0.1	−0.6±0.2	25±2
去折叠态（35-108）LYSO	5	16±1	4.6±0.7	40±4
去折叠态 LYSO	4	20±1	4.9±0.6	45±4
（7-41）RNase -A	5	10±1	2.6±0.7	34±2
RNase	4	11±1	2.5±0.7	36±2
还原态（7-41）RNase -A	1	16±1	3.0±1.1	39±1
还原态 RNase -A	0	21±3	4.5±0.7	44±2

从表 3-9 可以看出，在折叠状态下，修饰与未被修饰的蛋白 Z 值相差不大，说明在折叠态下蛋白交联并不影响其与固定相的接触面积。但在去折叠状态下，修饰过的蛋白的 Z 值要比未修饰的蛋白相对减小。研究表明，在 RPLC C_8 柱上附加一人工二硫键的 T_4-LYSO 的洗脱时间要比未修饰的短[25]。对于 RNase-A，其去折叠态 Z 值相差不大，但在还原状态下有明显区别。这是由于在还原状态下，RNase-A 的 4 个二硫键将会被破坏，而人工的 Lys(7)- Lys(41) 交联仍存在且限制了蛋白的去折叠，从而使得其与固定相接触面积减小，Z 值减小。

此外，在表 3-9 中也列出了上述两种人工交联修饰蛋白在 RPLC 中的保留行为以及交联修饰后及未被修饰的蛋白的 $\lg I$ 值。也可以看出，在折叠状态下，修饰与未被修饰的蛋白 $\lg I$ 值相差不大，说明在折叠态下蛋白交联并不影响其与固定相的接触面积。但在去折叠状态下，修饰过的蛋白其 $\lg I$ 值要比未修饰的蛋白相对减小。研究表明，在 RPLC C_8 柱上附加一人工二硫键的 T_4-LYSO 的洗脱时间要比未修饰的短。对于 RNase-A，其去折叠态 $\lg I$ 值相差不大，但在还原状态下有明显区别。这是由于在还原状态下，RNase-A 的 4 个二硫键将会被破坏，而人工的 Lys(7)- Lys(41) 交联仍存在且限制了蛋白的去折叠，从而使得其与固定相接触面积减小，Z 值减小。

3.4.9　重组人干扰素-γ 在有孔与无孔反相硅胶固定相上保留行为的比较[35]

表 3-10 是重组人干扰素-γ（rhIFN-γ）及其同型物 A II 在有孔与无孔 RPLC 硅胶 C_{18} 固定相的 $\lg k_0$、Z 和 S 值。从表 3-10 中可以看出，A II 的 $\lg k_0$ 和 S 值均比 rhIFN-γ 要小，说明虽然 A II 和 rhIFN-γ 虽然只有一个单个残基不同，但前者的吸附面积要比后者小；还可看出，在无孔硅胶固定相上的蛋白的 S 值要比在有孔硅胶固定相上的 S 值大，这是由于蛋白在无孔硅胶固定相上的接触作用要比在有孔硅胶固定相上更容易一些，且由于无孔硅胶的柱容量较低，蛋白在低浓度的有机溶剂下即可被洗脱下来。另外，S 值随着温度的升高而升高，说明了温度升高时，蛋白构象发生了变化，使其与固定相的接触面积进一步增大。

表 3-10　rhIFN-γ 及其同型物在有孔与无孔反相硅胶固定相上保留行为的比较[35]

固定相	温度/℃	rhIFN-γ		A II	
		$\lg k_0$	S	$\lg k_0$	S
C_{18}有孔硅胶固定相	20	16.8	41.4	16.1	39.3
C_{18}无孔硅胶固定相	20	22.8	68.4	21.1	62.9
	30	27.7	86.0	23.8	73.4

§3.5　HIC 中蛋白分子构象的 Z 表征

虽然在生物大分子 LC 分离中，HIC 与 RPLC 都是根据样品组分和填料之间疏水作用强弱不同使得蛋白质在柱上得到分离的。但还是有许多不同点，Morriers[36]描述了这些不同点如下：① 保留过程有一个与其他色谱相反的温度系数，即温度增加，保留时间增长；② 溶质在相对高的盐浓度下吸附于固定相上，而在低盐浓度时洗脱下来；③ 固定相的疏水基团的极性大于 RPLC。因此，在用式（3-14）描述 HIC 和 RPLC 中蛋白保留时略有不同之处。

HIC 的 SDT-R 中，水分子为置换剂[37]，因此，HIC 的 SDT-R 的表达式可写为

$$\lg k' = \lg I - Z \lg[H_2O] \tag{3-22}$$

$\lg k'$ 对 $\lg[H_2O]$ 作图可得到一条直线，其斜率 Z 表示 1mol 溶质被固定相吸附时，在溶质与固定相间被置换的水的物质的量。图 3-14 给出了溶菌酶在不同盐水溶液条件下的 $\lg k'$ 对 $\lg[H_2O]$ 的线性作图。良好的线性关系表明，在 HIC 中蛋白质可很好地遵循 SDT-R。

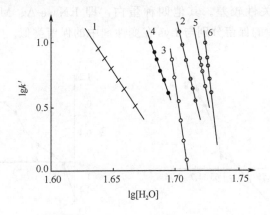

图 3-14　在各种盐水溶液条件下，溶菌酶的 $\lg k'$ 对 $\lg[H_2O]$ 作图[37]
1. NH_4Cl；2. KCl；3. $(NH_4)_2SO_4$；4. NaBr；5. NaCl；6. Na_2SO_4

当蛋白质分子构象一定时，同一溶质的 Z 值为一常数。但当蛋白质分子构象发生变化时，从溶质与固定相间被置换的水的物质的量就会发生变化，即 Z 值改变。因此，Z 值可作为一个表征蛋白分子构象变化的参数。在 HIC 中，由于蛋白分子不像在 RPLC 中那样几乎完全处于变性状态，而是疏水区域不断的收缩与扩张引起某些局部构象的变化，使 Z 值变化情况更为复杂。因此，研究 HIC 中蛋白质构象变化所引起的 Z 值变化对于捕捉蛋白分子构象变化的中间过程信息以及用 HIC 对变性蛋白进行复性有着重要意义。

3.5.1 HIC中在变性剂存在条件下 Z 值的准确测定方法

1. 在盐浓度相同条件下 $\lg k'$ 与变性剂浓度的关系[8,9]

在基因工程中，包涵体常用 7.0mol/L 的盐酸胍和 8.0mol/L 的脲作为蛋白的溶解剂或变性剂。无论是从理论还是从实用的观点出发，选用含有变性剂的溶液来研究蛋白在 HIC 中的分子构象变化才会更有意义。然而，HIC 的流动相通常为盐的水溶液，如果在其中加入大量的变性剂则盐就会产生沉淀，为避免这种情况出现，在测定中使用的变性剂的浓度尽可能高，但以不致产生沉淀并能使蛋白洗脱为限。

图 3-15 表示了 Lys 的 $\lg k'$ 分别对盐酸胍浓度 [D_{GuHCl}]［图 3-15（a）］和脲浓度 [$D_{脲}$]［图 3-15（b）］的依赖关系。可以看出，随两种变性剂浓度的增大，Lys 保留变化的过程是不同的。如图 3-15（a）所示，在盐酸胍中，当其浓度较低时，Lys 的保留随盐酸胍浓度的增大而增大，并在 1.7 mol/L 出现一极大值。然后随盐酸胍浓度的增大，保留值减小。然而，在含脲流动相中，如图 3-15（b）所示，Lys 的 $\lg k'$ 与 [$D_{脲}$] 的关系却较为简单，其随 [$D_{脲}$] 的增大呈单调性减小。但线性相关性较差。其他四种蛋白，即 RNase-A、Myo、α-Amy 和 α-Chy-A 在变性剂中的保留分别与 Lys 在变性剂中的保留类似。

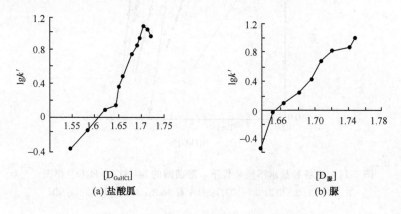

(a) 盐酸胍   (b) 脲

图 3-15 Lys 的 $\lg k'$ 对变性剂浓度作图[28]

依据式（3-22），如果将变性剂作为蛋白洗脱过程的置换剂，则 $\lg k'$ 与 $\lg[D]$ 就应该具有良好的线性关系。但是，上述的蛋白的 $\lg k'$ 随两种变性剂浓度变化的情况表明，虽然盐酸胍和脲会参与计量置换过程，但是并不单纯是一种置换剂。如果盐酸胍和脲在流动相中仅起到水稀释剂的作用，那么，蛋白质的 $\lg k'$ 与 $\lg[H_2O]$ 仍存在线性关系，且随流动相中水浓度的减小而增大。图 3-16 却显示 Lys 的保留 $\lg k'$ 随水浓度的增大而减小，并且对流动相中水浓度 $\lg[H_2O]$ 作图的线性关系较差。

图 3-16（a）和图 3-16（b）的数据表明，在流动相中盐酸胍和脲连续变化时，$\lg k'$和$\lg[H_2O]$之间无线性关系或无好的线性关系，因而无法求出该过程的 Z 值。这进一步地表明了，变性剂既非是单纯的置换剂，也非是单纯的稀释剂。冯文科等[8,9]用紫外光谱的手段，研究了流动相中存在变性剂时，蛋白分子的构象变化。认为$\lg k'$与$\lg[H_2O]$之间之所以不具有线性关系是由于蛋白分子构象的变化引起的。因此，在流动相中在盐浓度，也可以讲水浓度不变的条件下，蛋白的保留是受变性剂的变性作用所控制。

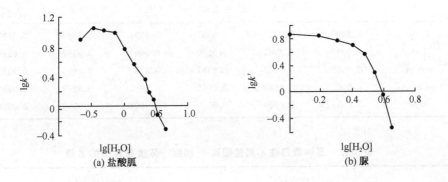

(a) 盐酸胍　　　　　　　　　　　(b) 脲

图 3-16　Lys 的 $\lg k'$ 对 $\lg[H_2O]$ 作图[8]

2. 变性剂浓度不变时 $\lg k'$ 与 $\lg[H_2O]$ 的关系

在 HIC 中，以解吸状态存在于流动相中的和以吸附状态存在于固定相上的蛋白质分子所受的作用力是不同的，也就是说，在流动相中和固定相的分子构象存在着差别[37]。这种分子构象差别的大小与盐的种类及蛋白质本身的性质有关。由于蛋白质在色谱洗脱过程中所用置换剂浓度变化范围很窄，为便于研究，可以认为，当置换剂浓度在蛋白质能够洗脱的范围内变化时，蛋白质分子在流动相与固定相中分别仅存在一种构象状态，且两者间的分子构象转化是迅速的和可逆的[37]。当流动相中存在着盐酸胍和脲时，蛋白质分子构象与流动相中不存在变性剂时的肯定不同，或者说，发生了变化。在某特定变性剂浓度条件下，在流动相中和固定相上的蛋白质分子仍可被看成为各对应于某一种特定的构象。因而，从蛋白质分子与固定相接触表面之间释放出的水分子数为常数，$\lg k'$ 与 $\lg[H_2O]$ 之间作图就应当为直线关系。

在盐酸胍浓度分别为 1.0mol/L、1.5mol/L、2.0mol/L、2.5mol/L、3.0mol/L 和脲浓度分别为 2.0mol/L、3.0mol/L、3.8mol/L、4.8mol/L 时，用 5 种标准蛋白的 $\lg k'$ 对 $\lg[H_2O]$ 作图，可得到很好的线性关系。表 3-11 给出了五种蛋白分别在不同脲浓度时，$\lg k'$ 对 $\lg[H_2O]$ 的线性作图的线性相关系数。从表 3-11

可看出，在脲浓度一定时，各直线的线性相关系数均大于 0.995。这说明在流动相中变性剂浓度维持不变时，蛋白质的保留符合 SDT-R，以 lgk'与 lg[H_2O]之间作图所求得的 Z 值足够准确。换言之，可以准确测定出在不同变性剂浓度条件下对应于蛋白质分子不同构象时的 Z 值。表 3-12 分别列出了五种蛋白在盐酸胍和脲中的 Z 值。

表 3-11　五种蛋白在不同脲浓度下 lgk'对 lg[H_2O] 作图的线性关系

蛋白质	脲浓度/(mol/L)					
	0.0	1.0	2.0	3.0	3.8	4.8
Cyt-c	0.9990	0.9991	0.9987	0.9997	0.9983	0.9997
Lys	0.9982	0.9985	0.9990	0.9991	0.9992	0.9989
α-Amy	0.9989	0.9993	0.9991	0.9980	0.9994	0.9987
α-Chy-A	1.000	0.9989	0.9975	0.9992	0.9979	0.9996
Myo	0.9993	1.0000	0.9989	0.9994	0.9990	0.9982

表 3-12　五种蛋白在不同盐酸胍[11]和脲[7]浓度条件下的 Z 值

蛋白质	c_{GuHCL}/(mol/L)1)						$c_{脲}$/(mol/L)2)					
	0.0	1.0	1.5	2.0	2.5	3.0	0.0	1.0	2.0	3.0	3.8	4.8
Lys	87.1	42.4	52.7	33.6	40.6	14.6	97.4	93.6	92.6	78.2	63.5	61.1
α-Amy	107.0	122.2	219.2	49.2	13.7	53.2	114.7	110.4	96.8	94.6	83.0	68.6
Cyt-c	88.7	96.0	45.6	23.8	26.1	17.8	128.4	86.2	79.8	45.2	46.3	29.6
α-Chy-A	8.8	96.0	47.2	31.1	47.1	9.6	89.3	96.0	78.0	72.6	65.9	58.4
RNase-A	38.8	35.7	81.2	101.7	8.4	38.6						
Myo	—	—	—	—	—	—	101.5	84.7	73.9	65.0	54.3	50.9

1) 采用改性醚基疏水柱。

2) 采用聚乙二醇-600 疏水柱。

然而，当变性剂浓度连续改变时，吸附状态与解吸附状态的蛋白分子构象形式将会随变性剂浓度的改变而变化，直到蛋白质分子完全失去立体结构。在这种条件下，虽然蛋白质在每一色谱过程中的吸附与解吸附依然可能是计量置换过程，但是对应于不同的变性剂浓度，因为蛋白质分子与固定相之间接触的表面面积以及蛋白质表面疏水性氨基酸残基疏水性强度不同，在解吸附过程中所释放的水分子数也就各不相同。这就是为什么在流动相中，当变性剂浓度连续变化时以 lgk'对 lg[H_2O] 作图失去了线性关系的原因。自然，用这一实验方法无法求得 Z 值。

依据 SDT-R，蛋白质在 HPHIC 上的保留过程应当是蛋白质与水分子之间的计量置换吸附过程。HPHIC 中溶液对蛋白质的作用与 RPLC 中有机溶剂对蛋白质的作用是明显不同的，蛋白分子不像在 RPLC 中那样几乎完全处于变性状态，而是疏水的区域不断的收缩与扩张引起某些局部构象的变化，使 Z 值的变化更为复杂。但是，研究 HIC 中蛋白质构象变化所引起的 Z 值变化对于捕捉蛋白分子构象变化的中间过程信息有着重要意义。

3.5.2 脲浓度与蛋白质分子构象变化的 Z 表征

1. 不同脲浓度条件下的 Z 值

表 3-11 列出了五种蛋白的 $\lg k'$ 对 $\lg[H_2O]$ 作图的线性相关系数。这再次说明了当脲浓度一定时，五种蛋白在 HIC 上的保留仍然可以用 SDT-R 中基本公式来描述。换言之，可准确测定出在不同脲浓度条件下对应于蛋白质分子不同构象时的 Z 值。从表 3-12 的结果还可以看出，随着脲浓度的增大，蛋白质的 Z 减小，说明其分子构象发生了变化，这种现象与 RPLC 中用异丙醇-甲酸-水作流动相时，蛋白质的 Z 值随甲酸浓度增大而减小的情况相类似。当然，也可能是由于脲参与了计量置换过程，它实际上起到了置换剂的作用，从而也会引起蛋白质 Z 值的减小。

蛋白质分子在天然状态下都有一个特殊的三级或四级结构，其外表面大多数为亲水性的氨基酸残基，而分子内部则主要为疏水性氨基酸残基。当用变性剂使蛋白质变性后，其分子内部的疏水键被破坏，从而使包藏在分子内部的疏水性氨基酸残基更多地暴露出来，结果使蛋白质分子与固定相之间的接触面积发生变化，这种接触表面面积的变化自然导致了 Z 值的变化。蛋白质分子构象变化的程度应与变性剂的浓度有关。流动相中脲的浓度越高，蛋白质分子失去立体结构的程度就越大，它的表面积就会进一步增大，它和固定相接触的表面积应该随之增大，即 Z 值也应该增大。

2. 不同脲浓度条件下蛋白质分子构象的变化[7]

SDT-R 中的 Z 应是一个不随置换剂浓度变化的常数，当其他条件（温度、pH、盐种类）不变时，以不同脲浓度下的 Z 值对脲浓度作图（图 3-17）。图 3-17 表示了蛋白质分子构象随脲浓度变化的全过程。

虽然，如前所述，脲浓度增大时，Z 均在减小，表明蛋白质分子与固定相接触面积在减小，即蛋白质分子在向失去立体结构的方向变化。但是，从另一个方面来讲，图 3-17 显示出所研究的五种蛋白质的 Z 值随脲浓度变化的趋势是不同的，如图 3-17 所示，其中肌红蛋白和 α-糜蛋白酶 A 的 Z 值发生连续性变化，表明这些蛋白质在所研究的脲浓度范围内三维结构发生了连续变化，分子内部的疏水性残基也随脲浓度的增大逐步暴露在分子表面。其余的三种蛋白（Cyt-c、Lys、α-Amy），如图 3-17 所示，它们的 Z 值变化为非连续性变化，说明了在 0～

4.8mol/L 脲浓度范围内，随脲浓度的增大，蛋白质分子构象发生了突变，导致了蛋白质与固定相接触面积的显著变化，而且各个蛋白发生突变的脲浓度值是不同的，与 RPLC 中的分子构象发生突变相吻合。但体系中引起突变的体系是不同的。

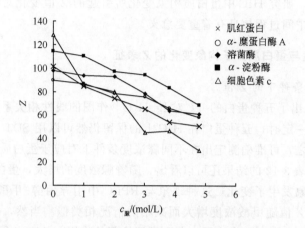

图 3-17　五种蛋白质的的 Z 值对脲浓度的作图[7]

3.5.3　胍浓度与蛋白质分子构象变化的 Z 表征

1. 不同盐酸胍浓度条件下变性蛋白 Z 值

如上所述，在蛋白质分子未完全失去立体结构之前，由于蛋白质分子构象的变化，其在不同浓度 GuHCl 中的 Z 值应当不同。图 3-18 显示了五种蛋白质的 Z 值随 GuHCl 浓度变化的曲线。从图 3-18 中 Cyt-c 的 Z 值随 GuHCl 浓度的变化曲线可看出，在 GuHCl 浓度由 0.0 mol/L 变化到 1.0 mol/L 时，Cyt-c 的 Z 值

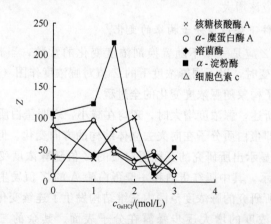

图 3-18　五种蛋白质的 Z 值随 GuHCl 浓度变化的曲线[7]

增至最大值，然后又减小，呈现出一种无规律地变化。从前面表 3-12 列出的五种蛋白质在不同 GuHCl 浓度下的 Z 值。除 Lys 外，其余蛋白质有一共同特点，即 Z 值随 GuHCl 浓度的增大先增大并出现一极大值，然后再减小。这显然与随变性剂浓度的增大，蛋白质分子逐渐失去立体结构而导致的分子表面面积增大这一事实相矛盾。

在 RPLC 中，对于一个完全变性的生物大分子而言，它与小分子溶剂的情况应该是等同的。溶质分子与固定相间的作用力大小近似地与两者之间的接触面积成正比，从而出现了同系物的 Z 值与碳原子数之间成线性关系的事实。然而，在 HIC 中，Z 值的变化至少有三点与 RPLC 中的小分子和生物大分子的不同。

众所周知，蛋白质分子内部是疏水性很强的核或疏水袋，虽然蛋白质分子表面会残留有疏水性氨基酸残基，但其表面平均疏水强度很低。当蛋白质失去立体结构时，第一种情况是仅分子形状发生变化，而不涉及任何分子内部氨基酸残基的外露。换句话讲，蛋白质分子表面平均疏水强度不变。这时，蛋白质分子与 HIC 固定相之间的接触面积会增大，那么 Z 值应该增大；第二种情况则是在蛋白质分子形状变化的同时，分子内部疏水性氨基酸残基外露，改变了分子表面的疏水强度。疏水性强的氨基酸残基的外露，增加了蛋白质分子与 HIC 固定相作用的强度。因蛋白质分子只用疏水性较强的表面与固定相接触即可，接触表面就会变小，这样就造成了 Z 值的减小。这样就会出现在 Z 值增大和减小的两种作用方向相反的因素之间的竞争，最终的 Z 值变化要取决于哪个因素对 Z 值的贡献较大；第三种情况则是先出现第一种情况，而后第一种和第二种情况同时出现。此时，一定会出现 Z 值先增大而后减小的情况。蛋白分子构象的不同特点显然体现出了各蛋白质的差异。

2. 胍变蛋白分子构象的 Z 表征

从定性的角度来描述，图 3-18 所示的五种蛋白质的 Z 值随 GuHCl 浓度的增大呈非连续性变化，说明这五种蛋白分子构象变化为非连续变化。另外，Cyt-c、α-Amy 以及 α-Chy-A 的 Z 值随 GuHCl 和前文[7]中脲浓度的变化相比，可以发现，在含 GuHCl 的流动相中，这两种蛋白的 Z 值随其浓度的增加先增大，而后又减小。表明它们的分子构象变化至少是与上述的第三种情况相符合。

然而，在文献[7]中，上述三种蛋白质的 Z 值随脲浓度的变化却是一个不断减小的过程，表明这三种蛋白分子构象变化与上述分子构象变化的第二种情况相对应。Hibbard 等[39]在研究了脲变和胍变 α-胰凝乳蛋白酶的晶体结构后，认为 GuHCl 的变性主要作用于蛋白质分子表面的非极性侧链；脲则不仅可以与蛋白质分子的表面基团，而且更主要的是能够与蛋白质的疏水性内核发生作用。Lys 在 GuHCl 和脲中的 Z 值变化均与上述的第二种情况相对应，显示出有相似的分子构象变化过程，这可能是这两种变性剂对蛋白质变性的一个特例。

另外，从定量的角度来描述，还可发现，蛋白质的 Z 值随流动相中 GuHCl

及脲浓度的变化而改变的程度是不同的。虽然文献[7]没有脲浓度为 1.5mol/L 及 2.5mol/L 时蛋白质的 Z 值，但是，由于 Z 值随脲浓度的变化是一个单调减小的过程，因此为了研究方便起见，取脲浓度为 2.0mol/L 与 1.0 mol/L 时的 Z 值之差，即可能产生的最大值作为蛋白质从脲浓度为 1.0～1.5mol/L、1.5～2.0mol/L 时的 Z 值增量。结果表明，即使用蛋白质随 GuHCl 浓度改变时 Z 值的增量的绝对值与其随脲浓度变化时可能产主的最大增量的绝对值相比，除个别值外，前者普遍大于后者。这说明，蛋白质在 GuHCl 中分子构象变化比在脲中的变化更剧烈。这与 Greece 等[33]发现的 GuHCl 是一种更强的变性剂的结论是一致的。

3.5.4　Z 和 lg$I$ 值的测定精度

为了研究变性蛋白在 HPHIC 柱固定相表面上的各种性质如分子构象、作用机理和折叠自由能变等，首先要能精确地测出用于表征这些特征的常数。如前所述，Z 可用于蛋白分子构象变化的表征，且与溶质在液-固界面上的吸附与解吸附的自由能变相关，因此，准确测定 Z 值是非常重要的。表 3-13～表 3-16 分别列出了不同盐酸胍和脲浓度条件下核糖核酸酶 A 和 α-淀粉酶的 Z 和 lg$I$ 值及其测定的相对平均偏差和线性相关系数，表明所得结果的准确性和重现性均可达到研究要求。

表 3-13　核糖核酸酶 A 在不同盐酸胍浓度条件下的 Z 值和 lg$I$ 值

c_{GuHCl}/(mol/L)	Z	S_1/%	lg$I$	S_2/%	R
0.0	80.2	±1.28	132	±1.29	0.9952
0.2	79.0	—	128	—	0.9934
0.4	80.9	±3.65	130	±3.68	0.9921
0.6	71.3	±4.99	113	±5.04	0.9921
0.7	69.2	—	109	—	0.9999
0.8	61.6	±1.87	96.4	±1.85	0.9926
0.9	53.8	±1.59	83.7	±1.59	0.9953
1.0	71.8	±2.53	111	±2.61	0.9971
1.1	64.5	±2.41	99.0	±2.43	0.9980
1.2	63.0	±4.76	95.9	±4.93	0.9962
1.4	61.7	±5.48	92.5	±5.61	0.9966

注：固定相：GXF-GM 型疏水柱；流动相：A 液为 2.5mol/L（NH$_4$)$_2$SO$_4$＋0.05mol/L PBS，B 液为 0.05mol/L PBS；pH＝7.0，T＝25℃。S_1 和 S_2 分别为两次平行测定 Z 值和 lg$I$ 值的偏差；R 为线性相关系数。

表 3-14　α-淀粉酶在不同盐酸胍浓度条件下的 Z 和 $\lg I$ 值

$c_{GuHCl}/(mol/L)$	Z	$S_1/\%$	$\lg I$	$S_2/\%$	R
0	140	±1.77	224	±1.73	0.9957
0.2	137	±2.61	218	±2.61	0.9961
0.4	134	±1.35	211	±1.36	0.9982
0.6	124	±3.65	192	±3.65	0.9987
0.7	142	±5.48	219	±5.77	0.9952
0.8	144	±1.13	220	±1.15	0.9946
0.9	126	±2.98	190	±2.99	0.9976
1.0	130	±3.86	195	±3.88	0.9990
1.1	130	±0.616	194	±0.616	0.9934
1.2	97.4	±2.81	144	±2.83	0.9955
1.4	99.1	±2.71	144	±2.64	0.9987
1.6	96.9	±3.21	139	±3.24	0.9920
1.8	89.8	±6.44	126	±6.46	0.9912
2.0	82.0	±4.90	112	±4.92	0.9940
2.2	76.7	±1.81	103	±1.81	0.9967
2.4	71.3	—	103	—	0.9997
2.6	74.1	±3.19	93.8	±3.21	0.9923
2.8	97.4	±2.81	144	±2.83	0.9910

注：固定相：GXF-GM 型疏水柱；流动相：A 液为 2.5mol/L（NH$_4$）$_2$SO$_4$＋0.05mol/L PBS，B 液为 0.05mol/L PBS；pH＝7.0，T＝25℃。S_1 和 S_2 分别为两次平行测定 Z 值和 $\lg I$ 值的偏差；R 为线性相关系数。

表 3-15　核糖核酸酶 A 在不同脲浓度条件下的 Z 和 $\lg I$ 值

$c_{脲}/(mol/L)$	Z	$S_1/\%$	$\lg I$	$S_2/\%$	R
0	76.2	±0.920	129	±0.922	0.9943
0.5	71.2	±0.794	120	±0.791	0.9966
1.0	69.3	±0.791	116	±0.790	0.9956
1.5	64.2	±3.41	106	±3.39	0.9987
2.0	63.1	±1.32	104	±1.32	0.9994
2.5	59.0	±1.09	96.3	±1.10	0.9974
3.0	57.6	±4.30	92.8	±4.27	0.9976
3.5	51.8	±0.221	82.6	±0.221	0.9928
4.0	50.0	±1.36	78.9	±1.35	0.9934
4.5	46.3	±0.0423	72.3	±0.0415	0.9984
5.0	44.2	±1.55	68.2	±1.51	0.9979

注：固定相：LHIC-3 型疏水柱；流动相：A 液为 2.5mol/L（NH$_4$）$_2$SO$_4$＋0.05mol/L KH$_2$PO$_4$＋ x mol/L 脲（pH 为 7.0），B 液为 0.05 mol/L KH$_2$PO$_4$＋x mol/L 脲（pH 为 7.0），T＝25℃。S_1 和 S_2 分别为两次平行测定 Z 值和 $\lg I$ 值的相对平均偏差；R 为线性相关系数。

表 3-16 α-淀粉酶在不同脲浓度条件下的 Z 和 lg$I$ 值

$c_{脲}$/(mol/L)	Z	S_1/%	lg$I$	S_2/%	R
0	159	±0.551	273	±0.552	0.9978
0.3	167	±1.35	285	±1.35	0.9993
0.5	171	±0.680	293	±0.681	0.9966
0.7	164	±2.11	273	±2.10	0.9987
1.0	152	±0.392	258	±0.401	0.9965
1.5	155	±0.0101	261	±0.0212	0.9999
2.0	162	±0.761	271	±0.762	0.9995
2.5	145	±0.558	239	±0.555	0.9990
3.0	141	±0.103	232	±0.104	0.9999
3.5	131	±0.449	212	±0.458	0.9982
4.0	127	±0.0142	205	±0.0139	0.9995
4.5	125	±0.247	199	±0.246	0.9984
5.0	117	±2.33	185	±2.30	0.9990

注：固定相：LHIC-3 型疏水柱；流动相：A 液为 2.5mol/L $(NH_4)_2SO_4$ + 0.05mol/L KH_2PO_4 + x mol/L 脲（pH 为 7.0），B 液为 0.05 mol/L KH_2PO_4 + x mol/L 脲（pH 为 7.0），T=25℃。S_1 和 S_2 分别为两次平行测定 Z 值和 lg$I$ 值的相对平均偏差；R 为线性相关系数。

§3.6 离子交换色谱中蛋白分子构象 Z 和 lg$I$ 的表征

同 RPLC 一样，离子交换色谱（IEC）被广泛地用于肽、蛋白质和其他生物大分子的分离中。由于它使用的流动相为盐水体系，操作条件比 RPLC 温和，许多蛋白质在分离之后仍可能保持高的生物学活性，所以 IEC 在基因工程下游的分离纯化中占有举足轻重的地位。本节主要以 Lys 为例说明如何用 IEC 对其不同变性态的分子构象变化进行表征。

3.6.1 IEC 中变性蛋白与 Z 和 lg$I$ 值的测定

文献[30]报道了不同变性状态的蛋白与离子交换固定相作用时其表面电荷分布的不同。在 IEC 中，对于某一种蛋白而言，只要分子构象不变，蛋白质分子与固定相之间的接触电荷数就不会变，蛋白分子中电荷密度分布自然就不会改变，Z 为定值。相反，流动相中脲的存在所引起的蛋白分子构象的微小变化就会引起它与固定相接触电荷数的变化，Z 值也变化。因此，Z 值可以作为平衡状态下蛋白质分子构象变化及其变化程度的表征参数。

首先必须知道，在不同浓度变性剂存在条件下，蛋白的保留是否还遵守式（3-14）。当脲浓度一定时，在蛋白能够洗脱的盐浓度范围内，其分子构象会维持不变，此时蛋白的保留应取决于流动相中盐的浓度，对处于三种状态，即天然态、脲非还原变性和脲还原变性条件下 Lys 的 lgk' 对 lg$(1/[NH_4^+])$ 作图，以便从该线性关系图的斜率和截距得到 SDT-R 中 Lys 的参数 Z 和 $\lg I$。图 3-19 给出了在不同脲浓度条件下，不同状态 Lys 的 $\lg k'$ 对 $\lg(1/[\mathrm{NH_4^+}])$ 线性的作图。结果表明，$\lg k'$ 与 $\lg(1/[\mathrm{NH_4^+}])$ 之间的确存在着良好的线性关系，其线性相关系数 R 均大于 0.99。说明当脲浓度一定时，这三种状态的 Lys 在 IEC 上的保留值也仍然可以用 SDT-R 的基本公式来描述。换言之，可准确测定出在不同脲浓度条件下对应于 Lys 分子不同构象时的 Z 和 $\lg I$ 值。

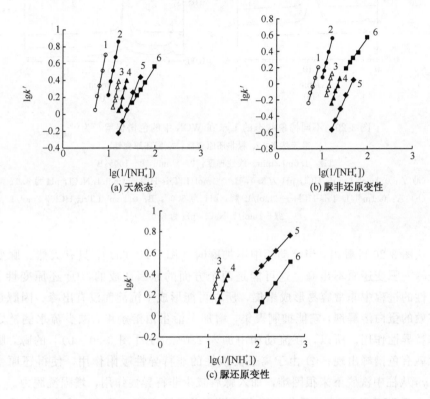

图 3-19　在不同脲浓度下不同状态溶菌酶 $\lg k'$ 对 $\lg(1/[\mathrm{NH_4^+}])$ 作图[36]
1. $X=0$；2. $X=1$；3. $X=2$；4. $X=3$；5. $X=4$；6. $X=5$

　　因为天然 Lys 样品进样到含有不同浓度脲的流动相中，会产生分子构象变化，所以在这样的条件下测定的 Lys 的 Z 值会与在流动相中无脲存在时的不同，图 3-19（a）是在流动相中有脲存在时天然 Lys 在 IEC 中称之为"准天然态"（pseudo-native state）的结果。

3.6.2　不同变性状态下 Lys 的弱阳离子交换色谱保留

　　图 3-20 为不同变性状态的 Lys 在不同色谱条件下在弱阳离子交换（WCX）柱上的分离情况。由于 $7.0\,\mathrm{mol/L}$ 的盐酸胍是一个高浓度的盐溶液，它严重影响

蛋白分子在 IEC 上的保留，所以无法对用盐酸胍变的 Lys 在 WCX 上的保留进行研究。

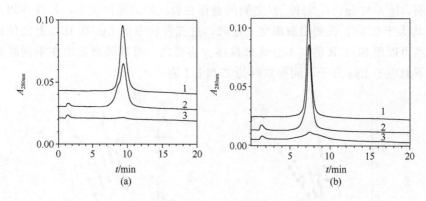

图 3-20   不同构象状态的 Lys 在 WCX 中的色谱保留行为[19]

1. 准天然态；2. 脲非还原变性；3. 脲还原变性

流速：1.0mL/min。线性梯度：0～20min，0～100％B

（a）A：0.1mol/L Tris-HCl，pH 为 8.0，B：0.1mol/L Tris-HCl ＋1mol/L NaCl，pH 为 8.0；

（b）A：0.1mol/L Tris-HCl ＋ 2mol/L 脲，pH 为 8.0，B：0.1mol/LTris-HCl ＋ 2mol/L
脲＋1mol/L NaCl，pH 为 8.0

从图 3-20 可看出，当流动相中不加脲时［图 3-20（a）］，只有天然、脲变的色谱峰。脲变还原不出峰。这可能是两个方面的原因造成的：① 还原变性 Lys 在复性的过程中非常容易形成聚集，所以可能形成了沉淀而没有出峰。因脲是一个有效的蛋白溶解剂，它能抑制聚集，增加失活蛋白溶解度，减少疏水侧链之间的非特异性作用。所以，在流动相中加入 2.0mol/L［图 3-20（b）］的脲，脲变还原就有色谱峰出现；② 由于离子交换柱的非特异性吸附作用，使得还原变性的 Lys 从柱中洗脱下来很困难，加入脲后减少非特异性作用，增强洗脱力。

由于 IEC 以盐-水体系为流动相，操作条件比 RPLC 温和，许多蛋白质在分离之后仍可能保持高的生物学活性，所以在 WCX 中的天然态就是真正的天然状态的 Lys。当流动相中不含脲，天然与脲变的 Lys 洗脱峰保留时间很相近。加了 2mol/L 的脲后，天然态、脲变和脲还原变性的 Lys 洗脱峰保留时间仍然很相近，只是脲还原变性的 Lys 峰变得很低且较宽，可以看出从柱子上洗脱出来的蛋白量很少。

静电力不仅与作用的电荷数有关，还与电荷之间的距离有关，天然蛋白分子受三维结构的约束，虽然在分子中正电荷与固定相接触时能够拉动附近的正电荷向固定相移动，但距离较远，故作用力较弱，反映到 lg$I$ 值较小。还原变性态用正电荷较集中的氨基酸残基直接与固定相作用，故其静电作用力强度反而要大于天然态蛋白。

3.6.3　不同脲浓度下 Lys 与 Z 值[30]

　　如上所述，在 RPLC 和 HIC 中，Z 值大小与溶质和固定相的接触面积有关，但是在 IEC 中 Z 的大小却取决于蛋白分子同固定相接触电荷数的多少。蛋白质分子在天然状态下都有一个特殊的三级或四级结构，其分子外表面上大多数为亲水性的氨基酸残基，而分子内部则主要为疏水性的氨基酸残基。另外，当蛋白分子靠近一个带电荷的表面（如 WCX 的固定相表面）时，蛋白分子中正电荷密度重心就会向 IEC 表面移动，而负电荷密度重心就向流动相的方向转移，这样，即便是天然态的蛋白分子，也会使蛋白分子构象发生变化。当用变性剂使蛋白变性后，其蛋白分子内部的疏水性键被破坏，因为天然蛋白进入到含有不同浓度脲的流动相中时，使其成为上述的“准天然态”，这时也会发生使包埋在分子内部的部分疏水性氨基酸残基更多的暴露出来的情况，从而导致蛋白分子与固定相作用的电荷数目发生变化，电荷数的变化致使 Z 值发生变化。对于三种不同状态 Lys，准天然 Lys 暴露在外部的疏水性氨基酸残基最少；非还原变性态即脲变，仍然只是有部分原来埋藏于 Lys 分子内部的疏水性氨基酸暴露出来，此时由于二硫键未打开，埋藏于 Lys 分子内部的疏水性氨基酸并没有完全暴露出来；还原变性的 Lys，即脲变还原，由于二硫键已经打开，三维结构完全被破坏，疏水性氨基酸完全暴露出来。

　　图 3-20 为不同变性状态的 Lys 在不同色谱条件下在 WCX 柱上的分离情况。由于 7.0mol/L 的 GuHCl 是一个高浓度的盐溶液，它严重影响蛋白分子在 WCX 上的保留，所以无法对用盐酸胍变的 Lys 在 WCX 上的保留进行研究。因此，只能研究脲变的蛋白质在 IEC 上的情况。

　　在 SDT-R 中的 Z 应该是一个不随置换剂浓度变化的常数，当其他条件（温度、pH、盐等）不变时，以不同脲浓度下测得的 Z 对脲浓度作图，便可能得出如图 3-21 所示的蛋白质分子构象随脲浓度变化的全过程。

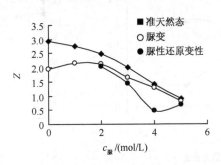

图 3-21　不同变性状态溶菌酶的 Z 对脲浓度作图[37]

　　从图 3-21 可看出，随脲浓度增大，准天然态 Lys 的 Z 值变化呈减小趋势。

表明蛋白质与固定相作用的电荷数在减小，蛋白在向失去立体结构的方向变化。非还原变性 Lys 的 Z 值先增大后减小，而脲还原变性 Lys 的 Z 值先减小后增大，均呈现出非单一方向的变化。图 3-21 所示的 Lys 的三种状态的 Z 值变化曲线看似连续，实际上变化方面发生了改变，均为不连续性变化，说明在此脲浓度范围内，随脲浓度的增大，说明在此脲蛋白分子构象发生了突变，导致了蛋白质与固定相接触电荷数的显著变化。各种蛋白发生突变的脲浓度值是不同的，且以还原变性 Lys 变化最大。

3.6.4 Z 对还原变性 Lys 活性回收率随脲浓度变化趋势[30]

研究蛋白在液-固界面上的分子构象变化，对研究蛋白折叠特征及规律，以及防止天然蛋白失活和提高变性蛋白复性的活性回收率有着十分重要的作用。对于脲变还原 Lys 来说，在脲浓度为 4.0mol/L 时，Z 值最小（图 3-21），表明此时脲变还原态 Lys 与固定相接触电荷数较少，作用力强度最大，有助于蛋白折叠。

图 3-22 显示出了脲还原变性态 Lys 的复性效率与流动相脲浓度的关系，说明在此 WCX 的复性体系中，脲还原变性态 Lys 活性回收率的最大值发生在变性蛋白与固定相作用最强、接触电荷数最少时。这是因为当变性蛋白与固定相作用时，与固定相接触的位点数越少，其面向流动相的区域越大。一方面蛋白与固定相之间强的作用力保证了蛋白与蛋白之间互相不接触，不发生分子间的聚集；另一方面最大部分的区域面向流动相给予一维结构充分的自由度，使得它在合适的情况下向三维结构卷曲，开始协同的折叠过程。与固定相接触的位点过多，则不利于其向天然态折叠。脲非还原变性的 Lys 的 Z 值随脲浓度的增大先增大而后减小，脲浓度大于 2.0mol/L 时，与"准天然态"的 Lys 相似；其经 WCX 柱后活性均在 80% 以上 [图 3-22 (b)]，这与其复性的双态机理是一致的。

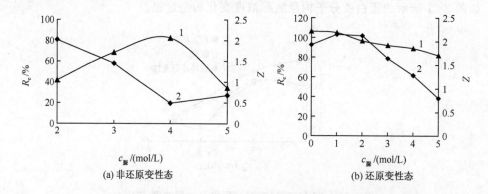

(a) 非还原变性态　　　　　　　　　　(b) 还原变性态

图 3-22　不同变性状态溶菌酶的 Z 及活性回收率随脲浓度变化趋势图[30]

1. Z 值；2. 活性回收率

3.6.5　Z 对 Lys 分子构象变化的定量表征[30,40]

表 3-17 列出了不同变性状态的 Lys 在 WCX 上的保留值。由于 HPIEC 使用盐水体系为流动相，操作条件比 RPLC 温和，使得蛋白质在分离之后仍可保持较高的生物活性。因此，在 WCX 中的天然态就是真正的天然状态的 Lys。从 t_R 值可以看出，天然、脲变和脲还原变性的 Lys 保留时间很相近，从保留值不能区分这三种变性状态。

表 3-17　WCX 中不同分子构象状态的 Lys 的 Z 和 lg$I$ 值及失活度[30]

构象状态	t_R	Z	lg$I$	α	α'
天然	7.043	2.50 ± 0.01	−2.09±0.01	0.00±0.00	0.00±0.00
脲变	7.082	2.53±0.01	−2.17±0.01	0.02±0.00	−0.07±0.00
脲还原变性	7.135	1.82±0.01	−1.46±0.01	−0.27±0.02	1.00±0.07

与 RPLC 不同的是，在离子交换色谱中 Z 值与蛋白分子同固定相的接触面积无关，而只与蛋白质分子能有多少电荷与固定相接触有关。具有三维或四维结构的天然蛋白质分子富有弹性，当其分子中的正电荷与阳离子交换柱的固定相接触时，原有蛋白质分子中电荷分布的对称性遭到破坏，故邻近固定相的正电荷就有了向固定相移动的倾向，使蛋白质分子与固定相接触面的正电荷增加，同时使具有弹性的天然蛋白质分子发生变形。失去三维结构的变性态蛋白质分子只会用正电荷较集中的残基部位与固定相作用，肽链上其他带正电荷的氨基酸残基因远离固定相表面，没有向固定相移动的倾向，故在 WCX 中天然蛋白质的 Z 值会比变性态大。

表 3-17 同时列出了 WCX 中不同分子构象状态的 Lys 的 Z 值。从表 3-17 可见，天然和脲变的 Z 值非常相近，说明这两种构象状态的 Lys 分子表面与弱阳离子交换柱的相接触电荷数相近，而脲还原变性的 Z 值则小于前两种构象状态，证实了上面的理论预测。从表 3-17 中所列的 α 和 α' 的数据可看出，天然与脲变相近，而与脲还原变性相差较大。

3.6.6　lg$I$ 对 Lys 分子构象变化的定量表征[30,40]

由图 3-20 可知，不同变性状态下 Lys 在 WCX 上的色谱保留行为相近。但是在 WCX 中不同分子构象状态的 Lys 的 lg$I$ 值的变化却明显存在着差别，从表 3-17 可看出，天然和脲变的 lg$I$ 非常相近，其静电作用力相当。脲还原变性的 lg$I$ 值却大于前两种构象状态。这是由于静电力不仅与作用的电荷数有关，还与电荷之间的距离有关，天然蛋白分子受三维结构的约束，虽然在分子中正电荷与固定相接触时能够拉动附近的正电荷向固定相移动，但距离较远，故作用力较弱，反

映到 $\lg I$ 值较小。而还原变性态用正电荷较集中的氨基酸残基直接与固定相作用，故其静电作用力强度反而要大于天然态蛋白。所以，$\lg I$ 值比天然态的要大。从表 3-17 中所列的变性度 α 和相对变性度 α' 的数据看出，天然与脲变相近，而与脲还原变性相差较远。

3.6.7 不同构象 Lys 分子与固定相的亲和力[40]

图 3-23 为三种不同变性状态的 Lys 的 $\lg I$ 与脲浓度关系图[37]。从图 3-23 看出，在相同脲浓度下"准天然态"的 $\lg I$ 值比还原变性态的 $\lg I$ 值小，"准天然态"和非还原变性态的 $\lg I$ 值非常相近，说明这两种构象状态的 Lys 分子对同一固定相的亲和势相近，而脲还原变性态的 $\lg I$ 值则大于前两种分子构象状态。这是因为变性 Lys 分子的结构较疏松，伸展的较远，与固定相作用的机会多，亲和力大。这与准天然蛋白的 Z 值比变性态的 Z 值大并不矛盾，因为蛋白分子中，即使改变一个氨基酸，也会严重影响蛋白的保留，因为蛋白只有以一定的区域接触固定相才会保留。

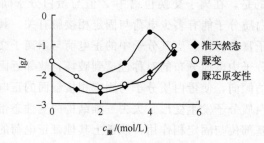

图 3-23　不同变性状态溶菌酶的 $\lg I$ 与脲浓度关系图[30]

参 考 文 献

[1]　Shiaw-Lin W, Figueroa A, Karger B L. J Chromatogr, 1986, 371：3

[2]　Lin S W, Karger B L. J Chromatogr, 1990, 499：89

[3]　时亚丽, 马凤, 耿信笃. 分析化学, 1994, 22 (5)：453

[4]　时亚丽, 马凤, 耿信笃. 分析化学, 1994, 22 (7)：712

[5]　时亚丽, 马凤, 耿信笃. 高等学校化学学报, 1994, 15 (9)：1288

[6]　Kunitani M, Johnson D, Snyder L R. J Chromatogr, 1986, 371：313

[7]　卫引茂, 常晓青, 耿信笃. 分析化学, 1997, 25：396

[8]　Feng W K, Jiang X Q. J Liq Chromatogr, 1995, 10：217

[9]　冯文科, 姜新其, 耿信笃. 高等学校化学学报, 1994, 15 (10)：1450

[10]　Shi Y L, Geng X D. Chemical Research in Chinese Universities, 1992, 8 (3)：207

[11]　卫引茂, 常晓青, 耿信笃. 分析化学, 1997, 25：396

[12]　王彦, 李敏, 龚波林, 耿信笃. 高等学校化学学报, 2003, 24 (7)：1207

[13]　耿信笃, 边六交. 中国科学 (B 辑), 1991, (9)：915; Science in China (Ser. B), 1992,

35 (4): 263

[14] 耿信笃. 计量置换理论及其应用. 北京：科学出版社，2004

[15] Geng X D, Regnier F E. J Chromatogr, 1984, 296: 15

[16] Geng X D, Regnier F E. J Chromatogr, 1985, 332: 147

[17] 耿信笃. 中国科学（B辑），1995，21，915

[18] 耿信笃. 西北大学学报，1987，17（4）：38

[19] 董胜利，白泉，张维平，高娟，耿信笃. 分析化学，2003，31（7）：804

[20] Snyder L R, Quarry M A, Glajch J L. Chromatographia, 1987, 243: 35

[21] Snyder L R, Kirkland J J. Introduction to Modern Liquid Chromatography. 2nd ed. New York: Wiley, 1979

[22] 张瑞燕，张玲，耿信笃. 分析化学，1995，23（6）：674

[23] Monger L S, Oliff C J. J Chromatogr, 1992, 595: 126

[24] Macedo I Q, Faro C J, Pires E M. J Agric Food Chem, 1996, 44: 42~47

[25] Drager R R, Regnier F E. J Chromatogr, 1987, 406: 237

[26] Yoshimoto M, Kuboi R. Biotechnol Prog, 1999, 15: 480

[27] 耿信笃. 化学学报，1996，54：497

[28] Shi Y L, Geng X D. Chem Res In Chin Unv, 1992, 8: 207

[29] Kunitani M, Hirtzer P, Johnson D et al. J Chromatogr, 1986, 359: 391.

[30] 王彦，李敏，龚波林，耿信笃. 高等学校化学学报，2003，24（7）：1207

[31] 王彦. 液-固界面吸附及溶菌酶在液相色谱中复性的应用研究. 西北大学博士论文. 2002

[32] Ren-Naim A. Hydrophibic Interaction. New York: Plenum Press, 1980. 185

[33] Greece P F, Pace C N. J Biol Chem, 1974, 249: 5388

[34] Shiwen L, Karger B L. J Chromatogr, 1990, 499: 89

[35] Beatrice de Collongue-Poyet, Claire Vidal-Madjar, Bernard Sebille, Klaus K Unger. J Chromatogr B, 1995, 664: 155

[36] Morriers C J. Teends Biochem, Sci., (persed). 1977, 2, N16

[37] Geng X D, Guo L A, Chang J H. J Chromatogr, 1990, 29: 275

[38] Pace C N. Methods Enzymol, 1986, 131: 266

[39] Hibbard L S, Tulinsky A. Biochemistry, 1978, 17: 5460

[40] 李敏，王彦，龚波林，耿信笃. 色谱，2003，21（3）：214

第四章 蛋白折叠

§4.1 概　述

　　蛋白质折叠问题，即蛋白质分子如何从一条完整的伸展的多肽链最终形成具有唯一分子构型和生物活性的天然状态的研究，这是当前蛋白质科学和分子生物学领域的一个热点。根据分子生物学中心法则，生物遗传信息是由 DNA 经 RNA 转录（transcription），RNA 经过翻译（translation）形成多肽链，多肽链再经过折叠形成具有生物活性的蛋白这样一个复杂的过程进行传递的。到目前为止，人们对转录和翻译过程已经有了相当清晰和深入地了解。但是，在核糖体上合成出来的多肽链，就是我们所说的新生肽，即使有了确定的氨基酸序列，也还不能说是蛋白质。因为蛋白质是有特定空间结构的，蛋白质的生物活性不仅取决于它们的氨基酸序列，而且同其空间三维或四维结构密切相关。现已知道，新生肽必须经过一系列复杂的加工和成熟过程，才能成为具有生物活性的蛋白质。在生命科学研究中，它是一个新的领域，人们对它的认识还很少很少。如果说三联密码，即三个碱基决定一个氨基酸是"遗传密码"，那么多肽链中氨基酸序列如何决定蛋白质的空间结构是否也存在另一套密码——"折叠密码"呢？"折叠密码"的翻译过程又是怎样的呢？一个比较完整的中心法则表达如下[1]：

$$DNA \longrightarrow RNA \longrightarrow 多肽链 \longrightarrow 蛋白质$$

　　因此，全面地最终阐明中心法则首先必须要解决基因表达的最后一个环节，即在核糖体上合成出来的新生肽链折叠成一个由其一级结构决定的特定的三维结构，并成熟为具有全部生物活性的功能蛋白的全过程。由此看出，新生肽链折叠的研究具有重大的生物学意义，它的解决将使人类对生命的认识产生又一个飞跃。

　　以 1973 年第一个外源基因重组质粒在细菌内增殖成功[2]和 1975 年细胞融合技术的建立[3]为重要标志，重组 DNA（recombinant DNA，rDNA）技术，即基因工程技术步入了崭新的发展时期。其最大特点是不仅可在原核生物体之间进行 DNA 遗传信息的转移和在外来宿主细胞中控制蛋白质的生产，而且还具有能力将真核生物的基因在原核生物中（如大肠杆菌，*E. coli*）进行表达，从而为临床和工业生产提供了一些因自然原料缺乏而无法大量获得的真核生物的蛋白质多肽产品。目前，在 *E. coli* 中进行基因克隆和表达的体系越来越完善，可以预见，基因工程必将为市场提供更加丰富的药用和食用的蛋白质产品。随着人类基因组计划的完成和基因序列数据库的扩大，快速、大规模的生产基因工程蛋白显得极为迫切。

E. coli 表达系统是目前基因工程中最常用的外源蛋白表达系统。这主要是因为 E. coli 周期短，遗传背景清楚，操作简便，容易培养，可以进行低成本，高密度发酵，以及有大量可供选择利用的克隆和高效表达的载体，使之成为人们克隆和表达外源基因的首选菌株，多种真核基因已成功在 E. coli 中获得高效表达。但是许多外源基因在 E. coli 高效表达时，常常以不溶的、无活性的沉淀，即包涵体（inclusion body）的形式聚集于菌体内[4~6]。大量关于重组蛋白在 E. coli 中的研究表明，包涵体的形成是一个普遍存在着的规律而不是一个特例[4]。为获得具有活性的蛋白，首先需用变性剂将包涵体溶解，但同时也破坏了蛋白质的活性结构，因此需要对变性溶解后的蛋白质重新进行折叠以得到正确构象及生物学活性的重组蛋白质。蛋白质折叠问题已成为现代生物工程体系中的技术瓶颈。到目前为止，利用基因重组技术表达的蛋白质已有 4000 多种，但真正在实际中获得应用的却只有 40 多种，即使是这 40 多种已经在临床上使用的蛋白，有的也没有完全复性。例如，基因重组人白细胞介素-2（rhIL-2），复性的蛋白占不到总蛋白的 50%。tPA 在 E. coli 中表达可达 460mg/mL，但总的回收率只有 2.8%。这一生产过程中的低产量来自于对包涵体蛋白再折叠的处理及低的复性率。蛋白质复性不完全，其结果造成临床副作用大，生产成本增加。再折叠及复性占据了重组蛋白质整个生产工艺中设备消耗和材料消耗的主要部分，蛋白质折叠已成为现代生物工程生产中的一个新"单元操作"。因此，如上所述，基因重组蛋白的复性问题就成了生物下游技术中的一个瓶颈问题，研究如何能提高基因重组蛋白的复性效率，发展适于大规模生产的高效复性方法对于基因工程的发展具有重大的实际意义。

§4.2 包 涵 体

4.2.1 包涵体的特性及其形成原因

重组蛋白在宿主系统中高水平表达时，无论是用原核表达体系或酵母表达体系，甚至高等真核表达体系，都可形成包涵体。事实上，内源性的蛋白质，如果表达水平过高，也会聚集形成包涵体。因此，包涵体形成的原因主要是高水平表达的结果。动力学模型表明[7]：活性蛋白的产率取决于蛋白合成的速率、蛋白折叠的速率、蛋白聚集的速率（图 4-1）。在高水平表达时，新生肽链的聚集速率一旦超过蛋白正确折叠的速率就会导致包涵体的形成。对于含有二硫键的重组蛋白而言，细菌细胞质内的还原环境不利于二硫键的形成。重组蛋白在 E. coli 中表达时，缺乏一些蛋白折叠过程中需要的酶和辅助因子，如折叠酶和分子伴侣等，是包涵体形成的又一原因。

包涵体虽然由无活性的蛋白组成，但包涵体形成对于重组蛋白的生产也提供

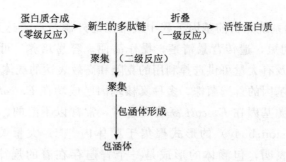

图 4-1　蛋白质的合成、折叠与聚集示意图

了几个优势：包涵体具有高密度，且包涵体中一般有 50％以上的蛋白为重组蛋白，易于分离纯化；重组蛋白以包涵体的形式存在，有效地抵御了 *E. coli* 中的蛋白酶对目标蛋白的降解；对于制备那些处于天然构象状态时对宿主细胞有毒害的蛋白质时，包涵体形成无疑是最佳选择。

4.2.2　包涵体蛋白质的生产程序

从包涵体中获得天然活性的重组蛋白质一般包括三个步骤：包涵体分离和清洗；包涵体的溶解；包涵体蛋白的复性，如图 4-2 所示。虽然前两步的效率可能相对较高，但无活性的错误折叠结构和聚集体限制了复性产率。实验和生产中一般采用图 4-2（a）所示的方法。

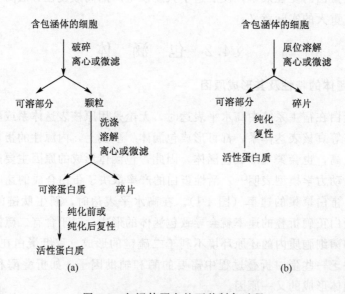

图 4-2　包涵体蛋白的两种制备过程

4.2.3 包涵体的分离和纯化

含包涵体的细胞通常是用高压匀浆或者超声进行破碎，或者用机械、化学和酶法相结合。由于包涵体具有很高的密度（约 1.3 mg/mL）[8]，它们在细胞裂解后可通过低速离心或者过滤收获。分离出来的包涵体中主要含有重组蛋白，但也含有一些细菌成分，如一些外膜蛋白、质粒 DNA 和其他杂质，需要用去垢剂，如 Triton X-100、脱氧胆酸盐和低浓度的变性剂，如脲充分洗涤去除杂质。

4.2.4 包涵体的溶解

溶解蛋白质的方法很多，然而，溶解试剂的选择在很大程度上会影响后续的复性和整个流程的成本。最常用的溶解试剂是高浓度的变性剂，如 6 mol/L GuHCl或 6~8 mol/L 脲。使用这些变性剂时，蛋白质三维或四维结构被完全破坏。虽然某些变性蛋白质已经被成功复性，但从部分折叠态折叠成天然态是很困难的。

包涵体蛋白中存在一些与蛋白的天然构象类似的二级结构，用变性剂溶解包涵体时，若能保留这些二级结构，可以提高复性率[9]。低浓度的变性剂（1~2 mol/L）已被用来从包涵体中溶解蛋白质[10]。与高浓度的 GuHCl 相比，1.5~2 mol/L 的 GuHCl 溶解的蛋白质的纯度高得多，因为在高浓度时，一些杂质蛋白也被溶解出来。但在许多情况下会出现目标蛋白溶解不完全的情况。极端 pH 也被用来溶解包涵体[11~13]。在高 pH 条件下暴露时间过长，可能会导致蛋白质的不可逆化学修饰。因此，高 pH 溶解方法虽然由于简单和成本低，有很大的优点，但可能不能用于大多数药物蛋白。更有效的溶解生长因子的方法是将高 pH 和低浓度变性剂相结合[12]。去污剂也常被用来溶解包涵体。通常使用的去污剂是十二烷基磺酸钠和十六烷基三甲基氯化铵。与脲和 GuHCl 相比，用去污剂溶解包涵体蛋白质时，溶解的蛋白质具有更多的有序结构，而且可能已经具有生物活性，这样避免了复性的麻烦[14]。使用去污剂作为溶解试剂的一个众所周知的缺点是它们可能会干扰后续的分离纯化。

对于含有半胱氨酸的蛋白，分离的包涵体中通常含有一些链间形成的二硫键和链内的非活性二硫键。应加入巯基还原剂，如二硫苏糖醇（DTT）、还原型谷胱甘肽（GSH）或 β-巯基乙醇（β-ME）等进行处理以还原这些二硫键，这些还原试剂应当稍微过量，以保证所有的胱氨酸全部被还原。螯合剂，如四乙酸二乙酸钠、EGTA 可捕获一些金属离子以清除这些金属离子带来的不必要的氧化反应。

可以看出，包涵体蛋白在复性之前的传统处理过程步骤繁多，包括菌体收集、细胞破碎、包涵体分离和洗涤等几个多次离心和洗涤步骤，以及包涵体溶解，过程不容易放大。因此，为了避免繁琐的操作，也有采用图 4-2（b）所示的包涵体处理方法，用化学试剂或酶直接从发酵液中的细胞中溶解包涵体蛋白，但并不常见，因为原位溶解会使发酵液中的蛋白质和非蛋白质杂质统统被释放出来，不仅严重干扰了复性过程，使复性效率大大降低，而且引进了大量的杂蛋白。近年来，包涵体处理的集成过程也得到了快速的发展[15,16]，将发酵液中的包涵体蛋白质原位溶解后，可以用超滤[17]、双水相萃取[15]等选择性萃取或用膨胀床色谱[16,18,19]选择性捕集，或在高电场下使目标蛋白吸附在磁性微球上[20]等操作，使得目标蛋白得到部分纯化，除去细胞碎片和 E. coli 宿主细胞蛋白。这个过程中的主要困难是原位裂解后，因为 DNA 的释放使溶液的黏度增大，因此需要选择性除去 DNA，这可以通过加入亚精胺（spermidine）[16,19]沉淀或更多地是用 DNA 降解酶[21]。

4.2.5　包涵体蛋白的复性

为了获得正确折叠的活性蛋白质，必须去除变性剂或降低变性剂的浓度，并把还原的蛋白转到氧化的环境中促使形成天然的二硫键，从而折叠成天然的分子构象。早在 30 多年前，Anfinsen 等就发现，去除变性剂后，脲变性的核糖核酸酶 A 可在体外通过空气氧化自发地再折叠。这一经典实验已经成为重组蛋白质体外折叠的理论基础。常用的方法有稀释、透析、渗滤等。蛋白复性过程必须根据蛋白质不同而优化过程参数，如蛋白的浓度、温度、pH 和离子强度等。

4.2.6　蛋白折叠的发展近况

除去变性剂和还原剂，蛋白就开始再折叠。常用的除去变性剂的方法有稀释法、透析法和超滤[22]。稀释法是一种最简单、也是传统的蛋白质复性方法[23]，它是用复性缓冲液稀释变性蛋白溶液以降低变性剂浓度，从而为蛋白质折叠创造适宜的外部环境。为了减少复性过程中聚集的产生，复性过程中蛋白浓度通常在 $10 \sim 50\mu g/mL$ 范围内[24]，这样就大大增加了蛋白质溶液的体积，给后续的分离纯化带来很大的困难。稀释复性法的主要缺点是复性过程中需要较大的复性容器，不能与杂蛋白分离，并且复性后需要对样品进行浓缩。

复杂的蛋白质空间结构和众多的影响因素决定了蛋白质复性方法的多元化。分子间的疏水性作用所导致的聚集体生成是影响蛋白质复性收率的主要原因，针对这一问题，研究者做了大量有益的尝试，从而发展了"添加稀释"复性、分子伴侣和人工分子伴侣、液相色谱复性、反向胶束（reversed-micelle）蛋白再折叠[25,26]等多种新的复性技术。

迄今为止，已发现多种具有抑制变性蛋白质分子间疏水性相互作用、促进蛋白质复性的溶质——辅助因子。它包括聚乙二醇（PEG）[27]、环糊精[28]、精氨酸[29,30]、脯氨酸[31,32]、表面活性剂和去垢剂[33,34]等多种分子。在这些辅助因子中，精氨酸[35,36]是最常用的。此外，环糊精和直链糊精也常被用来辅助蛋白质的复性[28,37,38]。采用梯度降低变性剂浓度的透析[39]、流动型反应器[40]、批式稀释复性法[41]是在稀释法或透析法基础上发展起来的，它们在一定程度上实现了梯度或阶段缓慢降低变性剂浓度，降低了蛋白的聚集程度。反胶束复性[25]是利用反胶束创建一种比较温和的复性条件使蛋白复性。由表面活性剂在有机溶剂中形成水相液滴或微团，微团中表面活性剂极性头部向内，疏水尾部向外。在含有表面活性剂的水溶液中，将去折叠的蛋白引入到含有反向微团的溶液中时，蛋白将会插入到微团中，并与表面活性剂的极性头作用，逐渐进行复性。近年来，分子伴侣在体外辅助蛋白质折叠得到了较快的发展。利用分子伴侣对各种模型酶进行复性，均取得了显著效果[42~44]。受分子伴侣辅助蛋白质复性的启发，Rozema和 Gellman 对人工分子伴侣体系辅助碳酸酐酶、柠檬酸合成酶和溶菌酶复性进行了研究[45~48]。使用该方法已对牛碳酸酐酶和溶菌酶在高蛋白浓度下获得了高的复性率[43,44]。温度跳跃复性[49]、化学键合法[50]、智能聚合物[51]也是近年来新发展起来的蛋白复性方法。但上述复性方法在一定程度上都存在操作困难、成本高、难以实现自动化、适用范围窄、复性后的蛋白纯度差等缺点。

液相色谱（LC）是一种最有效的纯化蛋白质的方法，而近些年来也已成为基因重组蛋白质复性的重要手段[52]。用 LC 法进行蛋白复性可以有效防止变性蛋白分子聚集，提高蛋白质的质量和活性回收率，而且可以使蛋白质在复性的同时得到纯化，这是其他复性方法无可比拟的，因此是一种比较理想的蛋白复性并同时纯化方法。能够用于蛋白质复性的 LC 方法包括疏水相互作用色谱（hydrophobic interaction chromatography，HIC）[53~55]、离子交换色谱（ion-exchange chromatography，IEC）[56]、尺寸排阻色谱（size exclusion chromatography，SEC）[57,58]与亲和色谱（affinity chromatography，AFC）[59]。西北大学耿信笃教授研制的变性蛋白质复性并同时纯化装置（unit of simultaneous renaturation and purification of proteins，USRPP）[60]用于蛋白复性，具有柱压低、速度快、复性效率高等优点，能够在工业生产规模上进行蛋白复性及同时纯化。利用该装置已对糖核酸酶 A、溶菌酶、rhIFN-γ 和 rh-proinsolin 等蛋白质进行了成功地复性和同时纯化[61,62]。国外也有人称此为折叠色谱法[63]。

重组蛋白的复性是一门经验性很强的学科。复性过程通常很慢，回收率很低，而且因蛋白质而异。目前还没有一种能适用于所有蛋白质的高效复性方法。对某一种特定蛋白质，往往只能通过大量实验进行探索。目前蛋白质复性技术大多仍处于实验室研究阶段，与实际工业化应用尚存在一定距离。在众多复性方法中，蛋白折叠液相色谱不但可实现蛋白质的高效复性，而且可对产物进行部分纯化，是今后重点发展的方法之一。但由于蛋白折叠液相色谱是一项新兴的蛋白质复性技术，大多数还只是针对模型蛋白的研究，因此蛋白折叠液相色谱有待不断发展和实践，并积极开展用液相色谱复性的过程放大和优化的理论与实验研究，使蛋白质的色谱复性技术早日在实际生产中得到应用和普及。

§4.3　蛋白质的变性

如前所述，随着生物工程重组 DNA 技术的发展，分子生物学家已能成功地将外源基因导入 *E. coli* 等宿主细胞，并得到了较为稳定的表达。在 20 世纪 80 年代，人们以为用 *E. coli* 重组的蛋白药物的工业化已经没有问题，但是不久就发现，将 *E. coli* 表达的药物提取出来还要克服难以预料的困难。这不仅是因为大部分药物不能渗透出细胞，要人工进行细胞破碎来释放出产物，而且还因为相当多的蛋白质产物，如重组人干扰素-γ、白细胞介素-2、人生长激素等许多重组治疗蛋白，由于疏水性很强，在细胞内凝集成没有活性的、以错误分子折叠形式存在的、难溶于水的固体颗粒，称为包涵体。包涵体基本上是由蛋白质构成，其中大部分（占 50% 以上）是克隆表达的产物，这些产物在蛋白质分子的一级结构上是正确的，但在立体结构上却是错误的，因此没有生物活性。

由于一般的水溶液很难将包涵体溶解，需要加入强变性剂才能将其溶解，GuHCl、脲是常用的变性剂。在高浓度如 7.0mol/L GuHCl、8.0mol/L 脲溶液中，溶解的蛋白呈变性状态，即所有的氢键、疏水键全被破坏，疏水侧链完全暴露，但一级结构和共价键不被破坏。当除去变性剂后，一部分蛋白质可以自动折叠成具有生物活性的正确构型。一般认为，胍、脲对蛋白质的变性效果是相同的，但人们惯常还是用浓 GuHCl 溶液从 *E. coli* 中提取 rhIFN-γ 和 rhIL-2。到目前为止，除了对蛋白质的完全展开态有较深入的认识外[64,65]，对这两种变性剂使蛋白变性的变性机理及蛋白质变性态与变性剂之间的关系还不完全清楚[66,67]。因此，研究胍、脲使蛋白变性的变性机理及二者变性机理的差异，对于人们如何更完全地从包涵体中提取基因工程产品和更有效地使这些变性治疗蛋白复性、提高生物活性回收率会很有价值。

关于胍、脲及其他变性剂对蛋白质的变性作用机理的研究，不仅涉及分子生物学中的理论研究领域，如前所述，还涉及利用 DNA 重组技术生产治疗蛋白的高技术产业的经济效益，所以一直是引人注目的研究课题。蛋白质的特异性之一就是它具有生物活性。一种蛋白质的生物活性与这种蛋白质分子的特定三维结构有着密切的联系。但是，由于变性因素的作用，常常会使天然蛋白质分子的二级、三级或二级、三级、四级结构发生异常变化，从而导致生物功能的丧失以及物理化学性质的异常变化，即变性（denaturation）。变性可以涉及次级键、二硫键的变化，但不涉及肽键断裂[68]。能够引起蛋白质变性的因素很多，主要分成两种类型：一类是化学因素；另一类是物理因素。蛋白质变性具体表现为：① 物理性质的改变；② 化学性质的改变；③ 生物性能的改变[67]。

Tanford 等[64,65]最早报道了用 GuHCl、脲使蛋白质完全变性的结果。天然球蛋白在 GuHCl、脲存在下通常会经历一个明显的转变过程。一般情况下，在高浓度的变性剂溶液中，如 7.0mol/L GuHCl、8.0mol/L 脲，蛋白质可以完全变性。完全变性的蛋白质分子都是以高度伸展的分子构象存在于溶液中的；蛋白质寡聚体则解离成亚单位。从研究报告看出，GuHCl 变性的蛋白质分子呈无规卷曲构象，若打开蛋白分子的二硫键，它就会变成线状无规卷曲形。由浓脲变性的蛋白也如此，但变性程度可能不完全，尤其是对那些有二硫键的蛋白质更是如此[67]。

关于胍、脲对蛋白质的作用机制，一直是一个有争异的问题。胍、脲化合物的结构表明，它们在和蛋白质生成氢键时，既可作质子的供体，又可以作质子的受体。因此，许多年来，人们一直认为，胍、脲与蛋白质生成氢键的能力比水强，它们是通过破坏分子内氢键而使蛋白质变性的。但实验表明，N-甲基乙酰胺或脲在水中，溶质与溶质之间几乎不产生氢键。这就否定了这些化合物有强大的氢键生成能力的观点。然而，如果以烷基取代脲或胍的氢原子，就降低了与模型化合物的酰胺基团相互作用的能力。这样看来，与氮原子结合的氢原子（形成氢键的能力）在这些物质的变性作用中，似乎起着重要作用。总之，胍、脲是否通过破坏分子内氢键而使蛋白质分子变性，现在尚未定论[67,69]。

现在人们认为，胍、脲以及类似化合物对蛋白分子的变性原因主要是破坏了蛋白质分子内部的疏水键，促使疏水基的暴露，从而使蛋白分子失去立体结构。一般地说，含有高浓度的这类化合物的水溶液，可以作为非极性物质的溶剂[63~70]。也有人解释 GuHCl 和脲对蛋白质分子构象变化的作用机制为自由能定域对疏水作用及肽官能团的影响，这一点已通过变性剂与蛋白质的某些部位结合得到了证实[64]。然而，因为变性发生在高浓度配体的条件下，而且这种结合并非是一种强的作用，这就使得对这种结合情况的准确测量变得非常困难。

Hibbard 和 Tulinsky 认为，胍和脲对蛋白的变性作用有不同的变性机理[71]。Hibbard 曾用浸泡的方法分别得到胍变和脲变的 α-胰凝乳蛋白酶（α-chymotrypsin）晶体，并研究了在晶态下胍变和脲变 α-chymotrypsin 的差异，初步认为胍主要与蛋白的表面基团及邻近的溶剂区间作用，这种作用只引起了蛋白结构的较小变化，从而推论 GuHCl 的变性作用在于使具有非极性侧链的蛋白在水中更好的溶解。脲与蛋白作用的本质则更为复杂一些，它不仅与蛋白分子表面基团作用，而且还可以与蛋白分子的疏水内核发生作用，从而导致了分子结构的较大变化。

近年来，对蛋白质变性态的研究取得了很大的进展[72,73]。过去人们一直沿用 Tanford 关于胍变、脲变的蛋白质构象呈无规卷曲状的观点。但是，随着蛋白质分子构象分析技术的完善，如 2D-NMR、停流（stop-flow）CD 光谱等，大量的实验结果表明，即使在高浓度的胍和脲溶液中，变性蛋白质的肽链并不像以前人们认为的那样松散，而是不同程度地存在着一些有序结构[65,74~76]。有人认为这些有序结构的形成是由于蛋白质伸展肽链中相邻的非极性疏水残基聚集在一起形成了稳定的疏水簇（hydrophobic cluster）[77]。此外，Makhatadze 等[78]通过对核糖核酸酶 A（RNase-A）、溶菌酶（lysozyme）、细胞色素 c（cytochrome-c）的研究表明，在高浓度的胍、脲溶液中，胍、脲与变性肽链形成了多重氢键，从而认为变性剂可能起到一种"桥"的作用，把不相邻的肽键连接起来，降低了伸展肽链构象的自由度，从而形成了这些有序的结构。这样的一些有序结构是否在蛋白折叠的初始阶段起着重要作用，已被人们列为新的研究课题[79]。

§4.4　蛋白质的失活

　　许多实验表明，大多数蛋白质，不论是否含有二硫键，不论是单体蛋白质还是寡聚体，在一定的环境下，当除去变性剂后，都可以从变性态自发地部分或完全折叠成天然构象[80]。但是，人们已经知道，变性蛋白在折叠成天然蛋白过程中存在着多步折叠，而且这些多步折叠之间会因不完全可逆性而影响蛋白质的完全折叠。

　　在可逆变性过程中，可能涉及两个基本过程：

$$N \longrightarrow D \longrightarrow X$$

式中：N 为天然蛋白质；D 为蛋白质变性态产物；X 为最后生成的失活蛋白质。

　　在蛋白质变性或复性过程中，$D \longrightarrow X$ 是热力学不可逆过程，称之为蛋白的失活。失活与变性是两个不同的概念，除个别情况外，失活（inactivation）一般指的是不可逆地丧失其原有的生物学功能的过程；变性（denaturation）则被认为是蛋白质暂时失去活性的现象，当除去变性剂后，蛋白质还有可能逆转，恢复其天然态。例如，在加入变性剂 GuHCl 后，蛋白质的立体结构会被打开成线性分子，但当除去变性剂后，一部分线性分子可能会自动折叠回原始状态，当然，还有相当一部分会发生聚集沉淀或错误折叠，出现失活现象。所以变性与失活常常同时发生。

　　失活蛋白质 X 的形成原因较为复杂，可能是由于蛋白质的特异性或非特异性的聚集、表面吸附、蛋白水解等因素引起的[7]。但对蛋白分子聚集形成沉淀物的分子机理却知之甚少[81]。一般认为，聚集是由于蛋白质分子在伸展状态时，蛋白分子的疏水基团暴露于溶剂中，不同肽链间疏水区域非特异性作用而产生的。但也有些蛋白分子的聚集则是肽链链内特异性作用引起的。这种特异性聚集体的形成，可能反映出在蛋白折叠过程中，折叠中间体的结构的形成，是"错误"的肽链间的作用与正确引导折叠方向、形成天然结构的肽链链内作用竞争的结果。肽链的这两种类型（链内和链间）的作用，其动力学竞争直接影响着蛋白的复性效率[82,83]。肽链的链内作用是单分子反应，它的形成速率与蛋白质的浓度无关；肽链的链间作用则是多分子反应，它的反应速率随蛋白质的浓度的增大而迅速增大。因此，蛋白质浓度较低时，聚集体形成较慢，引导形成天然构象的链内作用起主导作用，从而避免了蛋白聚集体的形成；反之，蛋白质浓度过大，聚集体形成的速率比链内一级反应速率要快得多，这将大大降低蛋白复性的效率。因此，一般蛋白质的复性都在较低的蛋白质浓度下进行。

Horowitz 等[84]在研究硫氰酸酶（rhodanese）的胍变性、脲变性的蛋白分子构象变化时，发现 GuHCl 变性的硫氰酸酶容易形成沉淀，而用脲变性时，硫氰酸酶不产生沉淀。这也可能反映了变性蛋白聚集沉淀的形成与所使用的变性剂种类及变性剂使蛋白质变性的变性机理存在着差异，这方面的问题还有待于进一步研究。

现代生物技术工业所面临的一个严峻的问题就是蛋白质的失活。这种失活包括两个方面：一个是在分离提纯过程中的失活；另一个是在制成产品后的储藏运输过程中的失活。近年来，在研究蛋白质失活的基础上，人们在如何提高蛋白质抗失活的能力和保护其不受侵害方面也取得了些进展。尽管如此，加强对蛋白失活与稳定的一般规律的研究，不断增加实际经验，对于价格昂贵的药用蛋白的制备具有十分重要的意义。

§4.5 蛋白折叠中间体的研究

当用酸、热及若干化学试剂如胍、脲和去垢剂使蛋白变性时，蛋白质分子的空间结构就会被破坏，生物活性也随之丧失，通过中和、降温或稀释变性剂等方法，常常可以找到一合适的条件使蛋白质分子恢复至初始的分子构象状态，同时其生物活性也随之部分或完全恢复。在研究蛋白质的变性—复性过程中，现在人们已充分认识到，不论蛋白折叠是由动力学还是热力学控制，在蛋白质分子的天然态与变性态之间，通常要经历若干个中间的分子构象状态[85~87]，即蛋白折叠中间体。蛋白折叠中间体为相对分子质量相同，但分子构象不同的同一种蛋白质，类似于有机化学中的"旋光异构体"。但与后者相比，其种类多，稳定性差，情况更加复杂。最近，Ptitsyn[88]指出，在蛋白折叠研究中有两个基本的问题：一是对应于折叠途径中最低自由能的折叠中间体；二是对应于折叠途径中能垒的转变态。因此，分离和研究蛋白折叠中间体，对于了解蛋白折叠机理也具有重要的意义，这也是分子生物学和生命科学中的前沿课题。

对蛋白折叠中间体的研究，一般需采用快速反应监测技术，如 T 跳（T-jump）及停流（stop-flow）技术。目前，广泛采用停流 CD 光谱及二维核磁共振技术（2D-NMR）来研究蛋白折叠中间体，CD 光谱可跟踪监测蛋白质二级结构的变化过程[89]；2D-NMR 可以在蛋白质分子的伸展与折叠过程中同时测量分子内数个不同的特异部位，通过解析蛋白质溶液的分子构象的变化，直接检验蛋白折叠的不同折叠机理[90,91]。过去几十年，对蛋白折叠中间体的研究主要集中在对二硫键折叠中间体及脯氨酸（Pro）顺反异构体的研究上。例如，Creighton[91]对于牛胰蛋白酶抑制剂（bovine pancreatic trypsin inhibitor，BPTI）的二硫键中间体进行了深入的研究，将它的 3 对二硫键还原即可得到一个伸展态。然后，通过控制氧化还原条件，可使二硫键重新生成。在这过程中，使用恰当的中止反应试剂，并避开二硫键互换，采用合理的分离纯化方法，就可以获得含单 S—S 键，双 S—S 键的各种中间体。将获得的中间体用化学方法将二硫键定位，然后把中间体依次排列，即可大致给出 BPTI 折叠的折叠途径。在动力学上，BPTI 的中间体可分为三类：第一类是单 S—S 键中间体；第二类是除（30-51、5-55）而外的双 S—S 键中间体；第三类是含（30-51、5-55）双 S—S 键中间体，形成含（30-51、5-55）双 S—S 键中间体是折叠过程的限速步骤。

近来，关于平衡中间体的研究主要集中在紧密中间态和熔球态（molten globule state）上[92]。Fink[93] 撰文对近年来蛋白折叠紧密中间态研究做了文献综述，并对蛋白折叠紧密中间态与蛋白质的天然态和变性态结构和性质的差异进行了详细地说明。Freire 则从热力学的角度对蛋白折叠中间体和熔球态的性质进行了描述[94]。

熔球态这个词最早由 Ohgushi 和 Wada[95] 提出，用来描述早期 α-乳清蛋白（α-LA）和碳酸酐酶（CAB）的折叠研究中得到的一个平衡态中间体。熔球态是蛋白折叠紧密中间态的一种类型。Kuwajima[96] 认为熔球态有以下一些主要特性：① 它具有天然态二级结构，但三级结构却不完整；② 它比天然态有较多的疏水区域暴露；③ 当熔球态加热变性到伸展态时，温度跃迁消失，等等。Goto 等[97] 发现，在强酸导致肽链完全伸展时，可以得到 β-乳球蛋白（β-Lactamase）、细胞色素 c（cytochrome-c）及去辅基肌红蛋白（apo-Mb）的熔球态。

Jaenicke[79] 认为，迄今为止，熔球态仍是一大类折叠中间态的代名词，它可以通过多种变性方法得到。在酸性 pH 条件下，分子内正电荷的排斥作用是形成熔球态的主要原因。在不同溶剂条件下形成的熔球态，参与稳定它的作用力可能不同。

随着蛋白折叠紧密中间态和熔球态研究的进一步深入，人们对此也提出了一些理论模型。Finkelstein[98] 等用聚合物溶解度理论来解释紧密中间态。认为紧密中间态和变性态分别是天然态更紧密和更胀大的形式。天然态由于其内核紧密的疏水袋破裂而转变成紧密中间态。Dill 等[99] 提出用疏水-拉链法（hydropho-bic-zippers method）说明紧密变性态的构象。认为蛋白紧密的、非天然构象是由于蛋白肽链的疏水塌缩造成的。非天然构象包含有氨基酸的疏水簇，相当于蛋白的天然构象胀大了 20%。Ptitsyn[100] 有关熔球态的模型认为熔球态不是天然态形式上的胀大，而是在熔球态中保留了天然态的框架。此框架中包括了形成天然蛋白质疏水核的非极性侧链的部分螺旋和折叠的中心。依据这一模型，虽然熔球态的疏水袋是疏松的，但水却无法渗入到熔球态的疏水核内，其氨基酸侧链则具有较大的流动性。Brooks[101] 和 Huang[102] 等用分子动力学模拟法（molecular dynamics simulation）阐明熔球态的成因。

蛋白的紧密中间态与天然态的最小差别在于天然态中的连接其结构单位的疏水相互作用被破坏，从而使其非极性表面暴露在溶解溶剂中。实验表明，紧密中间态可能分成两类：一类是具有天然态的二级结构而无三级结构的熔球态；另一类是具有天然分子构象的疏水核，但其多肽链是展开的或部分展开的。因此，可用紧密中间态的结构模型形象地加以说明[103,104]。

总之，现在已没有人怀疑折叠中间态的存在，但更深层次的疑问也接踵而来。例如，蛋白质二级结构的生成与疏水塌缩有什么关系[105]？稳定熔球态的作用力究竟是什么[106]？随着这些问题的不断提出，不断解决，蛋白折叠的研究将更加深入。

§4.6　蛋白折叠机理

众所周知，在生理条件下（*in vivo*）定量地研究蛋白折叠还存在许多困难，所以目前这方面的工作多是用变性蛋白质的复性过程来模拟，即用变性剂使天然蛋白变性以失去其立体结构，然后再使其折叠来模拟研究体内多肽链的折叠。这一过程称之为再折叠（refolding）。

关于分子水平上的蛋白折叠研究，主要集中在两个焦点：第一，折叠过程是由热力学控制还是由动力学控制？这实际上是两个紧密相关的问题，天然蛋白质是否为最稳定的构象？天然蛋白是否只有唯一的稳定结构？第二，折叠过程的途径是什么？是否有中间体存在？中间体的数目和性质是怎样的？

以 Anfinsen 为代表[107]，认为蛋白折叠过程是热力学控制的。指出了天然蛋白质的三维结构在给定的环境下，是整个系统中吉布斯自由能最低的状态，即天然构象是由氨基酸序列决定的。依此观点，天然结构是最稳定的结构。展开的多肽链在适当的溶剂环境中，不需要别的任何信息、诱导或能量，就能自发地折叠成天然构象，这一过程是纯粹的热力学过程。由此，Anfinsen 等便认为蛋白质的体外再折叠过程与生理条件下蛋白质的生物合成及折叠过程具有相同的原理和途径。

但是，Levinthal 等[108]却对这一观点提出质疑，认为蛋白折叠是动力学控制过程。指出蛋白质在生理条件下是以一定的速率折叠的。但是这一速率太快，以至于按着热力学的观点，随机搜寻所有可能的构象，直至获得最稳定的天然构象是根本不可能的。所以认为在折叠过程中可能构象的数目是有限的，折叠途径是唯一的、特定的。蛋白质在动力学折叠过程的初始阶段，就迅速形成类天然结构，类天然结构不仅起到晶种的作用，增长成为大量可能的构象，同时也是基团相互作用新的表面，并直接引导一系列折叠步骤的进行，最终使多肽链折叠成天然结构。这便是经典的成核-增长模型[86]。1976 年，Karplus 和 Weaver[109] 提出了扩散-碰撞动力学模型。该模型认为分子的一小部分先成核以形成微区，再迅速搜寻所有可能构象，经碰撞后几个这样的微区结合成具有天然结构的子结构，经过一系列这种扩散-碰撞步骤完成折叠。

动力学控制蛋白折叠的观点认为在蛋白折叠途中存在着某个或某些能垒，阻

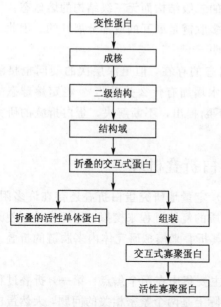

变性蛋白

↓

成核

↓

二级结构

↓

结构域

↓

折叠的交互式蛋白

↓

折叠的活性单体蛋白 ← → 组装

↓

交互式寡聚蛋白

↓

活性寡聚蛋白

图 4-3　蛋白折叠过程中各折叠步骤间的关系

碍蛋白最稳定分子构象的获得，从而使得蛋白质结构处在某种亚稳态。Wetlaufer 和 Ristow[110]认为，"可能多数蛋白质的天然结构并非吉布斯自由能最低，从动力学观点出发，它可能是可得到的结构中自由能最小的一种结构。"

X 射线晶体衍射实验为蛋白折叠机理的研究提供了大量详尽的信息。通过对大量蛋白质结构的分析比较，Sehulz 总结了蛋白折叠过程中各步骤之间的关系，如图 4-3 所示。

图 4-3 表明，蛋白折叠是从简单到复杂的过程，每一步的折叠都是建立在前一步折叠结构的基础上，并以蛋白质天然构象为目标的。这一假定包含着静态与动态的观点，为蛋白折叠过程的研究提供了理论基础。

4.6.1　热力学模型

一条伸展的多肽链为什么能折叠成具有特定空间构象的蛋白分子，经典的"热力学假说"（thermodynamic hypothesis）较好地回答了这个问题。这个假说是 Anfinsen 等根据对核糖核酸酶 A（RNase-A）复性研究的经典实验提出来的[111]，RNase-A 多肽链在 8mol/L 脲和 β-巯基乙醇中还原变性，当透析除去尿素和 β-巯基乙醇后，变性的 RNase-A 在空气中被氧化并能自发折叠形成具有生物活性的 RNase-A。RNase-A 的 8 个巯基随机形成二硫键会有 105 种不同的方式，然而变性多肽链在复性过程中只选择其中一种方式，这说明 RNase 多肽链一级结构从根本上决定着自身折叠成特定的天然构象，并因此决定了二硫键的正确配对。简而言之，就是一级结构决定三级结构。他们认为天然蛋白质多肽链所采取的构象是在一定环境条件下热力学上最稳定的结果，此时采取天然构象的多肽链和它所处的一定环境条件（如溶液组分、pH、温度、离子强度等）整个系统的总吉布斯自由能（Gibbs free energy）最低，所以处于变性状态的多肽链在给定的环境条件下能够自发折叠成天然构象。在这种情况下，伸展多肽链向天然状态转变的折叠途径就显得不重要，自从"热力学假说"提出后，得到了许多实验证明，许多蛋白（特别是一些小分子蛋白）在体外可以可逆的进行变性、复性，因此，"热力学假说"得到了广泛的支持。但是随着对蛋白质折叠研究广泛开展，人们发现体外的变性复性过程并非完全可逆，有的变性多肽链的复性效率很低，而且多肽链体外的复性速率大大低于在体内的折叠速率。多肽链在折叠过程中实际受到许多因素的限制作用，显然受到动力学的控制。

4.6.2 动力学模型

1968 年，Levinthal 提出了著名的 Levinthal puzzle[112]：假定每个氨基酸残基可能的构象状态数为 j，一个有 $N+1$ 个氨基酸残基，N 个肽单位的完全去折叠蛋白质，其可能获得的构象状态数为 j^N。假定 $j=8$，一个有 100 个氨基酸残基的较小的蛋白质，其肽链的可能构象状态为 8^{100}（10^{89}）。如果构象之间的转换速率为 k，蛋白分子经历全部构象的平均时间为

$$\tau = (Nk)^{-1} j^N \qquad (2\text{-}1)$$

构象之间的转换速率 k 不可能快于 $10^{13}\,\text{s}^{-1}$。上述 100 个氨基酸残基的蛋白质经历全部构象的时间多于 10^{66} 年。即使假定每个肽键只能有两种可能的构象，这个 100 个氨基酸残基肽链的可能构象也有 2^{100}（10^{30}）种。它经历全部构象的时间也要 10^7 年以上。一般变性蛋白的体外折叠大约只需几分钟至几小时。这就表示：蛋白质的折叠不是一个随机过程，而是通过特定的动力学途径达到天然构象。蛋白质的天然构象有可能不是热力学最稳定的构象，而是动力学上最容易达到的构象。

Baker 等[113]认为，如果多肽链所采取的所有构象中仅有一个低自由能状态，即天然构象，那么所有非天然构象多肽链将遵循热力学假说由高能态向低能态转变，最终形成天然构象（图 4-4）。但是，对某些蛋白质而言，天然构象也许并非是多肽链自由能最低状态或唯一的低能态，多肽链采取的某些非天然构象也很稳定。若某一多肽链具有两种低能量状态：一种是天然构象；另一种是非天然构象，而且处于这两种低能量多肽链的相互转变由于要克服较高的能垒（energy barrier）而难以实现（图 4-4），那么在蛋白质折叠过程中就会有两种途径相互竞争，即一种是正确折叠形成天然构象的途径（on-pathway）；另一种是错误折叠成稳定的非天然构象的途径（off-pathway）。蛋白质多肽链之所以能正确折叠是由于某些因素在蛋白质折叠的动力学过程中起到控制作用，促进多肽链走入正确折叠途径。据报道[114,115]，I 型人类胰岛素生长因子（IGF-I）就存在两种稳定的构象：一种是天然构象；另一种是具有错配二硫键的非天然构象，处于这两种构象多肽链具有相似的自由能，但二级结构的成分不同。另外，枯草杆菌蛋白酶（subtilisin）以酶原形式（prosubtilisin）存在时，多肽链可以正确折叠[113]，当 N 端 77 个氨基酸残基的前导肽（"Pro" 区）被切除后，枯草杆菌蛋白酶多肽链在相同的条件下（或在其他条件下）难以正确折叠。α-溶解蛋白酶（α-lyticp-totease）也有类似的情况[116]。去掉 "Pro" 区的多肽链的变性与复性成为不可逆过程，但当在复性体系中加入 "Pro" 肽段后，又能产生有活性的溶解蛋白

酶，这就是说"Pro"肽段对溶解蛋白酶多肽链的折叠在动力学上起到了控制作用，它抑制了错误折叠的途径，促进溶解蛋白酶多肽链沿正确折叠途径形成天然构象。不仅如此，人们现在已分离到一些能在动力学上促进多肽链正确折叠的辅助因子。分子伴侣（molecular chaperone）可通过与伸展多肽链结合而帮助多肽链进行正确的非共价组装。蛋白质二硫键异构酶及脯氨酰顺反异构酶可促进含二硫键的多肽链进行二硫键重排及脯氨酰顺反异构化，可促进多肽链走入正确折叠途径。上述事实有力地说明了动力学控制在多肽链正确折叠过程中所起的重要作用及其真实性。

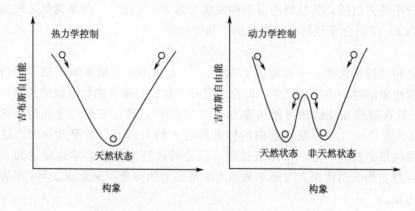

图 4-4 蛋白质折叠的热力学控制和动力学控制

对蛋白质折叠的动力学控制的研究是建立在热力学假说基础上的，是对蛋白质折叠研究的进一步完善和发展。对不同的蛋白质而言，它们的折叠并不是千篇一律，而是各有特点[117]。从总体上讲，蛋白质的折叠是遵循"热力学假说"的，从高能态向低能态转变，但在这个过程中会受到动力学上的控制。热力学控制与动力学控制在蛋白多肽链的折叠反应中是统一的，不同的蛋白质的折叠过程中所体现出来的二者所起作用大小可能有所不同。对一些小分子单结构域的蛋白来说，折叠过程相对简单一些，在热力学控制下能较容易的进行可逆变性和复性。对一些结构较为复杂的蛋白质，特别是折叠过程中涉及二硫键重排，脯氨酰顺反异构化等限速步骤的多肽链的折叠反应来说，虽然从总体上讲受热力学控制，但折叠途径，即动力学控制就显得很重要了。

4.6.3 蛋白多肽链折叠的模型介绍

"热力学假说"及动力学控制只是在总体上描述了蛋白质多肽链的折叠规律，但没有告诉我们一条伸展的多肽链具体通过何种方式快速折叠形成特定的三维空间构象的。许多学者根据各自研究对象的折叠规律，提出了一些蛋白质折叠的模型，在此我们简单介绍几种。

1. 成核/快速生长模型[118]

伸展多肽链开始折叠时，多肽链上先形成许多小的"核"（nuclcus），这些小核由8～18个氨基酸残基组成，它们随机波动，很不稳定，多肽链的其他部分以"核"为模板，快速折叠"生长"，最终形成天然构象，在成核/快速生长模型（the nucleation/rapid growth model）中，成核阶段（nucleation）是限速步骤。

2. 拼图模型[119]

拼图模型（the jigsaw puzzle model）的中心思想就是多肽链可以沿多条不同的途径进行折叠，在沿每条途径折叠的过程中都是天然结构越来越多，最终都能形成天然构象，而且沿每条途径的折叠速率都较快，与单一途径折叠方式相比，多肽链速率较快。另外，外界生理生化环境的微小变化或突变等因素可能会给单一折叠途径造成较大的影响，而对具有多条途径的折叠方式而言，这些变化可能给某条折叠途径带来影响，但不会影响另外的折叠途径，因而不会从总体上干扰多肽链的折叠，除非这些因素造成的变化太大，以致于从根本上影响多肽链的折叠。

3. 扩散-碰撞-缔合模型[120]

多肽链在折叠起始阶段迅速形成一些类天然结构或称"微结构域"（micro-domain），如α-螺旋、β-片层等，这些结构在伸展的多肽链中不稳定，它们之间相互碰撞相互作用而结合在一起时，这些"微结构域"就稳定下来，多肽链进一步折叠形成天然构象。

4. 框架模型[121]

在多肽链折叠过程中，先迅速形成二级结构，这些二级结构也是不稳定的，称为"闪现簇"（flickering cluster），多肽链在二级结构的基础上再进行组装，形成三级结构。框架模型（the framework model）认为即使是一个小分子的蛋白也可以一部分一部分地进行折叠，其间形成的亚结构域（subdomain）是折叠中间体的重要结构。

5. 快速疏水折叠模型[122]

伸展多肽链处在极性的水溶液环境中，其疏水侧链基团为避开极性环境而导致多肽链快速折叠，形成"熔球体"（molten globule)[120]，然后再进一步折叠形成天然构象。

6. 折叠漏斗

Radford[123]在进行了大量的蛋白折叠实验的基础上，提出了蛋白折叠路径——折叠漏斗，如图4-5所示。折叠漏斗可以涵盖所有可能的多肽链的折叠情况。折叠漏斗宽阔的顶部表示大量可溶性的变性状态蛋白的构象，如脲或胍变性蛋白用快速稀释复性时，蛋白构象开始变化的初始状态；形状像针一样的，处于漏斗底部的代表蛋白唯一的天然态构象；处于漏斗顶部和底部之间的代表蛋白折叠过程中的中间体（I$_A$），熔球体状态以及错误折叠的蛋白（I$_B$）。漏斗表面的每一个点代表多肽链特定的和可能的构象相对应的能量值。漏斗的每一个斜面代表多肽链构象变化的折叠路径。折叠漏斗模型可描述蛋白由最初的众多构象，通过多条路径折叠到其天然态的过程。当多肽链折叠到能量最低态过程中，它会产生许多中间体。折叠漏斗局部的能阱数量和深度，代表着氨基酸序列控制蛋白折叠结构的程度[124]。多肽链片断因不能正确折叠并发生聚集，因此在折叠漏斗中可被忽略不计。折叠漏斗可描述多数稀释法复性蛋白的折叠情况，但是，折叠漏斗却不能描述在生理条件下大多数多肽链的复性。这是因为细胞内的蛋白复性环境很复杂，许多因素都会影响到复性，如分子和离子的浓度，天然的折叠催化剂和分子伴侣等[125]。虽然折叠漏斗模型的顶部代表开始时所有可能最初构象，但它仅描述了单个多肽链稀释时的复性行为，它并没有考虑实际中分子之间的作用的影响。因为错误折叠常常与蛋白分子间的碰撞、聚合和聚集有关系，而现在的折叠漏斗不能解释许多生物工程都已研究清楚的蛋白的聚集行为，包括胰岛素、牛生长激素、粒细胞刺激因子等[126]。少数研究者将肽链折叠过程改进成为两个（或更多个）的可相互补充的模型，称为双折叠漏斗模型（double folding funnel，图 4-6）[127]。对于大多数蛋白折叠来说，伴随折叠过程的主要还有错误折叠和聚集沉淀，蛋白由伸展的肽链先形成部分折叠状态（partially folded conformation）：一部分折叠到天然态；另一部分发生聚集或错误折叠。双折叠漏斗模型主要描述折叠和聚集之间的竞争，分为折叠漏斗和聚集漏斗两部分（图 4-6 中左边和右边），聚集漏斗包括多肽链之间的相互作用和聚集，还包括折叠过程产生的中间体，聚集漏斗上的能量最低状态并不一定代表真正的球形结构蛋白的能量最低状态，但是由于动力学的原因这种区别很难由实验测出。双折叠漏斗强调初期肽链构象（处于漏斗顶部）的作用，以及能阱能够区别有效折叠和聚集折叠

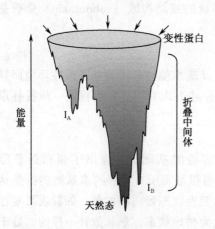

图 4-5　折叠漏斗[128]

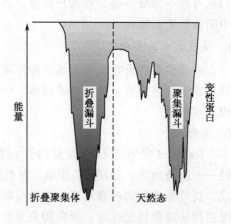

图 4-6　双折叠漏斗[128]

这两条路径。如图 4-6 所示，多肽链之间的相互作用会导致蛋白聚集，蛋白质聚集态的能量也较低，比较稳定，处于聚集漏斗的底部；分子内的相互作用使构象稳定并折叠到天然态。

折叠漏斗概念可以扩展到与生理条件相关的一些蛋白的折叠，描述更多不同系列的蛋白折叠行为，尤其是核糖体，分子伴侣和其他细胞环境方面的效应[127]，被认为是能够说明细胞内多肽链折叠行为的理论。最近有人报道[129]，以能量漏斗为基础，对蛋白的作用机理以及类天然态拓扑结构的预测进行研究，预测结果和实验观测结果一致。

7. 拓扑学模型

Go 和其合作者[130]提出了天然构象中相邻的氨基酸残基的相互作用（local contact）可以使蛋白折叠中间体稳定并折叠到天然结构，而天然构象中非相邻的氨基酸残基的相互作用（nonlocal contact）则不能折叠到天然结构，这一模型被称为 Go 模型。后来发展的拓扑学模型也证明了以上结论，天然构象中相邻的关键氨基酸残基则在拓扑学模型中被称为天然蛋白的拓扑结构，而只有类天然态拓扑结构的中间体才可以通过残基间的相互作用折叠到天然态。Go 模型也逐渐被拓扑学模型取代。

20 世纪 90 年代后期，有报道折叠速率与类天然态[131]（native-like）的球形拓扑学结构，即天然态蛋白氨基酸残基之间的复杂作用有关[132]。最近又有报道[133,134]，拓扑结构还包括每一个残基不同的远近排列顺序之间的关系、局部的氨基酸序列之间的作用、总的作用距离和线性次级结构模型等内容。运用这些拓扑结构预测蛋白折叠速率，结果显示精确度很高。氨基酸序列与折叠速率有关是拓扑学第一个报道的，并在实验观测出蛋白拓扑学结构和折叠速率之间有定量关系[128]。折叠过程中的限速步骤就是众所周知的过渡态（trasition-state ensemble）的形成。Dobson[135]等运用生物化学和生物物理化学实验方法，结合计算机技术来研究和分析一系列蛋白质在过渡态下的拓扑学结构，测试结果表明过渡态比任何折叠状态都接近于天然态结构，这是由多肽链的拓扑学结构得出的关于蛋白折叠的新观点，它比传统的由蛋白质一级结构，即氨基酸排列顺序决定蛋白质特定的空间结构的观点更为确切。如图 4-7 所示，蛋白折叠拓扑学模型的关键是多肽链折叠过程中间态的拓扑结构转换的速率，比氨基酸残基序列控制的折叠速率要慢。拓扑学认为蛋白近似天然态分子构象的变化是蛋白折叠的限速步骤[136]。天然态的稳定性是决定与其拓扑结构相似的蛋白折叠中间体的相对折叠速率的重要决定因素[137]。已经证明多肽链形成螺旋、折叠和其他结构的折叠速率要远比折叠限速态步骤的折叠速率快。那是因为部分折叠态（图 4-7 中的 A 和 B）的自由能几乎都大于或等于零，从 A 转化到 B 的速率是很快的；从 B 到 C 的拓扑学结构变化很大，折叠速率慢；C 的结构很稳定，D 的结构是最接近天然态的拓扑学结构，是克服折叠限速步骤必需的过程；从 C 到 D 的转换是折叠过

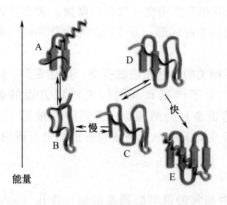

图 4-7　拓扑学模型示意图[134]

程的限速步骤。从 D 到天然态 E 的折叠速率是非常快的。此外，对于相对分子质量很大的蛋白，拓扑学仍可在局部结构区域预测出折叠的部位，其中也是少数关键残基促进了正确折叠的形成。

拓扑结构决定折叠速率，然而，对于给定的拓扑结构，却有可能对应着几种自由能较小的折叠路径，而被选定的（自由能最小）则取决于结构中不同部分的局部相互作用[138]。具有天然拓扑结构的未折叠的多肽链残基可产生有效的相互作用，并且保证折叠成功，这样寻找天然拓扑结构所需的熵是构成折叠能垒的主要部分[128]，但是虽然明显地知道类天然态中间体是构成折叠的限速步骤，显然它也并不能决定折叠能垒的高低。折叠过程中相互作用是协同的，展开的肽链的构象只有转换到类天然态的拓扑结构才能保证形成有效的蛋白结构，蛋白的自由能才会降到零以下。这种协同效应只是对错误折叠的中间体结构产生效应，影响它的稳定性，并使之向有效的折叠中间体构象转换，但却不对有效的折叠中间体产生作用。

大多数研究者认同拓扑结构决定蛋白的折叠速率[139~141]，但是 Plaxco[136] 研究表明，只有小的、单区域结构的（single-domain）蛋白的折叠速率与其类天然态的拓扑结构有很好的相关性，但是对于另外一些小的、Go-Potential 的晶格多聚物却没有明显的相关性，拓扑结构并不能决定他们的折叠速率。Chechetkin 等[142] 运用拓扑结构特征测定了蛋白的手性在分子识别和蛋白折叠中的重要作用。

8. 成核-压缩模型（nucleation-condensation model）

蛋白质工程学[143]和 Φ 值分析[144]进一步澄清了类天然过渡态的结构特征，并提出成核-压缩模型[145]，而且有少数实验直接证明折叠过渡态包含有一个类似天然结构的晶核[146]。这使人们提出了假设，即类似天然结构的晶核形成，是确保折叠越过限速步骤的能垒的一个必须和有效的前提条件，而晶核的不同稳定性也决定着蛋白折叠速率的不同[147]。这个理论是基于对天然态和过渡态的对比实验观测出来的。总而言之，这些结论支持了成核-压缩假设，即蛋白折叠就类似于相转移中晶核的形成一样，也就是说特定的近似天然结构的晶核的形成是蛋白越过折叠限速步骤必须通过的过程，然后其他的结构再"压缩"（condense）折叠形成天然态结构。虽然许多蛋白折叠过渡态也出现过近似天然态的晶核结构，但是它们对于折叠速率的贡献还没有办法定量测出。但是最近的研究表明，折叠晶核形成对于两态折叠[128]（two-state folding）蛋白的折叠速率贡献很小。

同样，蛋白分子构象的循环排列变换和共价交换会破坏 Φ 值定义的折叠晶核作用对折叠速率的贡献。所以，虽然蛋白折叠限速步骤有类似天然态的晶核形成，但按照热力学的推测，既是对这种结构有很大的改变，也不能明显地改变蛋白的折叠速率[128]。

William[148]提出了预测实验测定蛋白折叠速率的最基本的方法原理。他的方法是以成核-压缩模型为折叠机理的，首先他对天然蛋白可能随机的经历构象的拓扑结构进行测定，然后通过蛋白经历不同拓扑构象的速率来预测折叠中的构象转化的速率。这个经历不同拓扑构象的速率是通过爱因斯坦扩散方程式计算出的，这个方程式与实验测出的蛋白扩散有定量关系。他运用这种方法对 21 种可测出折叠速率的小分子蛋白折叠速率进行了预测，这些蛋白质的天然结构中包括 β-折叠以及 α-螺旋和 β-折叠同时存在的结构。他测出的因子平均误差在 4 以内，虽然实验测得大多数蛋白的折叠速率因子是 4×10^4。另外，此方法可用于预测任何已知结构的蛋白的折叠速率，并且结果优于实验测得的结果[148]。

拓扑学认为要获得和天然态近似的拓扑结构是蛋白折叠的限速步，而侧链相互作用（side-chain interaction）对于跨越折叠能垒没有明显贡献[149]。成核-压缩模型则认为近似天然态晶核的形成[147]才是折叠的限速步骤，而并不考虑肽链的拓扑学结构。然而，最近发展的玩具（toy）模型[128]认为，近似天然态晶核和近似天然态拓扑结构的形成都是构成蛋白折叠限速步骤的因素[150~152]。对于进一步研究蛋白的折叠理论，它的起点是很合理的。当把折叠晶核与拓扑学模型结合起来，它的理论价值是值得我们期待的，而且已经有了相关方面的报道[153]。蛋白折叠过程中氨基酸残基的局部相互作用和非局部相互作用都决定着蛋白折叠的难易程度。对于一些相对分子质量大的蛋白，其折叠初期的重要作用是局部相互作用，而非局部相互作用则引导蛋白进行有效折叠。拓扑学模型、成核-压缩模型和玩具模型都是有实验依据的动力学模型[128]，折叠漏斗只是对蛋白折叠提出的仿真模型，没有实验方法可验证。

9. 动力学模型（the kinetic model）[154]

多肽链折叠分为三个阶段（图 4-8），在多肽链折叠的起始阶段类似"拼图模型"，多肽链沿多条途径迅速形成许多具有一些局部结构的中间体[155,156]，折叠的中间阶段类似"成核/快速生长模型"的快速生长阶段，多肽链在第一阶段形成的局部结构的基础上进行快速折叠"生长"形成具有较多天然结构的中间体，复性的最后阶段是中间体向天然构象的转变，这是整个折叠过程中的限速步骤。在折叠起始阶段，去折叠蛋白质（U）的疏水性氨基酸暴露在分子表面，产生大量非极性基团，热力学的驱动力使它们聚集在一起形成幼稚的二级结构（I_1，…，I_n 为中间态），幼稚的二级结构很不稳定，与 U 之间存在着平衡。在中间态 I_i 向天然状态（N）转变过程中，存在更加有序、结构致密、几乎与天然态相似的熔球态（I_n），I_n 与 N 之间存在着较大的自由能屏障，两者的转化是整

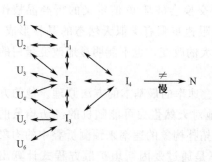

图 4-8 蛋白质折叠动力学模型

$U_1 \sim U_6$. 伸展多肽链；$I_1 \sim I_3$. 具有局部结构
的中间体；I_4. 具有较多天然结构的中间体；
N. 天然构象

个折叠途径的限速步骤。中间体正确折叠是分子内的一级反应，而中间体的聚集则是发生在分子间的二级或高级反应，中间体的浓度对聚集反应影响大，必须控制中间体的浓度以有利于反应向正确折叠的方向进行。变性蛋白质的空间结构被破坏，疏水侧链外露，而复性后的蛋白质具有致密的空间结构，疏水基团包埋使得蛋白质疏水性逐渐减小而亲水性增强，因此这一特性的变化对进行蛋白质复性方法学探究、建立监测蛋白质复性动态过程和复性蛋白质的定量分析大有裨益。

这些模型各有特点，这与模型提出者们各自研究的对象及侧重点不同有关，它们之间有许多相似之处，如"框架模型"与"扩散-碰撞-缔合模型"中各自所指的"微结构域"和"闪现簇"和"成核/快速生长模型"的一些观点。Baldwin[156]认为，在多肽链的起始阶段，"疏水折叠"和二级结构的形成（框架模型）就是互补的，它们在多肽链折叠的起始阶段可以同时存在。因为在"熔球体"中就有大量的二级结构。除了这些折叠模型外，还有学者从另外的角度来考虑多肽链在体内快速折叠的问题，如 Karplus 等[146]用 Monte Carol 法对 200 个随机序列的折叠动力学进行了研究，发现其中 30 种能快速折叠，而其中 146 种折叠速率很慢。他们认为，在生物进化过程中，自然界容易选择那些能快速折叠而最终达到热力学上稳定结构的序列，而那些折叠缓慢的多肽链在生物体内容易被蛋白酶降解而被自然界淘汰。另外，多肽链在体内的快速折叠显然是由生物体内这个特殊的生理环境所决定的，折叠过程受到许多酶的催化，如蛋白质二硫键异构酶、脯氨酰顺反异构酶等，分子伴侣在这个过程中也会起到重要作用，多肽链在体内折叠还可能是伴随着翻译/转移（translation/transolcation）进行的。Bergman 和 Keuhi 发现免疫球蛋白轻链的 Cys^{35}-Cys^{100}这对天然二硫键是伴随着多肽链的翻译及向内质网转移的过程中形成的，说明多肽链 N 端部分在翻译还未完成时就可能开始折叠，这显然也是多肽链在体内快速折叠的一个原因[157]。

§4.7 蛋白质的复性方法

几十年来，通过对胍、脲、pH 及热变性蛋白质复性的研究，人们已经清楚认识到，蛋白质的必须功能基团通常分散在整个肽链上。只有当肽链以适当的方式折叠成天然构象时，这些功能基团才能集中起来形成活性点。Goldberg 称蛋白质复性为"基因信息的第二翻译"（the second translation of the genetic message）。

从生物工程产品中要分离出具有生物活性的蛋白质，一般要经历下列步骤：

细胞破碎→分离包涵体→加变性剂溶解包涵体→除去变性剂使目标蛋白复性

从细胞破碎到蛋白质复性不管采用哪种工艺路线，都必须加入变性剂溶解包涵体，然后除去变性剂使蛋白质复性。复性技术又是包涵体加工的关键。因此对蛋白质的复性过程的研究将对生物工程技术的发展有着非常重要的意义。

蛋白质的复性过程一般可表示为

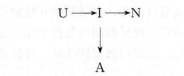

式中：U 为变性溶解的蛋白质；I 为蛋白折叠中间体；N 为折叠成功的、有天然活性的蛋白质；A 为失活的蛋白质沉淀。

由于蛋白质的复性是一个十分复杂的过程，当除去变性剂后，蛋白质分子可能重新聚合，生成多聚体，甚至生成沉淀，因而生物工程目标蛋白的复性效率非常低，一般不超过 20%。所以，设法阻止蛋白质聚合是提高复性效率的关键。

为了获得正确折叠的活性蛋白质，依据 Anfinsen 的观点，必须去除变性剂或降低变性剂的浓度，并把还原的蛋白转到氧化的环境中促使形成天然的二硫键，从而折叠成天然的分子构象。一个有效的、理想的折叠复性方法应具备以下几个特点：① 活性蛋白质的回收率高；② 正确复性的产物易于与错误折叠蛋白质分离；③ 折叠复性后应该得到浓度较高的蛋白质产品；④ 折叠复性方法易于放大；⑤ 复性过程耗时较少；⑥ 容易自动化[158,159]。就商业应用而言，要求蛋白折叠，或复性过程必须快速、低成本、高效。虽然蛋白质的折叠复性已有很多方法，但针对每一种蛋白质仍需要通过实验摸索出最佳的方法。常用的方法有稀释、透析和渗滤等。

4.7.1 稀释法

稀释法是一种最简单的、也是传统的蛋白质复性方法[23]，它是用复性缓冲液稀释变性蛋白溶液以降低变性剂浓度，从而为蛋白质折叠创造适宜的外部环境。稀释复性法的主要缺点是复性过程中需要较大的复性容器，并且复性后需要对样品进行浓缩，且未能与杂蛋白分离。为了减少复性过程中变性蛋白聚集的产生，复性过程中蛋白浓度通常在 $10 \sim 50\mu g/mL$ 范围内[24]，这样大大增加了蛋白质溶液的体积，给后续的分离纯化带来很大的困难。

1. 传统的稀释法

将高浓度变性剂变性的样品加入到大体积复性缓冲液中，因变性剂浓度降低使得变性蛋白质快速折叠。有一些参数需要考虑。首先，如图 4-9 所示（通常的稀释法），随着在高浓度变性剂溶液中变性蛋白的逐步加入，缓冲液中变性剂浓度和蛋白浓度逐渐增大。例如，如果 6 mol/L GuHCl 变性的蛋白经缓冲液稀释6 倍后，则变性剂浓度从 0（复性缓冲液）增加到 1 mol/L（终浓度）。这意味着稀释的开始阶段（变性剂浓度接近 0）和后面的阶段（变性剂浓度接近 1 mol/L）是很不相同的。将高浓度变性剂变性的蛋白稀释到一个不含低浓度变性剂的缓冲液中意味着变性蛋白可能会折叠成一个具有刚硬结构的中间体，不能自由转变成天然结构。因此，应该在复性缓冲液中添加一定浓度的变性剂，其浓度取决于待复性蛋白的稳定性。对寡聚蛋白而言，在稀释的开始阶段，复性过程中的蛋白浓度低。因此，缓慢稀释会导致在较长时间内复性单体的浓度不足，因此应该采用快速稀释。如为了避免聚集，在蛋白浓度较低时，可以采用脉冲稀释法。

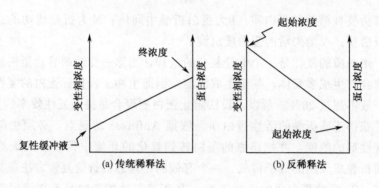

图 4-9　稀释复性法

2. 反稀释法

如图 4-9（b）所示，反稀释法是将复性缓冲液加入高浓度变性剂变性的蛋白溶液中，这样变性剂和蛋白质的浓度同时降低。这使得变性蛋白或折叠中间体在低浓度变性剂中暴露的时间较长。蛋白浓度在中等变性剂浓度时较高，这与通常的稀释法是不同的。这样容易产生聚集和沉淀。然而，如果中间体在中等浓度变性剂中是可溶的，而且复性需要较慢的分子结构重排时，这种方法所得的结果较好。

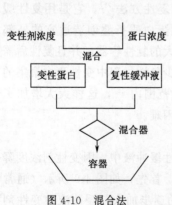

图 4-10　混合法

3. 混合法

如图 4-10 所示的混合法是将复性缓冲液和变性蛋白溶液以一定的速率混合进行变性蛋白复性的。采用该方法，首先复性过程中蛋白质和变性剂的浓度保持恒定，这与通常的稀释法或反稀释法是不同的。蛋白复性过程与稀释过程相似，也就是说混合使得蛋白质快速向其中间体折叠。

通过泵将变性蛋白和复性溶剂以一定比例

输入一个混合器，在复性过程中变性剂和变性蛋白的浓度保持不变。

4.7.2 透析法

透析也可除去变性剂，其驱动力是渗透压。透析的不利之处在于受质量转移的控制，速度很慢、耗时长、容易形成无活性蛋白质聚集体，因此不适合用于规模生产，而且复性时局部蛋白浓度过高，容易造成聚集，降低复性产率。超滤是更换缓冲液的另一种方法，其驱动力是跨膜的高压。也是一种基于膜的过滤技术，但它更实用，因为变性剂的去除并不受扩散的限制。然而，失活蛋白在膜表面的聚集使它的应用受到限制。

1. 一步透析

处在高浓度变性剂溶液中的变性蛋白质放在复性缓冲液中透析，使得原有缓冲液中的变性剂浓度逐渐降低。随着时间的延长，变性剂浓度将会降至与复性缓冲液中的变性剂浓度相同 [图 4-11 （a）]。随着原试液中变性剂浓度的降低，变性蛋白折叠成其中间体或其天然结构的速率增大。然而，错误折叠和（或）聚集的速率也会增加。特别是当复性速率很慢时，聚集的程度会大大增加，因为中低浓度的变性剂不足以使变性蛋白或其折叠中间体溶解。在透析复性中，折叠中间体在中等浓度变性剂中暴露的时间较长。这种复性方法对那些变性态，或其中间体属可溶的蛋白具有较好的复性效果。注意当变性剂浓度降低，蛋白浓度仍然保持相对不变，（当然，由于 GuHCl 或脲具有高的渗透压而引起的体积膨胀仍会使蛋白浓度稍微降低）。所以，这意味着该法的复性好坏与变性剂中蛋白质的起始浓度是密切相关的。

2. 多步透析

多步透析法是在复性过程中使用一个逐步降低的变性剂浓度的方法，并已经成功用于抗体的复性[160,161]。如图 4-11(b)中分图 1 所示，变性蛋白样品首先对高浓度变性剂透析，然后又如图 4-11(b)中分图 2 所示，对中等浓度变性剂溶液透析，最后又如图 4-11(b)中分图 3 所示，再对低浓度变性剂进行透析。与一步透析法不同的是，在每一个变性剂浓度条件下需要建立一个平衡。如果错误折叠或聚集的速率比复性速率快，这个方法将不再适用。此方法的一个优点是在中等浓度变性剂时，可能会发生正确折叠途径的返回，特别是对含二硫键的蛋白在氧化二硫键交换反应中。在每个变性剂浓度条件下，折叠中间体可能形成错误折叠或聚集体。然而，中等浓度的变性剂溶液可能使蛋白分子能够自由改变其结构以向其天然结构转换，并形成正确的二硫键。另外，该方法比较适用于含多种蛋白分子结构域，而且每一种分子结构域的折叠或者稳定性可以不同。在高浓度变性剂条件下，平衡可能会向最稳定的分子结构域方向折叠。与在低浓度变性剂下相比，在高浓度变性剂条件下，这种特殊的结构域的折叠可能更容易形成。

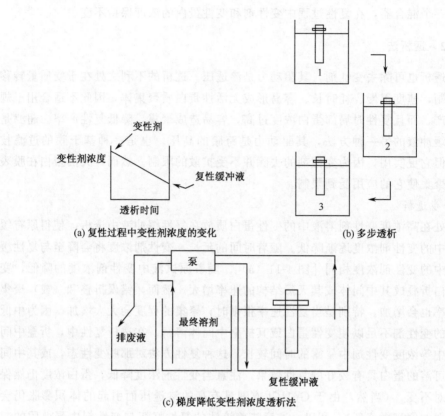

(a) 复性过程中变性剂浓度的变化 (b) 多步透析

(c) 梯度降低变性剂浓度透析法

图 4-11　透析复性示意图

其中（b）从高变性剂浓度（1）经过中间浓度（2）达到低浓度（3）；（c）在这种透析中，
透析袋中的变性蛋白用溶解试剂（高浓度变性剂）平衡。用泵不断地输入最终溶剂，输出
透析溶液。这样就会在透析复性过程中的复性缓冲液中形成一个逐步降低的变性剂浓度

4.7.3　超滤法

超滤是交换缓冲液的另一种方法，其驱动力是跨膜的压差。也是一种基于膜的过滤技术，但它更实用，因为变性剂的去除并不受扩散的限制，该法速度较快。然而，失活蛋白在膜表面的聚集将使它的应用受到限制。

通常，用透析法和超滤法复性时产生的聚集体要比用直接稀释法时产生的多[162]。另外，蛋白质在膜上的非特异性吸附对复性过程具有消极的影响。

4.7.4　新发展的复性方法

复杂的蛋白质分子的空间结构和众多的影响因素决定了蛋白质复性方法的多元化。由于分子间疏水性作用导致的聚集体生成是影响蛋白质复性效率的主要原因，针对这一问题，研究者做了大量有益的尝试，从而发展了"添加稀释"复性、分子伴侣和人工分子伴侣、液相色谱复性或称蛋白折叠液相色谱法、反胶束（reversed-micelle）蛋白再折叠等多种新的蛋白复性技术。

1. 提高蛋白质复性效率的基本原理和策略

（1）pH。二硫键的形成常常经历巯基-二硫键交换反应，在此反应中，巯基必须解离，以 S⁻ 形式存在，而半胱氨酸 pK_a 值为 8.6，因此多数蛋白质的复性均在 pH 为 8～9 条件下进行。研究发现，凝乳酶原在此 pH 溶液中完全不能复性，必须先在 pH 为 11 的溶液中进行折叠，然后再转入 pH 为 8 继续折叠。经过这两个阶段，复性率可达 40%，加入氧化/还原谷胱甘肽（oxidized/reduced glutathione，GSSG/GSH）或二硫键异构酶（protein disulfide isomerase，PDI）后复性率进一步提高，可分别达到 60%[163] 和 90%[164]。值得强调的是：① GSH/GSSG 或 PDI 必须在第一阶段加入才有提高复性率的效果；② PDI 在 pH 为 11 时相当不稳定，其半寿期仅为 45 min，必须不断补充才能实现高复性率；③ 根据文献报道，PDI 作为折叠酶能帮助多种蛋白质氧化重折叠，最适 pH 为 7～8，从未超过 8.7。由此可见，凝乳酶原必须在 pH 为 11 条件下进行二硫键重排以保证天然二硫键的形成，这既非二硫键形成的化学反应的需要，也不是 PDI 特性所决定的。合理的解释只能是，在此条件下，凝乳酶原的构象有利于巯基-二硫键的交换反应和天然二硫键的形成。CD 和荧光光谱分析证实，此时凝乳酶原的构象为松散结构，而在 pH 为 8 条件下，二级、三级结构都接近天然态。再次证明，决定氧化重折叠效率或复性率的关键是折叠后期肽链的构象。

免疫球蛋白[165]、tPA[166]、胰岛素原[167,168] 和猪生长激素[169] 的复性 pH 分别为 10.8、10.5 和 9～11，采用高 pH 的原因未见报道，考虑到它们都是含二硫键的蛋白质，是否与强碱性条件有利于保持肽链的柔性分子构象有关是一个值得探讨的问题。鼠朊病毒的蛋白结构域（23-231）[170] [murine prion protein domain，mPrP（23-231）] 是一个比较特殊的蛋白，虽然只有一对二硫键，但难以复性，必须在酸性条件下进行，当 pH 为 8 时，复性率小于 5%；在 pH 为 4 时，复性率可达 56%。这是因为还原变性分子仍维持刚性结构，妨碍巯基靠拢，故难以形成二硫键，而酸性条件可使肽链具有柔性、降低能垒，从而促进氧化重折叠。需要说明的是，该复性系统利用 O_2 作为电子受体，而 mPrP（23-231）又只有一对二硫键，二硫键的形成不涉及巯基的化学反应。因此，低于半胱氨酸巯基 pK_a 值时仍能有效地进行氧化重折叠。在酸性条件下，进行氧化重折叠虽不具有普遍意义，但提供另一个例证说明折叠过程中肽链的构象决定复性效率。

（2）温度。温度对蛋白质复性过程有双重影响。一方面，它影响蛋白折叠的速率；另一方面，它影响具有外露疏水片断的折叠中间体的聚集程度。在一个给定的缓冲液体系中，每一种蛋白质都有一个有限的热力学稳定的温度范围[171]。通常情况下，低温有利于折叠过程，因为疏水聚集被抑制。然而，低温也降低了蛋白质的复性速率，这样增加了复性所需的时间[172]。对一个新蛋白质而言，

15℃被认为是一个好的起点[173]。卵转铁蛋白分子质量为78kDa，含有15对二硫键，N端和C端半分子各有一个与铁结合的位点，通常难以复性。但是经过不同温度的两个阶段，全分子和半分子均可恢复天然构象，形成天然二硫键，获得与铁结合的能力[174]。第一阶段复性在0℃，GSH存在的条件下进行，进入第二阶段温度升至22℃，并加入GSSG。第一阶段只有肽链的折叠而无巯基的氧化，第二阶段氧化与折叠并进。实验证明，经过第一阶段，肽链具有部分折叠的构象，二级结构类似天然态，但随温度的变化而波动，说明这种构象具有柔性，先在低温中折叠可减少错配二硫键和由疏水相互作用所产生的分子聚集。

2. 在稀释复性和透析复性基础上发展起来的新方法

（1）梯度降低变性剂浓度的透析。前面已经提到的图4-11（c）所示，这是一个一步透析过程，在这个过程中，透析液中的变性剂浓度不断降低[39]。将高浓度变性剂变性的蛋白样品放在透析袋中，并浸在变性剂溶液中。用泵不断地将透析液往外抽，并把最终缓冲液（复性缓冲液）用泵不断地输入。输出和输入的速率决定了变性剂浓度降低的梯度。如果速率很快，它将类似于一步透析；如果速率慢，它就类似于多步透析。Maeda等[175]采用此方法对免疫球蛋白G进行了高浓度高效率复性，当蛋白浓度大于1 mg/mL时，复性率高达70%。对在中等浓度变性剂下不容易发生聚集的蛋白质来说，梯度降低变性剂浓度的透析方法是蛋白在复性过程中经历一个变化很慢的变性剂浓度变化，从而能够很好地防止聚集。

如图4-12所示，Sorensen等[176]建立了一个梯度透析并能连续进样的蛋白质复性方法，已用于重组streptavidin的复性。用一个RK50装填容器（900 mL）作为透析用的容器，将透析袋（Spectra/Por 16 mm再生纤维膜，截留分子质量为10 kDa）连接在一个只有一个柱头的HR 10/10空柱管上。装填容器、色谱柱部件、管路和标准的接头均购自Amersham Biosciences公司。在透析袋和透析容器中分别放有一个磁子，在透析单元下面放有一个磁力搅拌器。用泵将透析缓冲液从

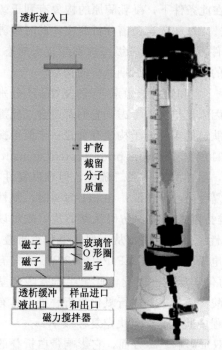

透析液入口

扩散
截留
分子
质量

磁子
玻璃管
O形圈
塞子
磁子

透析缓冲
液出口
样品进口
和出口

磁力搅拌器

(a) 主要部件的示意图　　(b) 透析装置

图 4-12　连续进样梯度透析装置

其中（a）磁力搅拌器同时控制两个磁子；

（b）没有表示磁力搅拌器和泵

透析容器的顶端输入，从其底端输出。可以用泵通过一个穿过透析容器伸入透析袋的管子将样品输入或输出透析袋。将 streptavidin 包涵体溶在 6 mol/L GuHCl 溶液中使其变性，并分别采用 6 种方法复性（图4-12）：① 直接透析。将 2 mL 6 mol/L GuHCl 溶解的包涵体用 6 mol/L GuHCl 稀释 10 倍，然后转移到放在透析容器中的透析袋中（透析袋中蛋白质的终浓度为 2 mg/mL）。透析容器中盛有 900 mL 含 0.3 mol/L GuHCl 的透析缓冲液。直接透析在 4℃ 进行透析 1200 min，通过离心除去聚集体。② 梯度稀释透析。除开始透析时，透析容器中的溶液为 900 mL 6 mol/L GuHCl 外，其余条件与方法①相同。然后在 1200 min 内将透析缓冲液以 2.5 mL/min 的流速输入透析容器［图 4-12（a）］。连续搅拌溶液以避免在容器中形成梯度。③ 连续进样的直接透析。除了在透析开始时在透析袋中含有 10 mL 的 6 mol/L GuHCl 外，其余条件与方法①相同。将 2 mL 变性蛋白溶液用 6 mol/L GuHCl 稀释 5 倍，然后以 0.02 mL/min 的流速用泵输入透析袋中（进样时间为 500 min）。④ 连续进样的梯度稀释透析。用与方法②中相同的梯度透析和与方法③中相同的连续进样。⑤梯度稀释透析。与方法②相同，但透析时间为 3000 min。⑥与方法④相同，但透析时间为 3000 min。各方法所得的结果列于表 4-1 中。

表 4-1 不同复性方法的结果比较

实验	缓冲液交换时间	进样时间	复性率/%
(1) 直接透析	透析的时间	直接	43.9
(2) 梯度稀释透析	透析的时间＋1200 min	直接	47.6
(3) 连续进样的直接透析	透析的时间＋进样延迟	500 min	49.9
(4) 连续进样的梯度稀释透析	透析的时间＋1200 min	500 min	55.2
(5) 梯度稀释透析	透析的时间＋3000 min	直接	68.8
(6) 连续进样的梯度稀释透析	透析的时间＋3000 min	500 min	77.6

从表 4-1 中看出：与直接透析实验（1）相比，梯度稀释透析实验（2）及连续进样实验（3）均能提高蛋白质的复性效率。将梯度稀释和连续进样结合能使复性效率得到更大的提高［实验（4）］。将梯度稀释时间延长后，蛋白质的复性效率得到了极大的提高［实验（5）］和［实验（6）］。

（2）流动型反应器。用稀释法复性蛋白时，变性蛋白需要迅速与复性液混合，混合时间过长会影响蛋白质的复性效果，因此蛋白质稀释复性反应器必须实现有效搅拌，减少混合时间对蛋白质复性的影响。Masaaki 等[40] 设计的流动型反应器，用于还原变性溶菌酶的复性，其原理是利用一系列串连的小混合单元对蛋白质进行稀释，避免了一般的批式稀释法中不利于蛋白质折叠的长时间混合。实验证明，这样的设计可以有效地避免返混，减少聚集体的形成，提高蛋白质复性效率。特别是在设备的放大过程中，这一反应器的优势更加明显。

流动型反应器的示意图如图 4-13 所示。此系统包括两个由丙烯酰胺制成的混合单元和一系列装有玻璃球（直径 5 mm）的柱子（内径 30 mm）。混合单元和装填的柱子与硅树脂管（内径 4 mm）相连。单元里的每一个混合室（0.5 mL）装有能进行激烈搅拌的磁力搅拌子。用微量进样泵将变性溶菌酶溶液（流速 0.32 mL/min）和复性缓冲液（流速 1.61 mL/min）输入第一个混合单元。然后在第二个混合单元里，将稀释后的溶菌酶溶液和 GSH/GSSG 溶液混合。调整第一个混合区和第二个混合区之间的停留时间为 1min。然后将溶液以 1.1 cm/min 的线流速通过装填的柱子。在图 4-13 中所示的点安装三通阀以收集液体样品。图 4-13 中所示的采样点之间的平均停留时间分别为 0min、13.3min、26.6min、53.2min、79.7min 和 106.3 min。

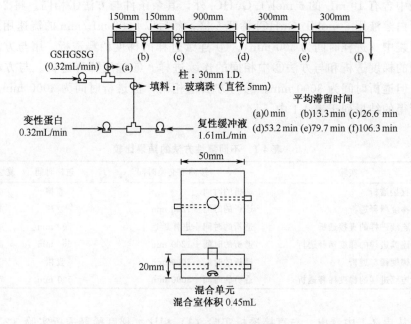

图 4-13　流动型反应器的示意图

将在填装柱的不同位置所采样品的活性回收率对加入 GSH/GSSG 的时间作图，结果如图 4-14 所示，用普通稀释法所的结果表示在图 4-14 中以便对照。采用普通稀释法和流动型反应器所得的活性回收率相近。相对荧光强度和巯基数量的变化也表示在图 4-14 中。结果表明，溶菌酶的分子构象变化很大，加入 GSH/GSSG 后，溶菌酶分子中的 4 个二硫键中的 3 个立即形成。然而，溶菌酶的活性只是在加入 GSH/GSSG 后逐渐恢复，这表明在溶菌酶活性位点附近的一些关键构象必须正确形成，才能得到完全的活性。在溶菌酶浓度较高时（78.6 μmol/L 得到了相似的结果（图 4-15）。

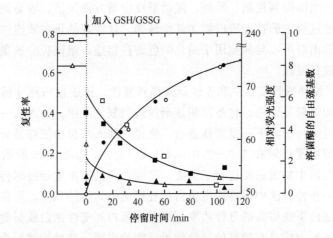

图 4-14　溶菌酶在较低浓度下的复性

溶菌酶浓度　47.1μmol/L。流动型反应器（●活性回收率，■相对荧光强度，▲自由巯基数）；普通稀释法（○活性回收率，□相对荧光强度，△自由巯基数）

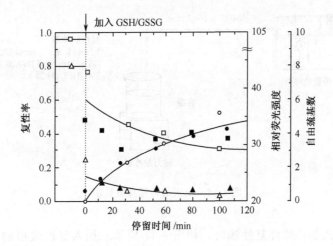

图 4-15　溶菌酶在较高浓度下的复性

溶菌酶浓度　78.6μmol/L。流动型反应器（●活性回收率，■相对荧光强度，▲自由巯基数）；普通稀释法（○活性回收率，□相对荧光强度，△自由巯基数）

　　因此，完全还原变性的蛋白能够用流动型反应器复性。由于此处所采用的稀释法中所用的体积很小（10 mL），流动型反应器和普通稀释法对溶菌酶的复性效率相近。因为在稀释法中，混合时间对蛋白复性的影响较大，特别是使用很大的搅拌罐时，而流动型反应器可以解决这个问题，而且流动型反应器用于蛋白复性时容易放大。因为在流动型反应器中，塞式流的变化很小，所以液体在填装柱中的停留时间能够得到控制。另外，流动型反应器方便灵活，容易调整温度，而且可以在复性过程中的特定阶段添加其他试剂。复性好的蛋白质连续地从填装柱中流出，柱的出口可以与其他用于纯化的色谱柱相连，错误折叠的蛋白质可以被回收并再次进行复性。

（3）批式加样稀释复性法和连续批式稀释复性。该法也叫脉冲稀释法、阶段稀释法、流加稀释复性法。将溶菌酶逐渐加入到复性液中，在加入一批变性蛋白后，过一段时间再加入下一批变性蛋白，使得先加入的蛋白能够部分复性，并将复性液中的脲浓度控制在 1.0～2.0 mol/L[41,177,178]，如图 4-16 所示。由于在流加的同时复性液中的蛋白质进行了折叠，使变性蛋白质浓度始终保持在较低的水平，避免了一步稀释法中因高浓度蛋白折叠形成中间体的积累，可在较高的蛋白质最终浓度条件下获得高的复性收率。当复性蛋白和变性蛋白或折叠中间体不发生聚集时，这种方法具有较好的复性效果。实验表明，这种批式折叠比全混式操作的复性酶活性收率高。

变性溶菌酶溶液 4mL
8mol/L 脲，10mmol/L DTT，1mmol/L
EDTA，0.1mol/L Tris-HCl，pH 为 8.5

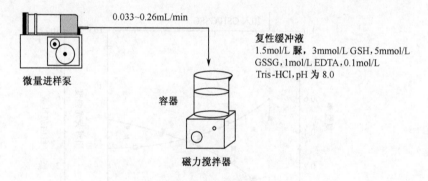

0.033~0.26mL/min

复性缓冲液
1.5mol/L 脲，3mmol/L GSH，5mmol/L
GSSG，1mol/L EDTA，0.1mol/L
Tris-HCl，pH 为 8.0

微量进样泵

容器

磁力搅拌器

图 4-16 批式加样稀释复性法

采用批式加样稀释复性法时，如图 4-17 所示，加入变性蛋白的速率对复性收率有一定的影响。复性率随着加入变性蛋白的速率的降低而增加，这说明在批式加样稀释法（fed-batch operation）中，溶菌酶的浓度在一定程度上会影响复性效率。然而，随着加样时间的增加，复性率的增加程度逐渐降低。

连续批式稀释复性的操作如图 4-18 所示[177]。惰性管由陶瓷膜做成（内径22 mm，外径 30 mm），其膜的平均孔径为 2μm 或 5μm。用一个微进样泵将变性溶菌酶溶液以 $1.35×10^{-7} m^3/min$ 的流速加入到环形区域（外面的丙烯酰胺管的内径为 50 mm），由于环形区域的端口是封闭的，因此可以强制变性蛋白溶液通过膜渗透到管子的内部。因为轴向压力很低，所以可以认为通过膜的液流在膜的

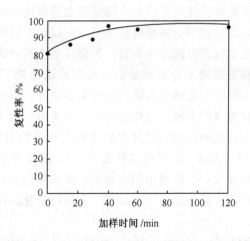

图 4-17　变性蛋白溶液的加入速率对复性的影响

溶菌酶的终浓度为 1.5 kg/m³

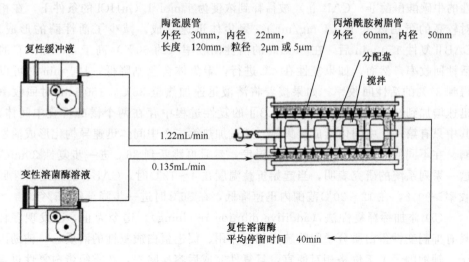

图 4-18　连续批式加入还原变性溶菌酶的操作示意图

表面是均一的。用微进样泵将复性缓冲液以 $1.22 \times 10^{-6} \, \text{m}^3/\text{min}$ 的流速输入惰性管中。变性溶菌酶溶液和复性缓冲液的流速之比为 1:9。在管子的内部装有 4～7 个四叶搅拌器和分配盘（直径 20mm），流入管中的溶液在控制轴向扩散的情况下进行混合。变性溶菌酶溶液是通过膜流入的，因此复性液中溶菌酶的浓度从进口到出口逐渐增加。溶液在管子中流动的平均滞留时间为 40min。在预先计算好的时间间隙内收集从管中流出的样品溶液。在连续批式稀释复性中，轴向扩散对复性效率具有较大的影响，通过采用分配盘抑制轴向扩散能明显提高复性效率。

实现连续折叠可提高折叠效率。加入陶瓷膜之后可进一步提高活性收率。实现连续操作是生物化工过程中一项重要的技术，可以扩大规模、提高效率。但目前蛋白质折叠主要还是通过批式操作实现，为保证生产流程的畅通，改进操作模式，实现连续操作有重要的工业应用价值。此方法既保持了直接稀释法的简单性，同时又能在很大程度上提高复性蛋白质的最终浓度。前提条件是需要对目标蛋白的折叠动力学有相当的了解。变性蛋白的加入速率应当小于目标蛋白复性过程中的限速步骤速率，从而避免容易聚集的折叠中间体的积累[177]。建议当达到最大复性率的80%时，再加入第二批变性蛋白[173]。应该考虑的另外一些因素是随着变性蛋白的不断加入，复性液中的变性剂浓度和蛋白质的量随之增加，这些都会影响蛋白质的折叠，需要通过"批试验"来进行优化，以降低复性过程中聚集体的产生。

（4）温度跳跃复性（temperature leap refolding）。由于疏水作用的大小与温度的高低密切相关，在有辅助因子的存在下，可以利用温度调控促进蛋白质的复性。"温度跳跃法"对硫氰酸酶的有效复性即是一个很好的范例[49]。GuHCl变性的牛碳酸酐酶Ⅱ（CABⅡ）被稀释到浓度为 1 mol/L GuHCl 的条件下，在相对较高的蛋白浓度下（4 mg/mL），聚集体迅速形成，减少了活性酶的形成。CABⅡ复性 150 min 后，在 20℃时的活性回收率（约60%）高于4℃或36℃的活性回收率。然而，如果复性在4℃进行，聚集体会急剧降低，120 min 时可以得到37%的活性回收率。如果接着将溶液迅速加热至36℃，150 min 时回收率迅速增加到95%。这是因为在 CABⅡ的复性过程中存在两个慢的折叠中间体，其中只有第一个中间体形成聚集体。通过加热第二个中间体迅速异构化形成活性酶。在不同的起始（120min）折叠温度，然后再跳跃到36℃进一步复性30min。这一系列系统的研究表明，当起始折叠温度在4～12℃时，CABⅡ的最终活性回收率>90%，在 12～20℃范围内迅速降低，在36℃时进一步降至约45%。

（5）添加稀释复性法（additive dilution refolding）。迄今为止，已发现多种具有抑制变性蛋白质分子间的疏水相互作用、促进蛋白质复性的溶质——辅助因子。辅助因子由于价格相对便宜，且复性完成后容易除去，在重组蛋白复性过程中得到了较为广泛的应用。辅助因子可以分为两类，即折叠促进剂和聚集体抑制剂。这两组是互相排斥的，因为折叠促进剂原则上是增加蛋白质之间的相互作用，而聚集体抑制剂则是减小侧链之间的相互作用。聚集体抑制剂减少折叠中间体的聚集，而不影响折叠过程。理想的折叠促进剂应当具有几个重要的性质[179]：价格便宜，成本低；能够抑制蛋白质聚集而不影响蛋白质天然结构的形成；容易与复性后的蛋白质分离。

精氨酸是最常用的一种辅助因子[29,30,180]。在对多种蛋白复性研究中均发现当复性缓冲液中加入 0.3～0.5 mol/L 的 L-Arg 时，可以明显提高复性率。在人PA[35]或其截短形式[36]的体外复性中，0.5 mol/L Arg 的存在使复性率大大提高。Menzella 等[181]采用稀释法对包涵体中的凝乳酶原（prochymosin）进行了复性，复性率为 48%，他们研究了 L-精氨酸、Tris、甘油、PEG、CHAPS、Triton X-100 等多种添加剂对凝乳酶原复性效率的影响，发现 L-精氨酸和中性表面活性剂能够在很大程度上提高复性效率，可使复性率达到 67%。分析表明 L-Arg 可非特异性结合于错配二硫键和不正确折叠结构，降低其稳定性，并使之向正确折叠途径进行。精氨酸能够提高折叠中间体的溶解度，封闭部分折叠肽链的疏水区域，从而抑制了聚集体的产生[182]。

在重组的 RNase、组织纤溶酶原激活剂（tPA）、干扰素-γ 和碳酸酐酶 B（CAB）[183]的再折叠研究中发现，PEG 可增强这些重组蛋白的正确再折叠。PEG 通过特异地与折叠中间体结合，形成非聚集复合物，抑制了聚集；这种非聚集复合物向第二种中间体折叠，随后 PEG 被释放，第二种中间体最终折叠成天然蛋白。进一步研究提示，PEG 通过亲水和疏水两种力较弱地附着在折叠中间体表面，这种弱的作用使得中间体可经置换 PEG 分子而折叠成天然状态。PEG 也被用于重组神经生长因子（NGF）和胶质细胞系来源的神经营养因子（GDNF）的再折叠研究。终浓度为 25% 的 PEG 200、PEG 300、PEG 1000 均可使 NGF 发生再折叠，但 15% 的 PEG 200、PEG 300 效率更高（约 30%）；乙二醇、丙二醇、丙三醇等可代替 PEG 的作用，但效率只有 PEG 300 的 1/3[184]。Ambrus 等[185]对重组人组织转谷氨酰胺酶进行复性时发现，PEG 能够在很大程度上促进该蛋白的复性。当复性缓冲液中含有 5%PEG8000 时，可以使其活性提高 83%。

有研究表明单抗与相应变性蛋白可有效防止聚合，提高复性率[186]。在重组蛋白的溶液中，加入其单克隆抗体或单抗中的抗原识别区，可使抗体作为蛋白折叠的模板，协助蛋白的正确复性，形成其高级结构。Carlson 等研究了四种单抗对核糖核酸酶 A 的 S-蛋白片段再折叠的影响[187]。S-蛋白被还原后与抗体混合，加入谷胱甘肽以维持再折叠的氧化还原电势，24h 后终止再折叠，通过凝胶过滤将 S-蛋白与抗体和其他错误折叠分子分开。结果表明，只有针对天然 S-蛋白的单克隆抗体能成功地增强 S-蛋白的复性效率，它可使酶活性的回收率从 13% 提高到 54%。单抗同样也被用于巨噬细胞集落刺激因子（M-CSF）的复性中。研究发现，特异性抗体可以与待折叠蛋白的远离蛋白质活性中心的疏水区结合，从而有效地阻止了无活性聚集体形成。但此法成本过高，不适用于大规模生产。

表面活性剂和去垢剂已被证明是很好的折叠促进剂[33,34]，尤其对含有二硫键的蛋白。复性缓冲液中加入特定去污剂，可以遮蔽折叠中间体暴露出的疏水表面，从而有效地阻止分子间疏水相互作用，防止聚合，提高复性率。在腺苷脱氨酶复性时加入十二烷基麦芽糖苷可使酶活增加 98%[187]。在硫氰酸酶、肌激酶研究中均有类似结果。去污剂 sarkosyl 用于重组 RNA 聚合酶 σ 因子的复性，也取得了较好的效果[188]。最近发现相对分子质量小的非去污剂两性离子（zwitterionic）试剂，如磺化甜菜碱（sulfobetaine）、取代吡啶、吡咯（pyrrole）和酸取代的氨基环己烷能够提高蛋白质的复性效率[178,189～191]。尽管去污剂被证明能有效再折叠膜蛋白和胞内蛋白，目前还没有标准的步骤可以应用。此外，对于不同的蛋白，去污剂的类型和浓度需要摸索，而且可能会没有明显效果，而且表面活性剂和去垢剂具有结合蛋白和形成微束的能力而不容易去除。

1995 年，Karuppiah 和 Sharma 用环糊精辅助碳酸酐酶 BCAB 的复性[28]。环糊精的特征是能形成包络化合物，客体分子从宽口端进入其分子空腔。利用环糊精的疏水性空腔结合变性蛋白质多肽链的疏水性位点，可以抑制其相互聚集失活，从而促进肽链正确折叠为活性蛋白质。当 GuHCl 变性的 CAB 用复性缓冲液迅速稀释时，立即产生很多沉淀（图 4-19 曲线 1）。当在复性缓冲液中添加环糊精后，蛋白质的聚集大大减少。不同种类环糊精抑制 CAB 聚集的能力为 α-CD＞羟丙基 β-CD＞γ-CD（图 4-19 曲线 2、3、4）。随着复性缓冲液中环糊精浓度的增加，抑制 CAB 聚集的能力增加。

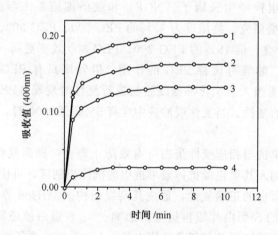

图 4-19 CAB 的聚集动力学

天然蛋白（33 mmol/L）在 6.8 mol/L GuHCl 中变性过夜。在每种情况下，用含或不含 50 mmol/L 环糊精的复性缓冲液将变性 CAB 溶液稀释到蛋白浓度为 1.7 mol/L，GuHCl 浓度为 0.034 mol/L

1. 没有环糊精；2. γ-CD；3. β-CD；4. α-CD

在 α-CD、β-CD 和 γ-CD 存在下，CAB 的复性动力学曲线如图 4-20 所示。在 25℃时，用含 100 mmol/L 环糊精的复性缓冲液稀释 GuHCl 变性的 CAB。在最初的几分钟内，复性速率很快，复性 6h 后逐渐达到平台。用 α-CD 得到的活性回收率最高，β-CD 次之，γ-CD 最低。当复性液中不含环糊精时，CAB 的活性回收率只有 40％。当溶液中含有 100 mmol/L α-CD 时，在不到 1h 的时间内便可得到 80％活性回收率。

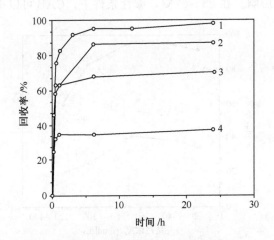

图 4-20　在环糊精存在下 CAB 的复性动力学

用含 100 mmol/L 环糊精的 50 mmol/L Tris-sulfate 缓冲液
将变性 CAB（333 μmol/L）稀释至蛋白浓度为 17 μmol/L，
GuHCl 浓度为 0.34 mol/L

1，2，3. 分别表示用 α-CD、β-CD 和 γ-CD 得到的复性动力
学；4. 表示不含环糊精时得到的结果

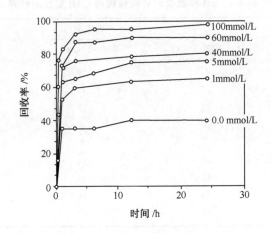

图 4-21　α-CD 浓度对 CAB 复性的影响

条件与图 4-20 中相似。CAB 的浓度为 17 μmol/L

　　α-CD 浓度对 CAB 复性的影响如图 4-21 所示。虽然复性的起始速率没有明显的增加，然而，最终的活性回收率却随着 α-CD 浓度的增加而增加。在 0.1 mol/L α-CD 存在条件下，蛋白浓度对复性效率的影响如图 4-22 所示。当 CAB 浓度高达 67 μmol/L 时，其活性回收率大于 90％。表 4-2 为 pH 和温度对环糊精

辅助 CAB 复性的影响。在 25～37℃，碱性条件下，CAB 可以得到较好的复性。

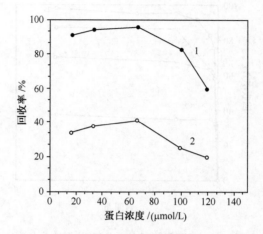

图 4-22　在 0.1 mol/L α-CD 存在下蛋白浓度对复性效率的影响

天然蛋白（1.2 mmol/L）在 6.8 mol/L GuHCl 中变性过夜，用复性缓冲液将变性CAB溶液稀释到蛋白浓度为 17～ 122μmol/L，GuHCl 浓度为 0.68 mol/L
曲线 1 为在 0.1 mol/L α-CD 存在下得到的结果；曲线 2 为不含 α-CD 时得到的结果

表 4-2　pH 和温度对环糊精辅助 CAB 复性的影响

pH		回收率/%	
	温度/℃	（－）-α-CD	（＋）-α-CD
8.5	4	19	75
8.5	25	30	90
8.5	37	32	95
8.5	50	0	1
5.0	25	0	0
6.0	25	14	65
7.0	25	30	87
8.0	25	28	88
9.0	25	24	84

　　Sharma[37]进一步研究了环取代的环糊精对于碳酸酐酶复性的影响，高效排阻色谱和凝胶电泳表明天然的和改性的环糊精均能抑制聚集体的形成，并且不会干扰 CAB 的正确折叠。虽然聚集体的多少以及活性酶的回收率依赖于环糊精的洞穴大小，糖分子上的化学取代基的性质在环糊精辅助 CAB 折叠过程中具有很重要的作用。总的来说，具有小洞穴的中性或阳离子环糊精辅助蛋白折叠的能力较具有大孔的阴离子环糊精要强。

1999 年，Sundari 等报道了用直链糊精辅助胰岛素、碳酸酐酶和溶菌酶复性[38]，发现直链糊精基本上能够模拟环糊精在辅助蛋白质复性方面的作用，而且具有其他一些优点：直链糊精的螺旋结构形成一个疏水性空管，可以结合更多的蛋白质分子；在水中溶解度较高，有利于提高复性酶浓度和实验操作，价格比环糊精便宜，实际应用前景广阔。

有许多极性小分子添加剂能够促进蛋白质的稳定性[192~195]和蛋白质体外折叠[196~198]。这些包括糖、多羟基化合物、某些盐如硫酸铵和氯化镁。虽然它们能够促进蛋白质折叠成一个紧密的结构，但它们也能促进错误折叠和聚集体。这些折叠结构有可能过于紧密和刚硬，使得错误折叠的结构不能重新形成天然态。此外，环糊精和直链糊精也被用来辅助蛋白质的复性[28,37,38]。另外，三氟乙醇也可以在很大程度上促进某些蛋白质的复性[199]。

(6) 大分子充塞试剂（macromolecular crowding agent）。蛋白在体内的折叠过程是在许多其他蛋白存在的情况下发生的，而体外的折叠大多是在分离纯化后完成的，而且人们一般认为杂蛋白越少越有利于复性。为了模拟体内蛋白折叠过程，人们研究了在体外折叠中特意引入其他种类的蛋白对其复性的影响。Li 等[200]研究了加入多聚糖、聚乙二醇，以及大分子充塞试剂，如牛血清白蛋白、卵清蛋白和溶菌酶对于葡萄糖-6-磷酸-脱氢酶和二硫键异构酶复性的影响，发现大分子充塞试剂既影响蛋白折叠的热力学又影响其动力学。但 Bert van den Berg 等[201]在研究了大分子充塞试剂对溶菌酶的复性时发现，其并不会改变蛋白折叠过程中的能量，但会加剧蛋白折叠中的快相反应，阻碍慢相反应。Trivedi 等[202]在研究酸碱性蛋白对溶菌酶复性的影响时发现，在非特异性的聚集反应中，蛋白所带的电荷起着非常重要的作用。

3. 分子伴侣和折叠酶及人工分子伴侣辅助复性

(1) 分子伴侣和折叠酶辅助复性。1978 年，Laskey 发现：组蛋白和 DNA 在体外组装成核小体时，必须要有 nucleoplasmin（核内酸性蛋白）存在；否则，就会发生沉淀。他给帮助核小体组装的 nucleoplasmin 起名为 "molecular chaperone"，即分子伴侣。1987 年，Ellis 提出了普遍意义上帮助新生肽链折叠的 "molecular chaperone"。1993 年，Ellis 对分子伴侣做了更为确切的定义，即分子伴侣是一类相互之间有关系的蛋白，它们的功能是帮助其他含多肽结构的物质在体内进行正确的非共价的组装，并且不是组装完成的结构在发挥其正常的生物功能时的组成部分[203]。也就是说，分子伴侣可介导蛋白质正确的折叠与装配，但并不构成被介导的蛋白质的组成部分。就目前研究所知，分子伴侣蛋白有下列功能：① 帮助新翻译蛋白的折叠；② 帮助蛋白质的跨膜转运；③ 使一些聚合蛋白解聚；④ 催化不稳定蛋白的降解；⑤ 控制具有生物活性的调节蛋白的折叠，包括转录因子而调节基因的转录；⑥ 参与细胞内囊胞的转运；⑦ 参与细胞骨架蛋白（肌动蛋白与微管蛋白）的装配从而影响细胞的发育。

现在研究表明，帮助新生肽折叠的蛋白（也称辅助蛋白）至少有两大类：一类是分子伴侣，它帮助正确折叠，阻止和修正不正确折叠；另一类是酶，它催化与折叠直接有关的化学反应，限制蛋白质折叠的速率。此外，前体肽对成熟的蛋白的再折叠和复性也是至关重要的。如一些蛋白酶［谷草杆菌蛋白酶（subtilisin），α-细胞溶解酶蛋白酶（α-lyticprotease）和木瓜蛋白酶（papain）等］新合成的蛋白质产物含有一段前体肽，前体蛋白能够自发地折叠成正确的三维空间结构，然后通过蛋白酶的自身酶能切除前体肽，得到有蛋白酶水解活性的成熟蛋白酶。虽然成熟蛋白是相当稳定的，但若通过体外变性，却不能重新折叠成有生物活性的功能蛋白。可是，如果在复性过程中加入前体肽，则又能再折叠成有活性的蛋白酶分子[204]。因此，所谓一级结构决定构象，是强调一级结构与三维结构的关系中，一级结构是多肽链折叠成具有特定功能的三维结构的必要条件，但不是充分条件。

分子伴侣是进化上非常保守的一些蛋白质家族，广泛分布于各种生物体内，由于分子伴侣能够防止未折叠的蛋白质变性和促进聚集的蛋白质溶解复性，所以在细胞经受高温或其他胁迫时特别重要，因而许多分子伴侣在生物体内首次以HSP（heat shock protein）形式被鉴定出来[205~207]。根据单体分子质量的大小，它们主要为 3 个家族，即 hsp90、hsp70 和 hsp60，其中研究较多的是 hsp70 和hsp60，后者在细菌 E. coli 中称为 chaperonin（Cpn 或 GroE），由单体分子质量分别为 60kDa 的 GroEL 和 10kDa 左右的 GroES 两种成分组成，在适当的条件下，形成一个由 14 个 GroEL 单体和 7 个 GroES 单体形成的聚合体，其中GroEL分子排列成双层饼状，每层为 7 个单体组成，而 7 个 GroES 分子组成单层环状。GroEL 分子可通过疏水性作用捕获变性蛋白质，诱导蛋白质的折叠。同时，在GroES 和腺苷三磷酸（ATP）的共同作用下部分或完全折叠的蛋白质被释放到溶液中，未完成折叠的蛋白质可被 GroEL 重新捕获，直至复性完全为止。一个GroEL 一次最多只能结合 1 ～ 2 条肽链。

至今仅有两个酶被确定为折叠酶：一个是蛋白质二硫键异构酶（protein disulfide isomerase，PDI），它催化蛋白质分子中二硫键的形成[208]；另一个是肽基脯氨酰顺/反异构酶（peptidyl-prolyl *cis/trans* isomerase，PPI），它催化蛋白质分子中某些稳定的反式肽基脯氨酰键，异构成功能蛋白所必需的顺式构型[209]。二硫键的形成和脯氨酰键的顺反异构都是共价反应，通常是蛋白质折叠过程中的限速步骤。PDI 存在于内质网管腔内，含量丰富，占到细胞总蛋白质的 0.4%，对蛋白二硫键形成起重要催化作用[210]。蛋白体外折叠研究中发现，PDI 可有效地防止二硫键的错配和分子间聚合。同时，错配二硫键可以在 PDI 催化下发生异构反应，使无活性或低活性异构体转化为天然结构高活性构象蛋白[211]。PPI广泛存在于所有组织和器官中，催化脯氨酸异构反应，其可在体外条件下催化以脯氨酸异构反应为限速步骤的几种蛋白质的复性。研究证明，PPI 可以提高复性速率，但是对复性率无影响[212]。含巯基多肽链的折叠与其天然二硫键的形成，是两个密切相关、协同作用的过程。在二硫键形成之前，多肽链必须有所折叠（至少在某种程度上），使相应的巯基在空间上足够接近，以形成正确的二硫键。另外，一旦二硫键形成势必影响后续的肽链折叠及构象调整以形成功能结构。至少在体外的条件下，PDI能够催化多肽链折叠成有利于形成天然二硫键所需的构象，而不需要其他分子伴侣的帮助。

像其他分子伴侣一样，PDI识别未折叠好的或部分折叠的新生肽折叠中间物的非天然结构，或变性蛋白在重折叠过程中形成的折叠中间物的非天然结构，通过其多肽结合部位与之结合，从而防止靶蛋白或底物蛋白之间错误的结合和聚合。ATP通常是大多数分子伴侣，如Hsp60[213]和Hsp70[214]，赖以释放并帮助靶蛋白进一步折叠所必需的。因此和这一类ATP依赖型分子伴侣不同，PDI与其靶底物的结合可能是瞬间的，而且复合物的解离不需要ATP，以这样不断进行的快速结合又解离的相互作用来阻止新生肽链间的无效相互作用，即导致聚合以及进一步降解的错误相互作用。PDI与靶蛋白的短暂结合促进它们正确地折叠成类似天然的构象，这样对应的巯基才可能在空间上接近到可以通过氧化反应而形成天然的二硫键，这就是通常公认的PDI的异构酶功能。PDI的分子伴侣活性和异构酶活性是相互独立的，但这两种活性很可能又是在靶蛋白折叠过程的不同阶段协同发挥作用。在折叠过程的早期，PDI可能主要是作为分子伴侣防止部分折叠的肽链由于错误相互作用导致的聚合；在后期，当多肽链已经折叠到一定程度，PDI的基本功能则表现为异构酶，即催化配对巯基的氧化联接或错接二硫键的异构。

利用分子伴侣对各种模型酶进行复性，均取得了显著效果[42~44]。徐明波等[215]研究了GroEL和GroES对rhIL-2和rhGM-CSF复性的影响，当1mg/mL的IL-2在无GroE分子存在时的正确折叠率为30%，单独的GroEL、GroES和两成分简单混合均不会使IL-2的正确折叠率进一步提高，反而使之下降。在以等物质的量混合两种蛋白质并加1mmol/L ATP时，蛋白质正确折叠率迅速提高到50%，而若在系统中在加有K^+（约10mmol/L）可使正确折叠率提高到58%，比活性可达$(9\pm1.6)\times10^6$ U/mg，其比活性提高的数值在1倍以上。GM-CSF的结果与IL-2相似，它的正确折叠率和比活性的提高均在1倍以上。高效排阻色谱分析表明，GroE催化的折叠反应较Cu^{2+}催化的反应所形成的IL-2聚合体明显减少，此反应中GroE形成的分子聚合物在空体积处被洗脱。

然而，分子伴侣和折叠酶属于蛋白质，在复性过程完成后，需要将其从复性溶液中除去，而且生产成本很高，除非能够将分子伴侣和折叠酶回收，反复利用。将分子伴侣固定化[63]较好地解决了这一问题。最近，Kohler等[216]发展了一个分子伴侣辅助折叠生物反应器，该系统利用搅拌细胞膜（stirred-cell）系统固定GroEL-GroES络合物。在此设计中，该生物反应器只能用三次循环。另外，痕量的含 PDI 的活性位点的小肽[217] 以及化学合成的模拟 PDI 功能的双巯基试剂[218~220] 也能提高体外复性的效率。

分子伴侣复性体系作用机理不清楚，体系间差异很大，还处于基础研究阶段。分子伴侣用于重组蛋白质再折叠，是近年来出现的令人注目的新方法，但复性后分离除去分子伴侣的步骤比较繁琐，而且分子伴侣价格昂贵，直接添加或固定化都将使成本大大增加，不适于大规模和工业化生产。例如，固定在凝胶基质上的 DnaK 虽然能促进免疫毒素的正确折叠，但所需的 DnaK 的价格竟超过免疫毒素的 100 倍[221,222]。

（2）人工分子伴侣（artificial molecular chaperone）在蛋白质复性中的应用。受分子伴侣辅助蛋白质复性的启发，Rozema 和 Gellman 对人工分子伴侣体系辅助碳酸酐酶、柠檬酸合成酶和溶菌酶复性进行了研究[45~48]。人工分子伴侣是在去污剂胶束体系的基础上发展起来的，与分子伴侣 GroEL＋ATP 辅助复性的作用机制相似，其复性过程分为两步进行：第一步捕获阶段[45,223]，在变性蛋白质溶液中加入去污剂，去污剂分子通过疏水相互作用与蛋白质的疏水位点结合形成复合体，抑制肽链间的相互聚集；第二步剥离阶段，在捕获阶段的溶液中加入过量的环糊精，由于环糊精分子对去污剂分子有竞争性吸附作用，可以和去污剂形成牢固的去污剂-环糊精络合物，从蛋白质-去污剂胶束中剥离掉去污剂。去污剂分子被剥离下来，从而使多肽链在此过程中正确折叠为活性蛋白质。使用该方法已对牛碳酸酐酶和溶菌酶在高蛋白浓度下获得了高的复性率。

与单体环糊精相比，长的环糊精聚合物作为剥离试剂时能够得到更高的复性率[224]，而且快速加入环糊精比缓慢加入环糊精或加入固定化环糊精能得到更高的复性效率[46,47]。但对 α-甘露葡萄糖苷而言，用可溶性的或固定化的环糊精能得到相近的复性率[225]。使用环糊精聚合物微球可以通过离心简单地除去环糊精-去污剂络合物，而且这些微球能用于膨胀床色谱，进行半连续的复性过程[225]。董晓燕等[226]用 CTAB 和 β-CD 组成的人工分子伴侣系统对变性溶菌酶的复性进行了研究，在低浓度（0.98 mol/L）的 GuHCl 下，溶菌酶的复性收率为 81%，比自发复性收率提高了 65%。

线性糊精具有两亲性的表面，能够溶解亲脂化合物，能够辅助蛋白质折叠，抑制蛋白聚集。向复性缓冲液中加入十聚糊精（decameric dextrin）或糊精-10（dextrin-10），能够提高 GuHCl 变性的人碳酸酐酶的复性效率，也能抑制胰岛素复性过程中的自聚集。dextrin-10 能够与十六烷基三甲基溴化铵相互作用，这延迟了其临界胶束浓度，使得它能够被用作人工分子伴侣过程中的"去污剂剥离试剂"。CTAB 能够和蛋白质形成蛋白质-去污剂络合物，从而防止人碳酸酐酶和溶菌酶折叠过程中的聚集，dextrin-10 从该络合物中剥离掉去污剂，使蛋白质复性，复性产率提高。自组装水凝胶纳米颗粒水溶液也被作为人工分子伴侣用于蛋白复性的捕获阶段[227]。

与 GroE 等蛋白质分子伴侣相比，使用人工分子伴侣辅助蛋白质复性具有明显的优点：① 人工分子伴侣不属于蛋白质，不容易受环境影响而失活，操作条件较为宽松；② 去污剂和环糊精均可直接购买，省去分子纯化的步骤；③ 去污剂与环糊精的相对分子质量较小，容易与蛋白质分离，有利于提高工业生产效率。

4. 相分配复性

用 PEG 和 Na_2SO_4 作为成相剂，然后加入 GuHCl，再把变性的还原的蛋白质溶液加入其中进行复性。这种方法的优点是整个系统中的化学物质都不贵，而且经过一步操作就可以使蛋白质复性。Umakoshi 利用温度变化来调节胰凝乳蛋白酶激活剂在双水相系统中的分配，也实现了提高蛋白质复性收率的目的[228]。Forciniti[158] 用硫氰化钠、氯化钠、溴化锂与聚乙二醇构成的双水相系统使得包涵体的溶解与蛋白质的折叠复性在一步双水相技术操作中完成。由于 PEG 具有稳定蛋白质分子构象的作用、高浓度盐则具有去稳定的作用，这样正确折叠的蛋白质会不断进入到另一相中，直到蛋白质的折叠与去折叠达到一个平衡。其缺点之一是需要复性的变性蛋白质浓度必须低。Lotwin 等[229] 用这种方法对鸡蛋白溶菌酶（HEWL）进行复性时，总的变性蛋白质的浓度只有 $0.2g/L$；缺点之二是因为相的体积分率不能通过改变成相组分的浓度而控制，所以系统中的浓度因素很难处理。当系统中存在 GuHCl 时会扰乱相的分离，降低 GuHCl 浓度又会促使蛋白质聚集。

三相法系统是由硅化离心管中的三层液体组成。最上面的一层溶液为变性聚集的蛋白质溶液，其密度用有机溶剂调节；中间层是用来分隔有机溶剂与变性蛋白质复性液的拟液态双层膜的液态石蜡；下层是复性缓冲液[230]。最上层的变性蛋白必须聚集，因为通过盐析和有机溶剂才有可能使变性的蛋白质沉淀的密度可能比上层溶液中其他成分的密度高，这样才能使聚集的蛋白质通过离心而通过液态石蜡进入下层复性液。通过聚集蛋白质的选择性沉淀就可以起到使蛋白质与上层溶剂分离和快速稀释到复性液中以进行其复性。三相法的基本操作为：① 制备变性、聚集的目标蛋白质溶液；② 制备复性缓冲液，然后依次把它和液态石蜡加入离心管中形成两层液层；③ 把变性聚集的蛋白质溶液加入离心管中的液态石蜡的上面；④ 离心使聚集的蛋白质选择性通过液态石蜡；⑤ 从离心管的最底层溶液中取出复性后的蛋白质溶液。这种方法的最大缺点是需要用有机溶剂使变性蛋白质浮在液态石蜡层上面并使其聚集，但该法适用于小规模场合；它的优点是不用稀释就可以快速地使变性并聚集的蛋白质复性。Roy 等[231] 采用三相分配对 8mol/L 脲/100mmol/L DTT 还原变性的木聚糖酶进行了复性和纯化。将硫酸铵和叔丁醇混合得到有机相、界面沉淀和水相，形成三相分配体系。将 8mol/L脲/100mmol/L DTT 还原变性的木聚糖酶稀释 4 倍，然后将其引入三相分配体系中，发现即使在 2mol/L 脲存在时仍然能够形成三相。然而，经过三相分配后在水相中只能得到 6％的活性回收率。界面沉淀层不含任何木聚糖酶活性。然而，当将 8mol/L 脲/100mmol/L DTT 还原变性的木聚糖酶直接引入三相分配体系中时，这是仍然能够形成三相，在水相中可以得到 93％的活性回收率。分析结果表明经过三相分配后，木聚糖酶的比活性提高了 21 倍。

5. 反胶束复性

反胶束也称为反向微团，是由表面活性剂在有机溶剂中形成的水相液滴，微团中表面活性剂极性头部向内，疏水尾部向外。在含有增溶剂的水溶液中，将去折叠的蛋白引入到含有反向微团的溶液中时，蛋白将会插入到微团中，并与活性剂的极性头作用，逐渐进行复性[25]。通过改变水/表面活性剂/有机溶剂的比例以及蛋白、表面活性剂的离子强度和浓度，可以对这一系统进行改进。利用反向微团使重组蛋白复性的主要过程是[22]：① 通过相转移技术将变性溶解、去折叠的蛋白转移到反向微团中；② 逐渐降低反向微团中的变性剂浓度；③ 加入氧化还原剂使变性蛋白的二硫键再氧化，此时蛋白可获得天然构象；④ 从微团中抽提蛋白到水相溶液中。反向微团复性蛋白质的主要过程如图 4-23 所示。

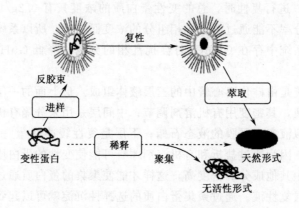

图 4-23　反胶束复性蛋白的示意图

AOT(二-2-乙烯基己磺酰琥珀酸)-异辛烷体系是研究最为广泛的用于溶解蛋白的反胶束体系。利用这一系统已使一些蛋白成功地发生了再折叠。在含有表面活性剂 AOT 的异辛烷溶液中，GuHCl 变性的核糖核酸酶 A 在 24h 内可获得 100％的复性率[25]，利用高离子强度的水溶液可以抽提获得折叠好的、高纯度的蛋白。GuHCl 变性的同源双体三糖磷酸异构酶在由十六烷基三甲基溴化铵和己醇、正辛烷构成的反向微团中再折叠时，回收率也可达 100％ [232]；利用反向微团也可进行寡聚蛋白复合物的再折叠研究[233]，表明反向微团是一种很有前景的蛋白复性方法。单亚基、双体和寡聚蛋白都可发生再折叠，而且可以通过简单的抽提方法回收蛋白，还可以通过诸如圆二色谱等手段来检测、鉴定折叠中间体。

为了使 Sap80（一种分子质量为 80kDa 的蛋白质）和镰刀霉半乳糖氧化酶（fus-galox，一种铜酶）复性，首先用 GuHCl 溶解包涵体。除去变性剂后，溶液浑浊，在几分钟之内将其转入 AOT-异辛烷体系中。可以在胶束中直接加入或透析后加入铜离子使酶活化。当水和表面活性剂的浓度比为 37∶5 时，胶束溶解的 Fusgalox 可以获得 20% 的酶活性。AOT 反胶束体系能够在室温下使相对分子质量较大的蛋白进行折叠。然而，因为阴离子表面活性剂和蛋白质有很强的作用，在 AOT 反胶束中溶解的一些蛋白质很难被剥离并转入水溶液中。Sakono 等[234] 用非离子性表面活性剂四乙二醇十二烷基醚形成的反胶束体系对 CAB 进行了复性，该反胶束体系避免了变性 CAB 在复性过程中的聚集，20h 后可以得到 70% 的活性回收率，而用 AOT/异辛烷形成的反胶束体系只能得到大约 5% 的活性回收率。结果表明，通过选择合适的表面活性剂，反胶束复性技术可以用于和 AOT 有强烈作用的蛋白质的复性。最近的研究表明，将蛋白沉淀直接加入反胶束体系可以使其溶解，并能在高蛋白浓度下进行折叠[235～237]。然而，包涵体却不能直接在反胶束体系中溶解[237]。从反胶束中回收复性好的蛋白质是比较困难的[236]。

这一系统的缺陷是复性时的蛋白浓度仍不能太高，同时蛋白溶液中必须保留一定的变性剂。残留的变性剂虽然会降低转移到有机相中的蛋白质的量，但太低的变性剂浓度又可能使蛋白在进入反向微团之前发生聚集。要形成反向微团并促使变性蛋白进入微团内的条件苛刻，而微团内的微环境很难与蛋白质复性的最适条件一致，因此该法的实际操作复杂，同时复性对象仅限极少数蛋白。反胶束复性处理量小，蛋白复性后的分离效果不理想，主要用于研究。

6. 化学键合法

Hidenobu 等[50] 利用带有二硫键的聚合微球表面进行蛋白质折叠，有效防止聚集体的形成，同时通过聚合微球表面的巯基-二硫键间的相互作用，可催化变性溶菌酶的折叠反应。改性微球辅助蛋白折叠的过程的如图 4-24 所示。在该改性聚合微球中，其表面识别位点能够结合变性蛋白，而对天然蛋白则具有很低的吸附能力。这样，用这些聚合物微球可以将变性蛋白选择性地从溶液中分离。亚微米级微球大的表面积使得变性蛋白能够在其表面以单链形式存在。结果，蛋白质之间的相互作用被抑制，从而防止了聚集。因此，微球结合的蛋白能够依据 Anfinsen 的观点在此界面向其天然态折叠，除非蛋白质和微球表面的作用力过强。复性后的蛋白质会很容易地从微球表面释放出来，因为天然蛋白和改性微球之间的作用力很弱。最后，得到复性后的天然蛋白。此方法表明，在蛋白质折叠复性体系中可以引入固相物质，并对其表面进行修饰，辅助蛋白质折叠过程的进行。

苯乙烯-甲基丙烯酸缩水甘油酯（SG）微球对许多蛋白质具有很低的吸附作用[238]，在此微球基质上引入对还原变性蛋白具有特异性亲和力的作用位点。通

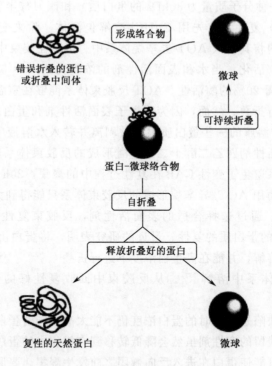

图 4-24　化学键合法复性蛋白示意图

过将胱胺（cystamine）键合在 SG 微球上形成带二硫键的 SG-胱胺微球。引入的二硫键位点能够键合并催化还原蛋白的复性。在非氧化–还原体系中，微球辅助溶菌酶的复性如图 4-25 所示。当 6 mol/L GuHCl 变性的浓度为 5.0 mg/mL 的溶菌酶用不含微球的复性缓冲液快速稀释 10 倍后，蛋白迅速聚集，随着时间的延长，可溶的溶菌酶逐渐减少。另外，加入带二硫键的 SG-胱胺微球 1h 后，可溶的溶菌酶急剧降低至约 10％ [图 4-25（a）]。然后在放置过程中，可溶的溶菌酶逐渐增加到 20％。这是因为还原变性溶菌酶首先吸附在带二硫键的 SG-胱胺微球上，随后吸附的蛋白质又从微球表面释放出来。从图 4-25（b）中可以看出，当溶液中存在含二硫键的 SG-胱胺微球时，溶菌酶的活性随时间而增加，最后达到 10％的活性回收率。然而，当不加入含二硫键的 SG-胱胺微球时，则溶菌酶不能复性，即使在不含二硫键的聚合物微球存在下也是如此。这说明含二硫键的 SG-胱胺微球在非氧化–还原条件下，能够促进还原变性溶菌酶的复性，SG-胱胺微球上的二硫键能够诱导还原变性溶菌酶的折叠反应。

　　假设在改性微球和蛋白质的界面会发生如下情况。改性微球的二硫键会和还原溶菌酶的巯基发生反应形成一个混合二硫键。这种结合有可能降低复性过程中的聚合。那么，就会在改性微球和蛋白质的界面发生巯基–二硫键交换反应，最

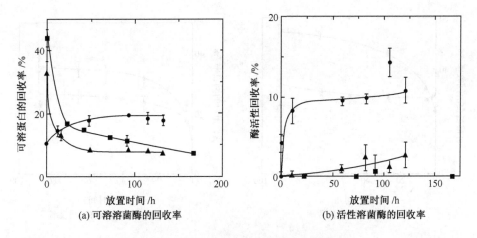

图 4-25　非氧化还原体系中溶菌酶的复性

溶菌酶的终浓度为 0.5 mg/mL

● 含二硫键的聚合物微球；▲ 不含二硫键的聚合物微球；■ 没有微球

终使蛋白形成正确的三维结构。在这个系统中，改性微球上的二硫键在将还原蛋白分隔在微球表面并催化折叠过程中起着关键作用。在 3 mmol/L GSH/0.3 mmol/L GSSG 的氧化-还原体系存在下，改性微球辅助还原变性溶菌酶复性的结果如图 4-26 所示。在不存在含有二硫键的聚合微球的体系中，用缓冲液将变性蛋白稀释后，可溶的溶菌酶立即降低至 30% 并保持不变 [图 4-26 （a）]，而酶的活性回收率为 20% [图 4-26 （b）]。这表明 GSH 和 GSSG 能够促进折叠的速率。另外，在 SG-胱胺微球存在下，复性反应进行的方式和非氧化还原体系中的相同。这样，稀释 1h 后可溶性溶菌酶回收率的降低是由于还原溶菌酶结合在微球表面，然后其回收率随着时间而增加，表明被吸附的蛋白从微球表面被释放出来。可溶溶菌酶的回收率为 53%，而活性溶菌酶的回收率为 35%，可溶溶菌酶中有 66% 的活性溶菌酶。这是改性微球和氧化-还原体系对复性的总效应。de Bernardez Clark 等[239]报道在不合适的条件下（过强的氧化或还原环境），非活性折叠中间体会以可溶的形式累积。在图 4-25 和图 4-26 中可以发现，有一些可溶的蛋白以没有活性的形式存在。图 4-26 表明 34% 的可溶性蛋白是没有活性的溶菌酶。这是因为正确折叠反应和错误折叠反应都会发生。在氧化还原条件下，加入的 GSH 可能有利于进攻 GSSG 和还原蛋白之间形成的二硫键，而不是改性微球和还原蛋白之间形成的二硫键以及错误折叠蛋白内的二硫键。

图 4-25 和图 4-26 中可溶蛋白的回收意味着一些吸附的蛋白仍然通过形成二硫键结合在表面。这表明断裂蛋白质和改性微球之间的二硫键对有效的复性是很重要的。在 GSH/GSSG 存在下，这些结合蛋白的释放没有加速 [图 4-26 （a）]。GSSG 的加入似乎抑制了 GSH 对微球和还原蛋白之间形成的二硫键的进攻。因

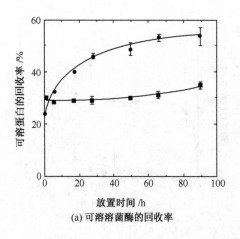
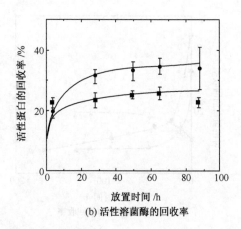

(a) 可溶溶菌酶的回收率　　　　　　　　(b) 活性溶菌酶的回收率

图 4-26　氧化还原体系中溶菌酶的复性

溶菌酶的终浓度为 0.5mg/mL

● 含二硫键的聚合物微球；■ 没有微球复性缓冲液中含 3 mmol/L GSH 和 0.3 mmol/L GSSG

此，为了解在加入 GSH 后，被吸附的蛋白是否被释放并转变成活性溶菌酶，将 6 mol/L GuHCl 变性的浓度为 5.0 mg/mL 的溶菌酶用含改性微球的复性缓冲液快速稀释 10 倍，在 30℃ 放置 20 h，只加入终浓度为 3 mmol/L 的 GSH。然后，将混合物在 30℃ 放置 120h，使复性反应进行完全。表 4-3 表示放置 120h 后可溶的和有活性的溶菌酶的回收率。当不存在微球时，GSH 对溶菌酶的回收率基本没有影响。另外，改性微球对溶菌酶的回收率有明显的影响，加入 GSH 后可溶溶菌酶的回收率从 20% 增加到 50%，表明加入 GSH 后，蛋白质和改性微球之间的混合二硫键被打断，被吸附的蛋白质被从改性微球表明释放出来。GSH 的加入将溶菌酶的活性回收率提高到 40%。这表明被吸附溶菌酶是折叠过程中的中间体。

表 4-3　加入 GSH 后可溶溶菌酶和活性溶菌酶的回收率

	加入 GSH[1)	可溶溶菌酶回收率/%	活性溶菌酶回收率/%
SG-胱胺微球	+	48.09±0.89	39.00±7.80
	−	19.54±0.80	10.77±1.60
没有微球	+	16.67±1.27	4.43±1.37
	−	11.25±1.50	0.66±1.99

1) 加入改性微球 20h 后加入终浓度为 3 mmol/L 的 GSH。

　　Shimizu 等[240] 也采用含二硫键的改性微球对还原变性 RNase 进行了复性。改性微球具有和分子伴侣相类似的功能。还原变性蛋白首先通过巯基-二硫键交换反应被吸附在含二硫键的微球上，从而抑制了蛋白质的聚集。然后，通过加入

GSH 使被吸附的蛋白释放出来，从而使蛋白得以复性。改性微球用于蛋白复性具有几个优点：容易通过离心除去微球，通过表面修饰容易控制微球和蛋白质之间的相互作用。

7. 智能聚合物

智能聚合物（smart polymer），又称刺激-响应聚合物（stimuli-responsive polymer），是一种功能高分子材料。此类物质的特征是当外界环境发生微小变化时，聚合物分子微观结构会发生快速、可逆的转变[51,241]。设计重组蛋白时，使其带有 6×His 标签，以便采用金属螯合色谱进行分离，这是目前基因工程制备重组蛋白的常用方法。基于相似的亲和原理，可利用智能聚合物通过形成"目标蛋白-金属离子-聚合物"的复合物将目标蛋白从表达体系中分离出来[242]，然后加入过量的竞争咪唑基团或者加入 EDTA，将目标蛋白从复合物上解离。然后沉淀聚合物，就可以在上清液中得到纯化产物。由于在蛋白分离过程中形成了复合物，一方面增加了空间位阻，降低了蛋白质肽链间的结合概率，同时通过调整聚合物的组成（特别是控制疏水特性）来控制蛋白质周围的疏水程度[243]，有利于减少蛋白质复性过程中聚集体的形成，提高蛋白质复性率。另外，由于分离过程中的复合物与溶液形成均相体系，有利于传质，可促进助折叠的小分子物质发挥作用。

Kuboi 等[243]将智能聚合物和双水相萃取联合，用于蛋白质的复性中。他们将 PEG 键合到温度响应疏水头 [poly (propylene oxide) -phenyl group (PPO-Ph group)]，再用此物质作为功能配基来改性双水相萃取中的 PEG 相。研究了不同温度下碳酸酐酶（CAB）在 PPO-Ph-PEG 中的复性。在一定温度范围内（50～55℃），PPO-Ph-PEG 的加入能够大大提高 CAB 的复性产率，抑制聚集体的产生。在 52℃，在双水相体系中加入 0.1 mmol/L PPO-Ph-PEG 后，CAB 的复性率为 41%，而没有加入 PPO-Ph-PEG 的体系中 CAB 的复性率只有 25%。然而在没有双水相体系存在时，在 Tris-HCl 缓冲液中加入 0.1 mmol/L PPO-Ph-PEG 后，CAB 的复性率高达 76%，而在没有加入 PPO-Ph-PEG 的 Tris-HCl 中，CAB 的复性率只有 40%。虽然在所研究的条件下，CAB 在双水相体系中的复性率低于 Tris-HCl 缓冲液中的复性率，但可以看出智能聚合物 PPO-Ph-PEG 的加入能够明显提高蛋白质的复性率。Chen 等[244]采用温度相应聚合物聚 N-异丙基丙烯酰胺（PNIPAAm）对变性 CAB 进行了复性。加入的聚合物的物质的量浓度与 CAB 的物质的量浓度的最优比大约为 2，CAB 的活性回收率提高了 28%。在此临界浓度以上，PNIPAAm 促进蛋白沉淀，导致活性回收率降低，当使用相对分子质量较高的聚合物时，这种情况更为严重。荧光分析和平衡研究表明PNIPAAm 能够通过疏水作用和容易聚集的折叠中间体形成络合物，从而提高蛋白质的复性效率。研究表明，智能聚合物具有人工分子伴侣的作用[245]。

8. 模板辅助蛋白折叠

在某些蛋白的天然环境中合成了一些蛋白，N端前体肽（propeptide）通常位于这些蛋白中的信号序列和成熟部分之间。在体内，这些前体肽在辅助蛋白的成熟部分复性的过程中具有很重要的作用[246]。体外的研究表明，当变性成熟蛋白在转入复性缓冲液之前仍然和其前体肽相连时，这些前体肽能够在顺式时促进蛋白复性，或者通过将分离的前体肽引入复性液时，前体肽能在反式时促进蛋白复性[247~249]。前体肽辅助蛋白复性可以用于包涵体蛋白的复性过程，通过合成将蛋白的成熟部分与其前体肽相连，使得后续的复性过程容易进行[250,251]，或者通过合成成熟肽，并将适当的前体肽引入复性液[252]促进复性。模板辅助蛋白折叠（template assisted protein refolding）的另一种方法是利用单克隆抗体与目标蛋白质特异性结合的性质减少蛋白复性的时间，并提高最终的复性率[253,254]。

另外，压力能够影响蛋白质的结构和蛋白质复性过程[255]。高压和低浓度变性剂结合也能够促进某些蛋白聚集体的溶解和复性[256,257]，能防止复性过程中产生聚集体[258,259]。在高达 5 kbar① 的压力下，解聚的蛋白质仍然保持类天然的二级结构。通过逐步降低压力后，变性蛋白能够在高蛋白浓度下折叠成其天然结构，因为折叠中间体在常压下容易发生聚集，而在高压下聚集被抑制。高压复性已成功用于变性聚集的人生长激素、溶菌酶和 β-内酰胺酶包涵体的复性中[256]。给含 8.7 mg/mL 人生长激素和 0.75 mol/L GuHCl 的悬浊液中施加 2 kbar 的压力，可以获得回收率为 100% 正确折叠的蛋白。当蛋白浓度达 2 mg/mL 时，共价交联、不溶的溶菌酶聚集体能够被折叠成天然的活性蛋白质，其复性率为 70%。即使在没有 GuHCl 存在下，包涵体中的 β-内酰胺酶也能被高产率的折叠成活性蛋白。

清华大学刘铮等采用电泳法对蛋白进行了复性[260]。他们利用电场在一个多腔室电泳槽中建立一个稳定的"尿素梯度"，蛋白质在其中可以连续快速地完成折叠，复性率要高于没有梯度的情况，最高活性收率达到 90%。实验中还发现折叠溶液中氧化还原剂的组成及添加与脱除速率是影响蛋白质折叠效果的重要因素。利用电泳折叠同时还可以捕捉到折叠过程的中间态，这对于研究折叠过程动力学具有重要意义。

利用液相色谱进行蛋白质复性是近年来发展最快的方法之一，这一复性技术及其理论基础和最新发展将在下章详细介绍。

参 考 文 献

[1] 邹承鲁. 第二遗传密码——新生肽链及蛋白质折叠研究. 长沙：湖南科学技术出版社，1997，152~155

---

① 1bar=10⁵Pa，下同。

[2]   Cohen S N et al. Proc Natl Acad Sci, 1973, 70 : 3240

[3]   Kohler G, Milstein C. Nature, 1975, 256 : 495

[4]   Krueger J K, Stock A M, Schutt C E, Stock J B. In: Gierasch L M, King K eds. Protein Folding. American Association for Advances in Science. 1990, 136~142

[5]   Marston F A O. Biochem J, 1986, 240 : 1~12

[6]   Mitraki A, King J. Bio/Technol, 1989, 7 : 690~697

[7]   Kiefhaber T, Rudolph R, Kohler H H et al. Bio/Technology, 1991, 9 : 825

[8]   Lilie H, Schwarz E, Rudolph R. Curr Opin Biotechnol, 1998, 9 : 497

[9]   Khan R H, Appa Rao K B C, Eshwari A N S et al. Biotechnol Prog, 1998, 14 : 722

[10] Li Y, Oelkuct M, Gentz R. US patent, 1999, 5912327

[11] Gavit P, Better M. Biotechnol J, 2000, 79 : 127

[12] Patra A K, Mukhopadhyay R, Muhhija R et al. Protein Express Purif, 2000, 18 : 182

[13] Hartman J R, Mendelovitz S, Gorecki M. US patent, 1999, 6001604

[14] Sunitha K, Chung B H, Jang K H et al. Protein Expr Purif, 2000, 18 : 338

[15] Hart R A, Lester P M, Reifsnyder D H et al. Bio/Technology, 1994, 12 : 1113~1116

[16] Choe W S, Clemmitt R H, Chase H A et al. J Chromatogr A, 2002, 953 : 111~121

[17] Falconer R J, O' Neill B K, Middelberg A P J. Biotechnol Bioeng, 1999, 62 : 455~460

[18] Cho T H, Ahn S J, Lee E K. Bioseparation, 2001, 10 : 189~196

[19] Choe W S, Clemmitt R H, Chase H A et al. Biotechnol Bioeng, 2003, 81 : 221~232

[20] Heeboll-Nielsen A, Choe W S, Middelberg A P J. Thomas O R T. Biotechnol Prog, 2003, 19 : 887~898

[21] Lee C T, Morreale G, Middelberg A P. Biotechnol Bioeng, 2004, 85 : 103~113

[22] Chaudhuri J B, Ann N Y. Acad Sci, 1994, 721 : 374~385

[23] Thatcher D R, Hitchcock A, Pain R H. Mechanisms of protein folding. Oxford: IRL Press, 1994, 229~261

[24] Rudolph R, Lilie H. FASEB J, 1996, 10 : 49~56

[25] Hagen A J, Hatton T A, Wang D I C. Biotech Bioengineer, 1990, 35 : 955~965

[26] Zardeneta G, Horowitz P M. J Biol Chem, 1992, 267 (9) : 5811~5816

[27] Cleland J L, Wang D I C. Biotechnology, 1990, 8 : 1274~1278

[28] Karuppiah N, Sharma A. Biochem. Biophys. Res. Commun. , 1995, 211 : 60~66

[29] Arora D, Khanna N. J Biotechnol, 1996, 52 : 127~133

[30] Suenaga M, Ohmae H, Tsuji S et al. Biotechnol Appl Biochem, 1998, 28 : 119~124

[31] Meng F, Park Y, Zhou H. Int J Biochem Cell Biol, 2001, 33 : 701~709

[32] Samuel D, Kumar T K, Ganesh G et al. Protein Sci, 2000, 9 : 344~352

[33] Huxtable S, Zhou H, Wong S et al. Protein Express Purif, 1998, 12 : 305~314

[34] Kim C S, Lee E K. Process Biochem, 2000, 36 : 111~117

[35] Rudlph R. Modern Methods in Protein and Nucleic acid Research. Tschesche H ed. New York: Walter de Gruyter, 1990. 149

[36] Kohnert U, Rudolph R, Verheijen J H et al. Protein Eng, 1992, 5 : 93

[37] Sharma L, Sharma A. Eur J Biochem, 2001, 268 (8) : 2456~2463

[38] Sundari C S et al. FEBS Letters, 1999, 443 : 215~219

[39] Maeda Y, Koga H, Yamada H et al. Protein Eng, 1995, 8 : 201~205

[40] Masaaki T, Keiko S, Shigeo K. Process Biochemistry, 1996, 31 (4): 341~345

[41] Shigeo K, Yoshio S, Takashi Y et al. Process Biochemistry, 1999, 35：297～300

[42] Sparrer H, Rutkat K, Buchner J. Proc Natl Acad Sci, 1997, 94：1096

[43] Mendoza J A, Rogers E, Lorimer G H et al. J Biol Chem, 1991, 266：13044

[44] Lau C K, Churchich J E. Biochimica Biophysica Acta, 1999, 1431：282

[45] Rozema D, Gellman S H. J Am Chem Soc, 1995, 117：2373～2374

[46] Daugherty D L, Rozema D, Hanson P E, Gellman S H. J Biol Chem, 1998, 273 (51)：33961～33971

[47] Rozema D, Gellman S H. Biochemistry, 1996, 35：15760～15771

[48] Rozema D, Gellman S H. J Biol Chem, 1996, 271：3478～3487

[49] Xie Y, Welaufer D B. Protein Sci, 1996, 5：517～523

[50] Hidenobu S, Keiji F, Haruma K. Colloids and Surfaces B：Biointerfaces, 2000, 18：137～144

[51] Mattiasson B, Dainyak M B, Galaev I Y. Polymer Plast Technol Eng, 1998, 37：303

[52] Gu Z, Weidenhaupt M, Ivanova N et al. Protein Expr Purif, 2002, 25 (1)：174～179

[53] 耿信笃, 常建华, 李华儒等. 高技术通讯, 1991, 1 (7)：1～8

[54] Geng X D, Chang X Q. J Chromatogr, 1992, 599：185～194

[55] 耿信笃, 冯文科, 边六交等. 中国专利, ZL92102727. 3

[56] Suttnar J, Dyr J E, Hamsikova E, Novak J, Vonk V. J Chromatogr B, 1994；656 (1)：123～126

[57] Werner M H, Clore G M, Gronenborn A M, Kondoh A, Fisher R J. FEBS Lett, 1994, 345 (2～3)：125～130

[58] Batas B, Schiraldi C, Chaudhuri J B. J Biotechnol, 1999；68 (2～3)：149～158

[59] Zahn R, von Schroetter C, Wuthrich K. FEBS Lett, 1997, 417 (3)：400～404

[60] 刘彤, 耿信笃. 西北大学学报（自然科学版）, 1999, 29 (2)：123

[61] 刘彤. 蛋白复性及同时纯化理论、装置及应用. 西北大学博士论文. 1999

[62] Liu T, Geng X. Chinese Chemical Letter, 1999, 10：219

[63] Altamirano M M, Golbik R, Zahn R et al. PNAS, 1997, 94 (8)：3576～3578

[64] Tanford. Adv Protein Chem, 1968, 23：121

[65] Tanford. Adv Protein Chem, 1970, 24：1

[66] Dill. Annu Rev Biochem, 1991, 60：795

[67] Pain. Biohem Soc Trans, 1983, 11 (1)：15

[68] 陶慰孙. 蛋白质分子基础. 北京：人民教育出版社, 1981. 244

[69] Gordon W P J. Biochemistry, 1963, 2：47

[70] Matthews B W. Annu Rev Biochem, 1993, 62：653

[71] Hibbard L S, Tulinsky A. Biochemistry, 1978, 17：5460

[72] Chan K, Dill A. Annu Rev Biophys Biophys Chem, 1991, 20：447

[73] Freire W W, van Osolol, Mayorga O L, Sanchez-Ruiz J M. Annu Biophys Biophys Chem, 1990, 19：159

[74] Neri G W, Wuthrich K. Proc Natl Acad Sci USA, 1992, 89：4397

[75] Neri G W, Wuthrich K. FEBS Lett, 1992, 303：129

[76] Lu F Dahlquist W. Biochemistry, 1992, 31：4749

[77] Pace D, Laurents V, Erickson R E. Biochemistry, 1992, 31：2728

[78] Makhatadze P, Privalov L. J Mol Biol, 1992, 226：491

[79] Jaenicke R. Biochemistry, 1991, 30：3147

[80] Sternberg M S E, Thornton J M. Nature, 1978, 271：15

[81] Goldberg M E, Rudolph R, Jaenicke R. Biochemistry, 1991, 30：2790

[82]   Zettlmeiss L G, Rudolph R, Jaenicke R. Biochemistry, 1979, 18: 5567

[83]   Orsini, Goldberg M E, J Biol Chem, 1978, 253: 3453

[84]   Horowitz P M, Michael B. J Biol Chem, 1993, 268: 2500

[85]   Baldwin, Annu Rev Biochem, 1975, 44: 453

[86]   Kim R L, Baldwin. Annu Rev Biochem, 1982, 51: 459

[87]   Wetlaufer D B. Molecular processes and natural selection for rapid foldng. In: the Protein Folding
        Problem. Wetlaufer D B ed. 1985, 29~46

[88]   Ptitsyn O B. FASEB J, 1996, 10: 3

[89]   Mann M, Wilm M. Trends Biochem Sci, 1995, 20: 219

[90]   Miranker A, Robinson C V, Radford S E, Dobson C M. FASEB J, 1996, 10: 93

[91]   Creighton T E. Prog Biophys Molec Biol, 1978, 33: 231

[92]   Dolgikh D A, Kolomiets A P, Bolotina I A, Ptitsyn O B. FEBS Lett, 1994, 165: 88

[93]   Fink A L. Ann Rew Biophys Biomol Struct, 1995, 24: 495

[94]   Freire E. Ann Rew Biophys Biomol Struct, 1995, 24: 141

[95]   Wada O A. FEBS Lett, 1983, 164: 21

[96]   Kuwajima K. Proteins, 1989, 6: 87

[97]   Goto N, Takahashi A, Fink L. Biochemistry, 1990, 29: 3480

[98]   Finkelstein A V, Shakhnovich E I. Biopolymers, 1989, 28: 1681

[99]   Lattman E E, Dill K A. Biochemistry, 1994, 33: 6158

[100]   Ptitsyn O B. The molten globule state, In Protein folding. Creighton T E ed. New York: Free-
        man, 1992. 243~300

[101]   Brooks C L. Curr Opin Struct Biol, 1993, 3: 92

[102]   Huang E S, Subbiah S, Tsai J, Levitt M. J Mol Biol, 1996, 257: 716

[103]   Fink A L, Calciano L J, Goto Y. Biochemistry, 1994, 33: 12504

[104]   Pallers D R, Shi L, Reid K L, Fink A L. Biochemistry, 1993, 32: 4314

[105]   Gluseppe Auegra, Fabio Ganazzoli et al. Biopolymers, 1990, 29: 1823

[106]   Baldwin R L. Nature, 1990, 346: 409

[107]   Anfinsen C B, Scheraga H A. Ann Protien Chem, 1975, 29: 205

[108]   Levinthal C. J Chim Phys, 1968, 65: 44

[109]   Karplus M, Weaver D L. Nature, 1976, 260: 404

[110]   Wetlaufer, Ristow S. Annu Rev Biochem, 1973, 42: 135

[111]   Anfinsen C B. Science, 1973, 181: 223~230

[112]   Levinthal C J. J Chem Phys, 1968, 65: 44~45

[113]   Baker D et al. Nature, 1992, 356: 263

[114]   Hoker S et al. Biochem, 1994, 33: 6758

[115]   Ikemura H, Inouye M. J Biol Chem, 1988, 263: 12959

[116]   Buswell A M, Middelberg A P. Biotechnol Prog, 2002, 18 (3): 470~475

[117]   Cao A, Wang G, Tang Y, Lai L. Biochem Biophys Res Commun, 2002, 291 (4): 795~797

[118]   Wetlaufer D B. Proc Natl Acad Sci USA, 1973, 70 : 697

[119]   Harrison S C, Durbin R. Proc Natl Acad Sci USA, 1985, 82 : 4028

[120]   Bashford D et al. Proteins, 1988, 4 : 211

[121]   Kim P S, Baldwin R L. Annu Rev Biochem, 1990, 59 : 631

[122]   Dill K A. Biochem, 1985, 24 : 1501

[123]　Radford S E. Trends in Biochemical Science, 2000, 25 (12) : 611~618

[124]　Onuchic J N et al. Annu Rev Phys Chem, 2002, 295: 1719~1722

[125]　Dobson C M, Karplus M. Curr Opin Struct Biol, 1999, 9: 92~101

[126]　Marston F A O. Biochem, 1986, 240: 1~12

[127]　Patricia L C. Biochem Sci, 2004, 29: 527~534

[128]　Blake G, Kevin W P. Annu Rev Biochem, 2004, 73: 837~859

[129]　Yaakov L, Samael S C, Peter G W et al. J Mol Biol, 2005, 346: 1121~1145

[130]　Taketomi H, Ueda Y, Go N. Int J Pept Protein Res, 1975, 7: 445~459

[131]　Zeeb M, Balbach J. Methods, 2004, 34: 65~74

[132]　Mirny L, Shakhnovich E. J Mol Biol, 2001, 308 (2) : 123~129

[133]　Klimov D K, Thirumalai D. Chemical Physics, 2004, 307: 251~258

[134]　Lindorff-Larsen K, Rogen P, Paci E et al. Biochem Sci, 2005, 30: 13~19

[135]　Dobson C M. Nature, 2003, 426: 884~890

[136]　Plaxco K W, Larson S, Ruczinski I et al. J Mol Biol, 2000, 298 (2) : 303~312

[137]　Li M S, Klimov D K, Thir D. Ploymer, 2004, 45: 573~579

[138]　Viara G, Eric J A, Arthur L H et al. Curr Opion Struct Biol, 2001, 11: 70~82

[139]　Jewett A I, Pande V S. Biol, 2002, 217: 397~411

[140]　Eric Alm, David Baker. Curr Opion Struct Biol, 1999, 9: 189~196

[141]　Rapheal G, Luis S. Curr Opion Struct Biol, 2001: 101~106

[142]　Chechetkin V R, Lobzin V V. Physics Letters A, 1998, 250: 443~448

[143]　Zarrine-Afsar A, Davidson A R. Methods, 2004, 34: 41~50

[144]　Fernandez-Escamilla, Cheung M S, Vega M C et al. PNAS, 2004, 101: 2834~2839

[145]　Fersht A R. Curr Opion Struct Biol, 1997, 7: 3~9

[146]　Karplus M, Sali A. Curr Opin Struct Biol, 1995, 5: 58~73

[147]　Eric J S, Bradley J N, Vijay S P et al, J Mol Biol, 2004, 337: 789~997

[148]　Derek A D, Goddard Ⅲ, William A. J Mol Biol, 1999, 294: 619~625

[149]　Morrissey M P, Ahmed Z, Shakhnovich E I. Polymer, 2004, 45: 557~571

[150]　Finkelstein A V, Galzitskaya O V. Physics of Life Rev, 2004, 1: 23~56

[151]　Onuchic J N, Wolynes P G. Curr Opin Struct Boil, 2004, 14: 70~75

[152]　Krishna M M G, Hoang L, Englander S W et al. Methods, 2004, 34: 51~64

[153]　Englander S W. Annu Rev Biomol Struct, 2000, 29: 213~238

[154]　Ptitsyn O B. J Prot Chem, 1987, 6 : 272

[155]　Creighton T E. Mechanism of Protein Folding. Pain R H ed. Oxford Univ Press, 1994

[156]　Baldwin R L. Trends Biochem Sci, 1989, 14 : 291

[157]　Bergman L W. Keuhi W M. J Biol Chem, 1979, 254 : 8869

[158]　Forciniti D. J Chromatogr A, 1994, 668 (1) : 95~100

[159]　Middelberg A P J. Trends in Biotechnology, 2002, 20 (10) : 437

[160]　Kumagai I, Tsumoto K. Tanpakushitsu Kakusan Koso, 1998, 43 : 201~205

[161]　Tsumoto K, Shinoki K, Kondo H et al. J Immunol Methods, 1998, 219 : 119~129

[162]　Gu Z, Weidenhaupt M, Ivanova N et al. Protein Express Purif, 2002, 25 : 173~179

[163]　Wei C, Tang B, Zhang Y et al. Biochem J, 1999, 340 : 345~351

[164]　Tang B, Zhang S, Yang K. Biochem J, 1994, 301 : 17~20

[165]　Boss M A, Kenten J H, Wood C R et al. Nucl Acids Res, 1984, 12 : 3791~3806

[166]　Rudolph R，Mattes R. 1986，EP0219874

[167]　Cowley D J，Mackin R B. FEBS Lett，1997，402：123~130

[168]　Winter J，Klappe P，Freedman R B et al. J Biol Chem，2002，277：310~317

[169]　Cardamone M，Puri N K，Bradon M R. Biochemistry，1995，34：5773~5794

[170]　Lu B，Beck P J，Chang J. Eur J Biochem，2001，268：3767~3773

[171]　Privalov P L. In：Protein Folding. edited by Creighton T E. New York：W H Freeman and Company，1992，83~126

[172]　Yoshii H，Furuta T，Yonehara T et al. Biosci Biotechnol Biochem，2000，64：1159~1165

[173]　de Bernardez Clark E，Schwarz E，Rudolph R. Methods Enzymol，1999，309：217~236

[174]　Hirose M，Akula T，Takhashi N. J Biol Chem，1989，264：16867~16872

[175]　Maeda Y，Ueda T，Imoto T. Protein Eng，1996，9：95~100

[176]　Sorensen H P，Sperling-Petersen H U，Mortensen K K. Protein Expression and Purication，2003，31：149~154

[177]　Katoh S，Katoh Y. Process Biochem，2000，35：1119~1124

[178]　Vallejo L F，Rinas U. Biotechnol Bioeng，2004，85：601~609

[179]　Cleland J L. In：Protein Folding *in vivo* and *in vitro*，Cleland J L ed. Washington，D C：American Chemical Society，1993，1~21

[180]　Tandon S，Horowitz P. Biochim Biophys Acta，1988，955：19~25

[181]　Menzella H G，Gramajo H C，Ceccarelli E A. Protein Expression and Purification，2002，25：248~255

[182]　Arakawa T，Tsumoto K. Biochem Biophys Res Commun，2003，304：148~152

[183]　Cleland J L，Hodgepeth C，Wang D I C. J Biol Chem，1992，267 (19)：13327~13334

[184]　Collins F D，Lile J，Bektesh S et al. European Patent，1991，C12N，0450386，

[185]　Ambrus A，Fésüs L. Prep Biochem Biotechnol，2001，31 (1)：59~70

[186]　Buchner J，Rudolph R. Bio/Technology，1991，9：157~162

[187]　Carlson J D，Yarmush M L. Bio/Technology，1992，10：86~91

[188]　Burgess R R. Methods Enzymol，1996，273：145~149

[189]　Bezancon N E，Rabilloud T，Vuillard L et al. Biophysical Chemistry，2003，100：469~479

[190]　Vicik S M. 1999，WO 99/18196

[191]　Vallejo L F，Brokelmann M，Marten S et al. J Biotechnol，2002，94：185~194

[192]　Arakawa T，Timasheff S N. Biochemistry，1982，21：6536~6544

[193]　Arakawa T，Timasheff S N. Arch Biochem Biophys，1983，224：169~177

[194]　Arakawa T，Timasheff S N. Biophys J，1985，47：411~414

[195]　Gekko K，Timasheff S N. Biochemistry，1981，20：4667~4676

[196]　Kopito R R. Physio Rev，1999，79：167~173

[197]　Ohnishi T，Ohnishi K，Wang X et al. Rad. Res，1999，151：498~500

[198]　Bourot S，Sire O，Trautwetter A. J Biol Chem，2000，275：1050~1056

[199]　Laureto P P de，Donadi M，Scaramella E et al. Biochimica et Biophysica Acta，2001，1548：29~37

[200]　Li J，Zhang S，Wang C C. J Biol Chem，2001，276 (37)：34396~34401

[201]　Bert van den Berg，Wain R，Dobson C M et al. EMBO J，2000，19 (15)：3870~3875

[202]　Trivedi V D，Raman B，Ch M Rao，Ramakrishna T. FEBS，1997，418：363~366

[203]　Ellis R. J Phil Trans R Soc Lond B，1993，339：257~261

[204]　胡红雨，许根俊. 生物化学与生物物理进展，1999，26 (1)：9~11

[205] Hendtick J P, Hartl F U. Annu Rev Biochem, 1993, 62：349～384

[206] Georgopoulos C, Welch W J. Annu Rev Cell Biol, 1993, 9：601～634

[207] Boston R S, Viitanen P V, Vierling E. Plant Mol Biol, 1996, 32 (1～2)：191～222

[208] Freedman R B, Hirst T R, Tuite M F. Trends Biochem Sci, 1994, 19：331～336

[209] Fisher G. Angew Chem Inter Ed Engl, 1994, 33：1415～1436

[210] Bulleid N J, Freedman R B. Nature, 1990, 335：649～657

[211] Freedman R B. Biochem Soe Symp, 1989, 55：167～192

[212] Lang K, Schmid F X, Fischer G. Nature, 1987, 329：268～270

[213] Ellis R J, Hartl F U. FASEB J, 1996, 10 (1)：20～26

[214] Clarke A R. Curr Opin Struct Biol, 1996, 6：43～50

[215] 徐明波，孟文华，马贤凯. 生物化学与生物物理学报, 1994, 26 (4)：365

[216] Kohler R J, Preuss M, Miller A D. Biotechnol Prog, 2000, 16：671～675

[217] Cabrele C, Fiori S, Pegoraro S et al. Chem Biol, 2002, 9：731～740

[218] Woycechowsky K J, Wittrup K D, Raines R T. Chem Biol, 1999, 6：871～879

[219] Woycechowsky K J, Hook B A, Raines R T. Biotechnol Prog, 2003, 19：1307～1314

[220] Winter J, Lilie H, Rudolph R. FEMS Microbiol Lett, 2002, 213：225～230

[221] Guise A D, West S M, Chaudhuri J B. Mol Biotechnol, 1996, 6：53～64

[222] Chaudhuri J B. Ann NY Acad Sci, 1994, 721：373～385

[223] Nath D, Rao M. Eur J Biochem, 2001, 268：5471～5478

[224] Machida S, Ogawa S, Xiaohua S et al. FEBS Lett, 2000, 486：131～135

[225] Mannen T, Yamaguchi S, Honda J et al. J Biosci Bioeng, 2001, 91：403～408

[226] 董晓燕，史晋辉，孙彦. 化工学报, 2002, 53 (6)：590

[227] Nomura Y, Ikeda M, Yamaguchi N et al. FEBS Lett, 2003, 553：271～276

[228] Umakoshi H, Persson J, Kroon M et al. J Chromatogr B, 2000, 743：13～19

[229] Lotwin J et al. Biotechnol & Bioeng, 1999, 65 (4)：437～446

[230] Yoshii H et al. Biotechnol & Bioeng, 1994, 43 (1)：57～63

[231] Roy I, Sharma A, Gupta M N et al. Biochimica et Biophysica Acta, 2004, 1698：107～110

[232] Garza Ramos G, Tuena G P, Gomez Puyou A et al. Eur J Biochem, 1992, 208：389～395

[233] Kabanov A V, Klyachko N L, Nametkin S N et al. Protein Engineer, 1991, 4：1009～1017

[234] Sakono M, Maruyama T, Kamiy N et al. Biochemical Engineering Journal, 2004, 19：217～220

[235] Hashimoto Y, Ono T, Goto M et al. Biotechnol Bioeng, 1998, 57：620～623

[236] Goto M, Hashimoto Y, Fujita T A et al. Biotechnol Prog, 2000, 16：1079～1085

[237] Vinogradov A A, Kudryashova E V, Levashov A V et al. Anal Biochem, 2003, 320：233～238

[238] Inomata Y, Wada T, Handa H, Fujimoto K, Kawaguchi H. J Biomater Sci Polym, 1994, 5：293

[239] de Bernardez Clark E, Hevehan D, Szela S. J Maachupalli-Reddy, Biotechnol Prog, 1998, 14：47

[240] Shimizu H, Fujimoto K, Kawaguchi H. Colloids and Surfaces A：Physiochemical and Engineering Aspects, 1992, 153：421～427

[241] 詹劲，周蕊，刘铮. 精细化工, 2001, 18 (9)：534～537

[242] Galaev I Y, Kuma A, Agarwal R et al. Appl Biochem Biotechnol, 1997, 68：121～133

[243] Kuboi R, Morita S, Ota H et al. J Chromatogr B, 2000, 743：215～223

[244] Chen Y J, Huang L W, Chiu H C. Enzyme and Microbial Technology, 2003, 32：120～130

[245] Yoshimoto N, Hashimoto T, Felix M M et al. Biomacromolecules, 2003, 4：1530～1538

[246] Shinde U, Inouye M. Trends Biochem Sci, 1993, 18：442～446

[247] Zhu X, Ohta Y, Jordan F, Inouye M. Nature, 1989, 339：483~484

[248] Beer H D, Wohlfahrt G, Schmid R D, McCarthy J E G. Biochem J, 1996, 319：351~359

[249] Tang B, Nirasawa S, Kitaoka M et al. Biochem Biophys Res Commun, 2003, 301：1093~1098

[250] Rattenholl A, Lilie H, Grossmann A et al. Eur J Biochem, 2001, 268：3296~3303

[251] Jin H J, Dunn M A, Borthakur D et al. Protein Expr Purif, 2004, 35：1~10

[252] Hahm M S, Chung B H. Protein Expr Purif, 2001, 22：101~107

[253] Ermolenko D N, Zherdev A V, Dzantiev B B et al. Biochem Biophys Res Commun, 2002, 291：959~965

[254] Xu Q, Xie Z, Ding J et al. Protein Sci, 2004, 13：1851~1858

[255] Robinson C R, Sligar S G. Methods Enzymol, 1995, 259：395~427

[256] St John R T, Carpenter J F, Randolph T W. Proc Natl Acad Sci USA, 1999, 96：13029~13033

[257] Randolph T, Carpenter J, St John R. International Application, 2000, WO 00/02901

[258] Foguel D, Robinson C R, de Sousa P C et al. Biotechnol Bioeng, 1999, 63：552~558

[259] Gorovits B M, Horowitz P M. Biochemistry, 1998, 37：6132~6135

[260] 黄星, 卢滇楠, 闫明, 刘铮. 化工进展, 2002, 21 (12)：578

第五章 液相色谱法对变性蛋白的折叠

§5.1 概　述

在蛋白复性中，抑制肽链间的非特异性的疏水相互作用，是提高复性效率的关键。当变性的蛋白分子被一个个相互隔离开时，聚集反应将会最大限度地受到抑制。众所周知，液相色谱（LC）是一种制备规模上最有效的纯化蛋白质的方法，已成为基因重组蛋白药物纯化必不可少的手段[1,2]。用 LC 进行蛋白折叠很好地满足了这一条件。色谱是生物分离中一种成熟的方法，将原有的技术和设备应用于新的单元操作——蛋白质折叠，有助于扩大应用领域，便于工业化。自 1991 年耿信笃等首先提出使用疏水相互作用色谱（HIC）作为变性蛋白的复性工具并于 1992 年申请国家发明专利后[3~5]，1994 年，捷克、美国和日本的科学家分别用离子交换法（IEC）[6]、凝胶排阻色谱法（SEC）[7]和亲和色谱法（AFC）[8,9]成功地对变性蛋白进行了复性。这一事实足以说明 LC 作为蛋白质的复性方法已引起了科学家强烈地反响。由于 HIC 在技术上的难度较大，直到 1997 年才被美国 DuPout-Merck 药业公司用于多个 HIV 蛋白酶突变体的复性和纯化[10~12]。到目前为止，已有多个国家的科学家在研究如何有效地使用 LC 进行蛋白质复性，迄今已有百余篇论文发表。英国剑桥大学的一个研究小组将分子伴侣键合到色谱固定相上，利用分子伴侣可协助蛋白复性的特点，将不能在溶液中复性的蛋白质利用色谱法得到很好的复性效果，并称之为折叠色谱（refolding chromatography）[13]，我们认为应称之为"蛋白折叠液相色谱法"（protein refolding liquid chromatography），文献上也经常称为柱复性（column refolding）。已有专著对该法及其应用进行了简单的介绍[14,15]。

在色谱过程中，变性蛋白质分子首先被可逆地吸附在固定相上（HIC、IEC 或 AFC），如图 5-1 所示，或者通过凝胶孔将变性蛋白分子相互隔离（SEC），从而抑制了聚集的产生。合适的流动相又可以将蛋白分子可逆地从固定相上洗脱下来。在复性过程中，复性的目标蛋白质还可以与大部分杂蛋白进行分离，一步实现复性与分离纯化。也就是说，LC 法可以在蛋白质折叠中实现"折叠与分离"的双重效果。

与传统的稀释法及透析法相比较，用 LC 法进行蛋白复性的优点为（图 1-1）：①在进样后可很快除去变性剂；②由于色谱固定相对变性蛋白质的吸附，可明显地减少，甚至完全消除变性蛋白质分子在脱离变性剂环境后的分子聚集，从而避免沉淀的发生，提高蛋白质复性的质量和活性回收率；③在蛋白质复性的同时可使目标蛋白质与杂蛋白分离以达到纯化的目的，使复性和纯化同时进行；④便于回收变性剂。目前，LC已成为蛋白质复性的一个非常重要的工具[16]。另外，因为复性过程中形成的聚集体和正确折叠的蛋白质的保留时间不同，因此可以在色谱过程中除去复性过程中形成的聚集体[17~19]。色谱过程可以实现连续操作[20,21]，且可回收复性过程中形成的聚集体，将其溶解后重新复性，因此可以使复性率提高到100%[20]。

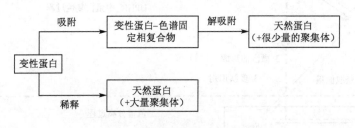

图 5-1　色谱复性和稀释法复性的比较

目前，能够用于蛋白质复性的 LC 方法包括 HPHIC、IEC、SEC 与 AFC 四种，但这四种色谱法对蛋白复性的机理却不尽相同，本章主要介绍这四种色谱对变性蛋白的复性机理及其应用。

§5.2　各种LC复性的热力学基础-化学平衡[15]

LC 法中蛋白折叠与通常的色谱分离基本上是相似的。首先将含有目标蛋白7.0 mol/L GuHCl 或 8.0 mol/L 脲的抽提液直接进样到一个合适的色谱柱，然后收集含有复性的目标蛋白馏分。然而，从流动相和固定相对折叠蛋白的贡献出发，前者的机理与后者完全不同。Geng 等[22]报道了用 HPHIC 复性与同时纯化蛋白质的机理。为了更容易理解在 LC 上蛋白折叠，如图 5-2 所示在化学平衡条件下来说明蛋白折叠整个过程，并且在图 5-2 也显示了两者之间一些相似和不同处。

两条水平虚线将图 5-2 分成了三个不同的过程。顶部的步骤（3）～步骤（8）是溶液中蛋白折叠过程图解说明，底部步骤（1）表示通常 LC 分离过程，中间说明一个在单体状态的变性蛋白怎样折叠到天然态及怎样使上部和下部过程结合在一起。另外一条垂直虚线又将图 5-2 分成左、右两侧，左侧表示固定相，右侧表示流动相。通常的色谱分离，仅仅是以单体状态存在的天然蛋白吸附在固定相，对于吸附状态的 $P_{(N. mo. a)}$ 上的吸附以及在流动相中处于解吸附态的 $P_{(N. mo. d)}$ 中的吸附。要得到好的分离只取决于蛋白质在两相中的分配系数。

用图 5-2 的顶部说明在溶液中的蛋白复性，它主要决定蛋白分子的一级结构，蛋白折叠过程除了从变性态 $P_{(U. mo. d)}$ 到天然态 $P_{(N. mo. d)}$ 外，还发生如图 5-2 顶部虚线箭头所指方向，从 $P_{(U. mo. d)}$ 形成二聚体［步骤（5）］、三聚体［步骤（6）］

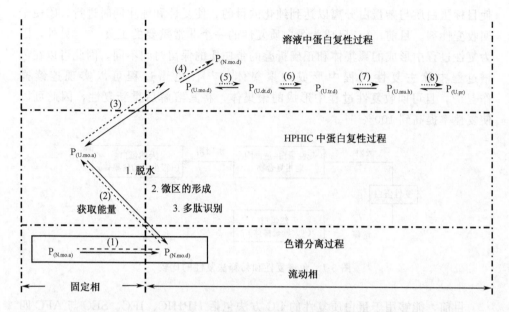

图 5-2　色谱分离与不同模式色谱复性的化学平衡示意图

以及多聚体［步骤（7）］直到形成沉淀［步骤（8）］的一系列不同的聚合过程。无论如何蛋白复性只能在步骤（4）实现，即从其变性态到天然态进行。不可能从任何一种聚合体或沉淀状态直接地进行蛋白复性。换言之，各种变性态蛋白的聚合体也可能通过一种间接的方式向天然态转变或使这些聚合体解离。因此，变性态蛋白形成的聚合体阻碍蛋白复性。一旦溶液中形成聚合体和沉淀，只要变性蛋白能被快速和不断地再折叠到天然态，或化学平衡向着实箭头所指的方向移动，便有利于使蛋白沉淀溶解以使蛋白复性。因为图 5-2 中任何一个化学平衡常数都不是无限大的数值，除非能将一些错误的折叠蛋白质从溶液中以上述方式移去外，在溶液中蛋白折叠难以完全进行，有时甚至完全不能进行折叠。

　　在 LC 中进行蛋白复性，一方面因为变性蛋白分子在 GuHCl 溶液中以单体状态存在，单体态变性蛋白分子 $P_{(U.mo.a)}$ 紧紧地吸附在固定相上，结果阻止错误折叠的蛋白分子进一步形成聚集和沉淀；另一方面，不出现蛋白形成沉淀的情况，是由于以单体态存在的变性蛋白在两相中的分配［见图 5-2 中步骤（3）］会完全减小其在溶液中的浓度，也会有利于化学平衡沿着实线的箭头方向移动。假如在溶液中聚集和沉淀两者都形成，只要变性蛋白能快速、不断地折叠到天然态，或化学平衡向着实线所指方向移动，就有利于溶解蛋白沉淀和促使蛋白质再折叠。这里要指出的是，因为沉淀通常会溶解缓慢，即使用 LC 进行蛋白复性，蛋白也会朝产生沉淀进行。除了变性蛋白分子在固定相吸附能够防止溶液中蛋白聚集和沉淀外，固定相和流动相各自对蛋白的再折叠也是有贡献的。

最后要指出的是，各类 LC 都涉及化学平衡，图 5-2 便是用化学平衡的方法对变性蛋白的 LC 方法原理的图示，图 5-2 适用于用各类 LC 对变性蛋白的复性，而各类 LC 之间的不同之处只是对图 5-2 中步骤（2）的描述有差别。所以，不同的 LC 法有各种各样的观点解释在色谱环境中，蛋白是怎样从它的变性态折叠到天然态的，以说明固定相和流动相以及它们之间的协同作用对变性蛋白复性做出的贡献。图 5-2 中的步骤（2）仅仅表示了蛋白是怎样在 HPHIC 固定相复性的。

由 Geng 等[22]报道在 HPHIC 的变性蛋白是在高盐浓度的流动相中的疏水作用力推动变性蛋白分子的 $P_{(U. mo. d)}$ 向疏水作用色谱的固定相（STHIC）移动，并以氨基酸序列中非极性区牢牢地被吸附在 STHIC 固定相上，形成稳定的复合物 $P_{(U. mo. a)}$，该变性蛋白的亲水性部分则面向流动相。如上指出的，变性蛋白分子就不能在这种环境相互聚集。此外，变性蛋白分子在分子水平上可从 STHIC 固定相得到足够高的能量并同时实现三个功能[22,23]：① STHIC 固定相识别多肽的特定疏水区[24]；② 从水合的变性蛋白和 STHIC 固定相接触表面处挤出水分子[25,26]；③ 在 STHIC 固定相上形成该蛋白分子的微区。随着盐浓度的降低或流动相中水浓度的增大，变性蛋白分子是一定要从 STHIC 固定相上解吸附的。由于蛋白质的错误微区结构在热力学上的不稳定性，它们在流动相中将通过瞬间消失以得到修正。随着在梯度洗脱过程中蛋白质多次的吸附和解吸附，具有错误微区的蛋白分子将会变得越来越少，而具有正确的微区结构的蛋白分子将会变得越来越多，结果蛋白质便能得到完全复性。

§5.3 排阻色谱

排阻色谱（SEC）由于容易操作和放大，且能用于各种变性蛋白的复性，是目前研究最多的一种色谱复性方法之一[27]。1992 年，耿信笃等用排阻色谱（SEC）对溶菌酶（Lys）、核糖核酸酶（RNase）和牛血清白蛋白（BSA）进行了复性并同时进行了分离，虽然当时并不认为用 SEC 能对这三种蛋白完全复性，但这是首次对用 SEC 法复性蛋白进行报道[3]。SEC 能够将相互作用的体系按不同的有效动力学体积进行分离，能够观察蛋白复性过程中其流体动力学体积的变化。不像光谱方法中所示的那样，只能观察到折叠和去折叠态混合物的平均性质，SEC 也具有一定的将蛋白的天然态、聚集体和变性态进行分离的能力[28]。利用 SEC 对蛋白复性的研究工作很多，且有一些已经在较大规模生产中得到应用。

与稀释复性法相比，SEC 复性技术具有以下显著的特点：①能够在相对较高浓度下对蛋白进行复性；②能够抑制复性过程中聚集体的产生；③质量回收率和活性收率高；④能够在复性的同时将蛋白聚集体和复性蛋白进行分离；⑤具有复性剂消耗量少、纯度高的优势；⑥SEC 具有操作快速、自动化程度高的优点。

5.3.1　SEC 复性的原理

　　虽然 SEC 的复性机理还没有完全研究清楚，但是 Batas 等[17] 提出了一个初步的解释。在 SEC 中凝胶颗粒内部具有不同大小的孔，凝胶颗粒之间具有大小不同的空隙。不同形态的变性蛋白质因体积大小和形状不同在固定相和流动相之间进行动态分配。变性蛋白具有无规卷曲的结构，其 Stokes 半径大。与天然活性蛋白相比，在 SEC 中 Stokes 半径的增加使得变性蛋白的有效相对分子质量较大，只能进入凝胶颗粒间的空隙，而不能进入凝胶颗粒内部的孔，迁移速度快。变性剂由于相对分子质量小，可进入凝胶颗粒内部的小孔，迁移速度慢。因此当变性蛋白通过色谱柱时，变性剂浓度不断减小，最后和 SEC 流动相达到平衡。变性剂浓度的降低促使蛋白开始折叠，多肽链折叠成紧密的类似天然的结构，分子的 Stokes 半径减小，可以进入凝胶颗粒的孔中，移动速度较慢。随着复性的进行，蛋白质的结构变得更加紧密，蛋白质在流动相和凝胶之间的分配系数逐渐增大。在凝胶中，传质是受扩散控制的[29]，这减小了分子之间的非特异性疏水相互作用，抑制了复性过程中聚集体的产生。当蛋白完全复性时，其 Stokes 半径不再变化，蛋白质以天然形式被洗脱。由于复性过程中产生的聚集体具有较大的 Stokes 半径，它们首先被洗脱出来。整个过程如图 5-3 所示。他们还利用高效排阻色谱（HPSEC）测定了蛋白在 SEC 复性过程中水合动力学半径的变化，发现在变性蛋白通过 SEC 柱的过程中，它们在柱中的分配系数在不断变化，这进一步对上述复性机理进行了验证[30]。

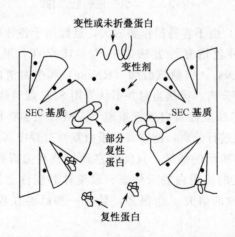

图 5-3　蛋白结构从失活态向天然态转变的过程

　　简言之，用 SEC 复性蛋白时，蛋白复性其实是在流动相中进行的。固定相的贡献有两个方面：①促使变性剂浓度局部减小，起到在从变性剂溶液转换成复性缓冲液时阻止或减小变性蛋白质分子间的相互聚集的作用；②使部分或完全折叠的蛋白进入固定相，增大蛋白在液-固两相间的分配系数。蛋白在流动相中浓度的减小有利于蛋白折叠。

5.3.2 SEC 复性的影响因素

蛋白质的复性是一个复杂的过程，在蛋白质的 SEC 复性过程中，除通常稀释法复性过程中的影响因素，如溶液 pH、复性液组成、温度、蛋白浓度等因素外，还有很多因素如流速、固定相种类、进样方式等影响蛋白的复性效率和质量回收率。

1. 流速

流速不但影响变性剂的去除速度，而且影响 SEC 的分离效率，是 SEC 复性过程中一个重要的影响因素。Harrowing 等[31]研究了流动相流速对 β-内酰胺酶复性的影响，发现随着流速的逐渐增大，蛋白的质量回收率增大，当流速分别为 0.16cm/min、0.31cm/min 和 0.33cm/min 时，蛋白的总活性基本不变，分别为 350U/mg、362U/mg 和 346U/mg，而当最大流速为 0.75cm/min 时，总活性有很大的提高，达到 572 U/mg。Fahey 等[32]研究了流速对尿激酶血浆酶原催化剂（urokinase plasminogen activator，u-PA）的 SEC 复性的影响，结果表明随着流动相流速的增大，活性回收率增大，这是因为变性蛋白分离较快，减少了蛋白之间的聚集。Gu 等[18]在研究流速对碳酸脱氢酶的 SEC 复性的影响时发现，随着流速的降低，聚集体减少，蛋白的活性回收率增大。因目前实验数据太少，流速对蛋白质 SEC 复性的影响无法总结出一个统一的规律，不同的蛋白质，其性质不同，其折叠中间体的稳定性不同，流速对其复性的影响也不同。因此，不同的蛋白质在 SEC 复性过程中应根据大量实验来选定最佳流速。

2. 凝胶分离范围和分离度

凝胶的分离度对 SEC 复性过程是很重要的[17]，而凝胶的分离范围在一定程度上会影响蛋白复性过程中变性态、聚集态和天然态以及变性剂之间的分离度。Fahey 等[33]采用四种类型的凝胶，即 Sephacryl S-100、Sephacryl S-200、Sephacryl S-300 和 Sephacryl S-400 对 *E. coli* 表达的包涵体形式的 u-PA 进行了复性，结果表明，随着凝胶基质从 Sephacryl S-100 到 Sephacryl S-400 分离范围的增大，变性 u-PA 在固定相和流动相之间的分配系数增大，用于在蛋白复性时的固定相体积增大，蛋白聚集的可能性减小。因此，随着凝胶分离范围的增大，蛋白的聚集减少，活性回收率增加。用 Sephacryl S-300 所得到的活性回收率最高，可使活性回收率达到 65%，Sephacryl S-400 的回收率低是因为活性蛋白和变性剂的分离度小造成的。对一个特定的蛋白，用于其复性的最适合的凝胶可以通过选择具有合适分离范围的凝胶进行预测，待复性蛋白的变性态和折叠态的表观分子量应包括在凝胶的分离范围之内。Gu 等[18]研究了不同 SEC 填料对碳酸脱氢酶复性的影响，发现用 Superdex 200 复性时的活性回收率要高于 Superdex 75，用 Superdex 75 复性时，活性回收率和稀释法没有大的差别，这是因为 Superdex 75 凝胶对蛋白质聚集态和天然态的分离和渗透效果差，而用 Superdex 200 复性时聚集态和天然态分离较好，而且产生的聚集体较少。

3. 蛋白浓度、进样体积和进样方式

　　蛋白的复性过程是蛋白从变性态向天然态折叠和变性蛋白之间相互聚集两个过程之间的一个竞争过程。一般来说，天然构象的形成是一个一级反应过程，而聚集则是一个二级以上的过程[34,35]，因此复性过程中蛋白质的浓度是 SEC 复性过程中一个很重要的影响因素。Gu 等[18] 在用 Superdex 75 和 Superdex 200 为 SEC 填料研究碳酸脱氢酶的复性时发现，在这两种介质情况下，活性回收率均随着蛋白起始浓度的增加而降低。Fahey 等[32] 在用 SEC 研究 u-PA 的复性时也发现，随着 u-PA 的起始浓度的增加，聚集体增多，蛋白质的比活降低；随着 u-PA 的起始浓度的降低，聚集体减少，蛋白质的比活增加。

　　用 SEC 对蛋白复性的一个限制是可分离的样品体积。对制备型 SEC 而言，样品体积一般限定在柱体积的 1%～2%；对分析型 SEC 而言，样品体积一般限定在柱体积的 0.3%[36]。Fahey 等[32] 研究了进样体积对 u-PA 的 SEC 复性的影响，发现随着进样体积的增大，聚集体的量急剧增加，蛋白质的比活则先增加，后降低，在进样体积大约为柱体积的 1.07% 时达到最高。

　　对于进相同的蛋白总量来说，进样方式在一定程度上也会影响复性效率。Gu 等[18] 研究了含蛋白量一定的大体积低浓度样品和小体积高浓度样品对 SEC 复性的影响，结果表明后者在复性过程中形成的聚集体较前者多。当变性碳酸脱氢酶以部分折叠态进入凝胶基质时，高浓度增加了分子间相互聚集的机会。另外，低浓度大体积的样品也会增加最终的蛋白浓度，但产生的聚集体较少，活性回收率较高。因此当放大 SEC 蛋白复性系统时，采用低浓度大体积的样品较为合适。

4. 变性剂浓度

　　利用 SEC 复性时，变性剂（如脲、GuHCl 等）浓度是一个不容忽视的因素。研究结果表明，在较高变性剂浓度条件下，蛋白质当然要失活，会变成具有一定二级结构的松散肽链。然而，在过低浓度下不能有效地抑制变性蛋白质分子间的疏水相互作用，使得不可逆聚集体产生或部分产生。所以，单纯利用 SEC 方法进行蛋白质复性时，加入适当浓度的变性剂是必不可少的。同时，又由于 GuHCl 黏度随其浓度升高而增大，含有较高浓度 GuHCl 的复性缓冲液使分离组分扩散进入凝胶颗粒内部的概率下降，变性蛋白质的保留时间减少，从而不能使变性蛋白得到充分复性。利用 SEC 复性，变性剂浓度一般选择在 1～2mol/L 之间。Muller 等[37] 在用 SEC 复性 PDGF-AB（platelet-derived growth factor）时，将流动相中的 0.5 mol/L GuHCl 改为 0.5 mol/L NaCl，聚集体从 10% 增加到

60％。Gu 等[18]用 SEC 研究碳酸脱氢酶的复性时发现，当流动相中不含变性剂 GuHCl 时，天然碳酸脱氢酶在 SEC 中也会产生少量的聚集体，而当流动相中含有 0.6 mol/L GuHCl 时，就不会有聚集体产生。

5. 温度

Batas 等[38]研究了温度对溶菌酶的 SEC 复性的影响，在 20～50℃时，温度对溶菌酶的洗脱行为和酶活性影响不大，活性回收率接近 100％。在 10℃时溶菌酶洗脱较早，并且在复性的溶菌酶色谱峰前面有一个小的聚集体峰，活性回收率从近 100％降低到 83％，这是因为低温时溶菌酶的折叠动力学较慢，而且复性的蛋白和聚集体分离不充分所致。

此外，柱尺寸对蛋白的 SEC 复性也有一定的影响。Harrowing 等[31]研究了柱直径和柱长对 β-内酰胺酶复性的影响，结果表明色谱柱的直径对复性影响不大，柱长降低，蛋白的复性效率较差，这可能是由于分离度降低所致的。

5.3.3　SEC 复性方法的改进

SEC 已成功地用于许多蛋白质的复性，但在 SEC 柱中进行缓冲液交换时，蛋白质不可避免地会发生聚集现象，从而降低复性效率。为了克服或部分克服这一缺陷，许多科学家对 SEC 复性做了进一步的改进和完善，提出了多种行之有效的复性方法。

1. 脲梯度 SEC 复性

在普通的 SEC 复性中，脲和 DTT 等变性剂是在短时间内去除的，变性剂浓度变化突然，这使得复性过程中因不可避免的变性蛋白分子间的相互聚集而损失的蛋白较多。为了克服这个缺陷，Gu（谷振宇）等[27]在前人工作的基础上提出了一种改进的 SEC 复性方法，称为脲梯度 SEC 复性法，即在 SEC 柱中预先制成自上而下脲浓度逐渐降低的梯度，由于变性蛋白的相对分子质量比脲的相对分子质量大得多，因此它在 SEC 柱中移动比脲快得多。因此，变性蛋白将顺着脲梯度下移，其周围的变性剂浓度逐渐地连续降低，在此过程中蛋白逐步进行折叠。因此，采用这种方式实现了线性降低脲浓度，从而既避免了因脲浓度太低引起的变性蛋白质分子间的相互聚集，又避免了在变性蛋白复性时因脲浓度太高而难以复性。如图 5-4 所示，与传统的 SEC 复性相比，脲梯度 SEC 复性方法为蛋白质复性提供了一个较温和的环境，实现了线性去除变性剂，可以稳定不同阶段的折叠中间体，引导蛋白质折叠向正确的方向进行，最终恢复到原来的天然活性构象，对高浓度变性蛋白质的复性效果十分显著。

脲梯度 SEC 对溶菌酶进行复性的色谱图如图 5-5 所示，图 5-5 中的电导曲线表示在洗脱溶菌酶过程中脲浓度的梯度变化。因为脲是一种非电解质，所以含高浓度脲的缓冲液具有低的电导。图 5-5 中电导曲线的线性降低说明脲浓度的线性增加。通过选择合适的脲梯度长度，可以使溶菌酶在柱末端进入脲梯度

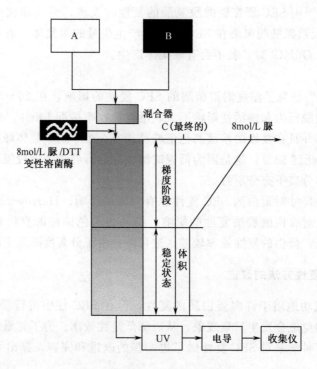

图 5-4 脲梯度复性体系示意图

中的低浓度脲溶液中，从而流出柱子。对初始浓度为 17 mg/mL 的还原变性溶菌酶，在 40 min 内可以得到高达 90％的活性回收率。图 5-6 为稀释法、普通 SEC 和脲梯度 SEC 对溶菌酶的复性结果的比较，可以看出，脲梯度 SEC 的复性效率最高，普通 SEC 次之，稀释法最差。随着蛋白浓度的增加，这种差别越来越明显。这说明脲梯度 SEC 是一种很有发展前途的方法。脲梯度 SEC 的一个缺点是每次复性前需要重新平衡色谱柱，延长了运行周期。但总体而言，这是一种较有发展前途的复性方法。此外，在脲梯度 SEC 的基础上发展出来的 pH 和脲浓度双梯度 SEC 法用于蛋白复性，效果也很好[39]，利用 Superdex 30预装柱复性 scFv 蛋白质，在柱内预先设置了变性剂浓度梯度和 pH 的梯度，获得了 25％的活性收率，仅仅变性剂浓度梯度获得了 17％的活性收率，而普通的无任何梯度的凝胶过滤层析获得 14.5％的收率，显示了双梯度凝胶过滤层析复性的优势。但是这种方法的应用范围可能有限，因为许多变性蛋白在酸性溶液中的溶解度很差。

　　线性梯度在凝胶过滤层析中可能经常会遇到，但是有时有些蛋白质可能在某些变性剂浓度下不稳定，在梯度过程中需要尽快跨越这些浓度过程；有时蛋白质折叠的限速在某些变性剂浓度，此时需要增加这段时间，所以在凝胶过滤层析中可以设计不同类型的梯度形式，以满足不同的蛋白质的复性需要。

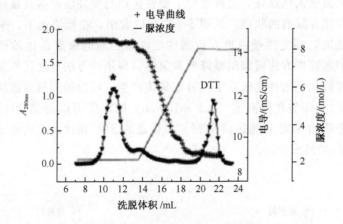

图 5-5　脲梯度 SEC 复性溶菌酶[27]

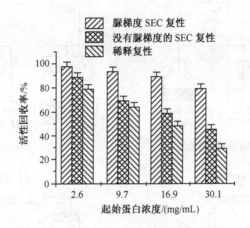

图 5-6　不同方法对溶菌酶的复性结果比较[27]

2. 伴侣溶剂塞 SEC 复性

在伴侣溶剂塞（chaperon solvent plug）SEC 复性中，当样品和流动相接触时会立即产生聚集体。也就是说，在样品从进样阀进入色谱柱入口的过程中，聚集体已经形成，在进入 SEC 柱后其不能正确折叠。这大大地降低了复性效率。Liu 等[40]提出了伴侣溶剂塞 SEC 复性法，即先用复性液平衡 SEC 柱，然后让一定体积的聚集体抑制溶剂（含 8.0 mol/L 脲的复性缓冲液）流入管路以形成一定长度和体积的溶剂塞。再用复性缓冲液带动该溶剂塞至进样阀，然后再将变性蛋白进入进样阀，变性蛋白便和溶剂塞一起进入色谱柱顶端。因在变性蛋白从进样阀到柱顶端的过程中，该溶剂塞始终伴随着变性蛋白，故将其称之为伴侣溶剂塞。伴侣溶剂塞 SEC 复性蛋白的示意图如图 5-7 所示。在此过程中，伴侣溶剂塞带着变性蛋白进入色谱柱，这样避免了变性蛋白与复性缓冲液直接接触，并且使样品稳定在相互隔离的状态。从图 5-8 中可以看出，在低流速下，采用普通的 SEC 操作方法时，在变性蛋白进入色谱柱之前蛋白质的聚集是比较严重的，而采用溶剂伴侣塞操作方法可以明显降低聚集体。应用该方法复性还原变性的溶菌酶时，在进样阀和色谱柱之间几乎没有聚集体产生，可以得到很高的质量回收率（90%～110%），即使在低流速（0.3 mL/min）时，仍可以得到 90% 的质量回收率，而用普通的 SEC 只能达到 65%。与普通的 SEC 相比，应用该方法时活性回收率提高了 30%～60%。

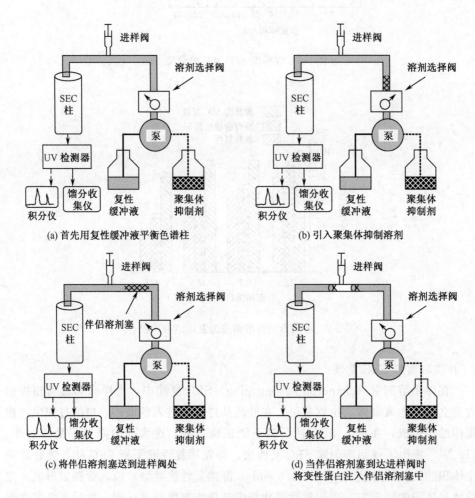

图 5-7　伴侣溶剂塞 SEC 复性示意图[40]

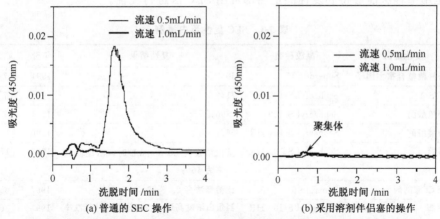

(a) 普通的 SEC 操作　　　　　　(b) 采用溶剂伴侣塞的操作

图 5-8　流动相流速对变性蛋白进入 SEC 色谱柱之前形成的聚集体的影响[40]

进样量 20 μL, 蛋白浓度 5 g/L

3. 与人工分子伴侣结合的 SEC 复性

受分子伴侣辅助蛋白质复性的启发, Rozema 和 Gellman[41,42]发展了人工分子伴侣用于蛋白质复性, 控制复性和聚集之间的竞争。此系统包括一个去污剂和一个环糊精。在复性过程中, 在稀释步骤中引入去污剂以结合变性蛋白, 避免引起聚集的分子间相互作用, 然后加入环糊精以剥离去污剂, 并使蛋白释放出来, 从而使蛋白复性。Dong 等[43]将 SEC 和人工分子伴侣相结合, 以十六烷基三甲基溴化铵 (cetyltrimethylammonium bromide, CTAB) 为去污剂, β-环糊精作剥离试剂 (即洗脱液), 将还原变性的高浓度溶菌酶 (80 mg/mL) 首先稀释到 CTAB 溶液中使溶菌酶的浓度达到 40 mg/mL, 将稀释后的蛋白溶液和洗脱液分别以流速 0.5mL/min 和 1.5 mL/min 通过一个混样器流入色谱柱, 进样 20mg, 然后用洗脱液以 2.0 mL/min 的流速将蛋白样品快速带入色谱柱顶端, 再用洗脱液进行洗脱。用该方法在高流速下 (0.8~2.2 mL/min) 得到了较高的复性效率, 而用没有人工分子伴侣的 SEC, 只能在很低的流速下 (<0.4 mL/min) 得到相同的复性效率。

另外, 发展起来的排阻色谱方式还有连续基质辅助蛋白折叠[20]和模拟移动床色谱[44], 可以用于连续模式的蛋白复性, 可望用于工业化生产。这一部分将在本书第八章中介绍。

5.3.4　SEC 复性法的应用

与稀释法相比, SEC 能够在高浓度下对蛋白进行复性, 用 SEC 对起始浓度为 80 mg/mL 的溶菌酶进行复性, 活性回收率高达 46%[17]。近年来, SEC 在蛋白复性中的应用越来越多, 表 5-1 中列出了一些重要的实例。可以看出, SEC 复性法的通用性较强, 能够适用于很多蛋白质的复性, 且复性率较高。原则上讲,凡是用稀释法能够得到复性的蛋白都可用 SEC 法进行复性。

表 5-1　SEC 复性蛋白举例

复性蛋白	凝胶种类	复性结果	年份	文献
大肠杆菌整合宿主因子	Superdex 75	60%	1994	[7]
rhETS-1	Sephacryl S-100	71%	1994	[7]
核糖核酸酶	Sephacryl S-100	>90%	1994	[7]
牛碳酸酐酶	Sephacryl S-100 HR	56%	1996	[17]
溶菌酶	Sephacryl S-100 HR	蛋白浓度为 80 mg/mL 时,活性回收率为 46%	1996	[17]
补充 Cl 抑制剂	Superose 6	比稀释法高 2.5 倍	1997	[45]
溶菌酶	Sephacryl S-100 HR	当蛋白浓度高达 82 mg/mL 时,复性率>46%,而用稀释法在蛋白浓度为 2.0 mg/mL 时只能得到 40% 的复性率	1997	[36]
溶菌酶	Superdex 75 HR	—	1999	[46]
重组白介素-6	Superdex G-25	17% 的活性回收率	1999	[46]
重组溶菌酶	Sephacryl S-100	稀释倍数为 20 时,活性回收率为 35%	1999	[48]
杂二聚血小板生长因子	Superdex 75	75% 以上的活性回收率	1999	[49]
溶菌酶	Superdex 75	蛋白浓度为 17 mg/mL 时可得到 90% 的活性回收率	2001	[27]
牛 α-乳白蛋白	Superdex 75 PrepGrade	41% 活性回收率	2003	[20]
尿激酶血浆酶原激活剂	Sephacryl S-300	当稀释倍数为 10 时,活性回收率为稀释法的 5 倍以上	2000	[32]
溶菌酶	Sephacryl S-100	蛋白浓度为 40 mg/mL 时,活性回收率接近 100%	2001	[38]
尿激酶血浆酶原激活剂片断	Sephacryl S-300	15.3% 活性回收率	2000	[33]
溶菌酶	Sephacryl S-100	80% 活性回收率	2002	[43]
溶菌酶	Superdex 75 HR	>90%	2003	[40]
β-内酰胺酶	Sephacryl S-300	—	2003	[31]
牛碳酸酐酶 B	Superdex 75	85% 的活性回收率	2003	[18]
活性钙通道 β_{1b} 亚单元	Superdex 200	50% 的活性回收率,用透析法和稀释法不能复性	2004	[51]

5.3.5　重组人粒细胞集落刺激因子的 SEC 复性

人粒细胞集落刺激因子 (rhG-CSF) 是一种细胞生长因子,是目前已知血细胞集落刺激因子中特异刺激粒系祖细胞增殖、分化乃至维持其功能、存活所必须的一种造血生长因子，同时也是成熟的中性白细胞的功能活化因子，对机体应激防御系统有重要意义，在造血、血液病细胞生长和机体免疫功能中具有不可忽视的作用[51~53]，其等电点为 6.1，Wang（王超展）等[55]采用 SEC 法对 rhG-CSF 进行了复性并同时纯化。

1. 脲浓度对 rhG-CSF 复性的影响

　　复性过程中的一个关键是复性液中必须包含合适浓度的变性剂，既能使蛋白分子折叠，又能使其保持较好的溶解度和柔性，从而可以自由重新组织其结构。通常，在复性缓冲液中加入合适浓度的变性剂能够抑制变性蛋白分子间的聚集，有利于蛋白质复性。在 SEC 复性的过程中，流动相中变性剂的浓度也是很重要的。Batas 等使用含低浓度脲的流动相对高浓度的变性蛋白进行了复性[17]。因此，实验中对用 SEC 复性 rhG-CSF 时脲浓度的影响进行了研究。如图 5-9 所示，rhG-CSF 的质量回收率随流动相中脲浓度的增加而增加，在 3.0 mol/L 时基本达到稳定，脲浓度的进一步增加对质量回收率没有显著的影响。从图 5-9 中还可以看出，当脲浓度在 0~3.0 mol/L 范围内时，rhG-CSF 的比活随脲浓度的增大而增大，在 3.0 mol/L 时达到最大。当脲浓度大于 3.0 mol/L 时，rhG-CSF 的比活大大降低。这可能是因为合适的脲浓度抑制了蛋白折叠中间体的聚集，使得变性蛋白能够自由重新组织其结构，从而有利于蛋白向其天然态折叠。然而，过低浓度的脲使得变性或部分复性的 rhG-CSF 分子相互聚集，使得其分子结构过于紧密，不能自由改变其结构。过高浓度的脲使得变性 rhG-CSF 不能有效的向其天然结构折叠，这使得 rhG-CSF 的折叠中间体过于稳定，降低了其比活。因此在下面的 SEC 复性实验中，流动相中均含有 3.0 mol/L 脲。

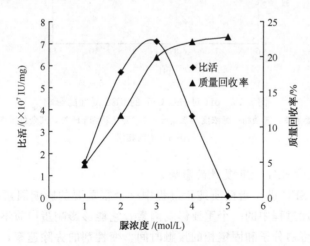

图 5-9　流动相中脲浓度对 rhG-CSF 的 SEC 复性的影响

流动相：0.05 mol/L Tris（pH 为 8.0）+1.0~5.0 mol/L 脲+1.0 mmol/L EDTA+
1.0 mmol/L GSH+0.1 mmol/L GSSG；流速：2.0 mL/min

2. 流动相 pH 对 rhG-CSF 复性的影响

pH 对复性产率和速率，特别是对二硫键的形成是很重要的。碱性的巯基交换反应涉及电离形式的巯基，因此在很大程度上取决于溶液的 pH[56]。一般地，碱性环境有利于二硫键的形成，而酸性 pH 则会阻止二硫键的重新氧化。在图 5-9 所得结果的基础上，实验中采用 Tris-HCl 缓冲体系，在 pH 为 7.0～10.0 范围内研究了流动相 pH 对 rhG-CSF 的 SEC 复性的影响。图 5-10 为流动相 pH 对用 SEC 复性 rhG-CSF 的比活和质量回收率的影响。从图 5-10 中可以看出，在所研究的范围内，流动相 pH 对 rhG-CSF 的质量回收率影响不大。但在 pH 为 7.0～8.0 之间，rhG-CSF 的比活随流动相 pH 的增大而增高，在 pH 为 8.0 时达到最高，这可能是因为弱碱性环境促进了 rhG-CSF 和 GSH 分子中的巯基的电离。当 pH 大于 8.0 时，rhG-CSF 的比活迅速降低。这可能是因为低的 pH 不能使 rhG-CSF 分子中的半胱氨酸上的巯基有效电离，因此不能形成二硫键。然而在过高的流动相 pH 条件下，错误配对的二硫键形成的概率增加，而且没有机会被 GSH/GSSG 氧化还原对重新排布。而且过高的 pH 会引起肽链的降解[57]，降低了 rhG-CSF 的活性。因此，选择流动相的 pH 为 8.0。

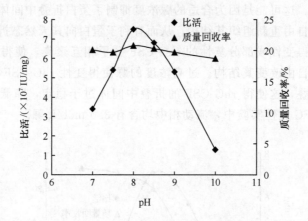

图 5-10　pH 对 rhG-CSF 的 SEC 复性的影响

色谱条件：流动相中脲浓度为 3.0 mol/L。除流动相 pH 外，其余色谱条件
与图 5-9 中的相同

3. 流动相流速对 rhG-CSF 复性的影响

流速是用 SEC 进行蛋白质纯化过程中一个很重要的影响因素，也是用 SEC 进行蛋白质复性过程中的一个重要影响因素，它能够影响蛋白质不同状态之间的分离度，变性蛋白分子和固定相的接触时间，变性剂的去除速率，因此可以影响蛋白质的比活。实验中在流速 1.0～4.0 mL/min 范围内研究了流速对 rhG-CSF 复性的影响。从图 5-11 中可以看出，随着流速的增大，rhG-CSF 的质量回收率略有增加，这与 Liu 等[40] 和 Fahey 等[32] 复性标准模型蛋白时所得结果一致。这

是因为变性的 rhG-CSF 的疏水基团暴露在外面，在从进样阀到柱子入口的过程中没有固定相的保护，很容易发生聚集。当变性 rhG-CSF 一旦和流动相接触，就会产生沉淀。低流速下质量的损失可能是因为蛋白聚集程度较高，而高流速可以使变性 rhG-CSF 迅速从进样阀进入 SEC 柱，而且增加了扩散，避免了变性或部分复性的 rhG-CSF 的聚集。因此，随着流动相流速的增大，质量回收率增加。然而从图 5-11 中还可以看出，rhG-CSF 的比活随着流速的增大而降低。这可能是因为流速的增大使得 rhG-CSF 的聚集体和折叠态的分离度降低。虽然当流速为 1.0 mL/min，rhG-CSF 的比活最大，但是这时的质量回收率却是最小的，而且将 rhG-CSF 从 SEC 柱中洗脱所需的时间最长。根据这一点，下面的实验一律在流速为 2.0 mL/min 条件下进行。

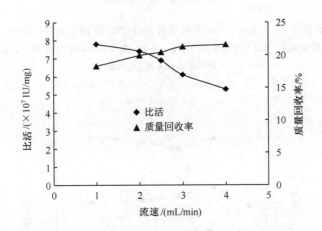

图 5-11　流速对 rhG-CSF 的 SEC 复性的影响

色谱条件：流动相中脲浓度为 3.0 mol/L。除流速外，其余色谱条件和图 5-9 中的相同

4. 谷胱甘肽浓度对 rhG-CSF 复性的影响

rhG-CSF 在 17-位含有一个自由半胱氨酸，并含有两对二硫键，Cys[36]-Cys[42] 和 Cys[64]-Cys[74]，这两对二硫键对其三维结构和生物活性是必需的。*E. coli* 表达的 rhG-CSF 中的半胱氨酸都是以还原形式存在的，必须经过重新氧化形成天然二硫键。GSH/GSSG 氧化还原对能够有效地催化蛋白质二硫键的重新氧化[58]。实验中研究了用 SEC 对 rhG-CSF 进行复性时，GSH/GSSG 氧化还原对的总浓度和比例对其复性效率的影响，结果分别如图 5-12 和图 5-13 所示。从图 5-12 中看出，GSH/GSSG 氧化还原对的总浓度对 rhG-CSF 的比活有一定的影响，当 GSH/GSSG 的总浓度为 3.3 mmol/L 时，rhG-CSF 的比活最高，过低或过高的浓度都会降低 rhG-CSF 的比活。从图 5-12 中还可以看出，在谷胱甘肽总浓度在 1.1～9.9 mmol/L 范围内，rhG-CSF 的质量回收率变化不大。

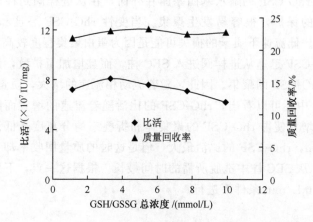

图 5-12　GSH/GSSG 总浓度对 rhG-CSF 的 SEC 复性的影响

色谱条件：流动相中脲浓度为 3.0 mol/L。除 GSH/GSSG 总浓度外，其

余色谱条件与图 5-9 相同

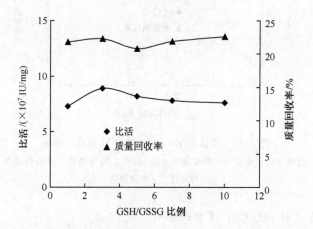

图 5-13　GSH/GSSG 比例对 rhG-CSF 的 SEC 复性的影响

色谱条件：流动相中脲浓度为 3.0 mol/L，GSH/GSSG 总浓度为 3.3 mmol/L。

除 GSH/GSSG 总浓度外，其余色谱条件与图 5-9 相同

　　蛋白质的复性是一个净的氧化过程，但是通常在还原条件下才能得到最高的复性效率[59,60]，GSH/GSSG 的比例通常为 1：10[59,60]，因此在本研究中将 GSH/GSSG 的比例限制在 10：1～1：1 范围内。从图 5-13 中看出，rhG-CSF 的质量回收率在 (1：1)～(10：1) 范围内随 GSH/GSSG 比例的增加变化不大。rhG-CSF 的比活性随 GSH/GSSG 比例的增大先增大后减小，当 GSH/GSSG 为 3：1 时，rhG-CSF 的比活最高。因此，用 SEC 复性 *E. coli* 表达的 rhG-CSF 时，

一个合适的氧化-还原势是必要的。综上所述，在后面的实验中所采用的流动相中均含有总浓度为 3.3 mmol/L 的谷胱甘肽，GSH/GSSG 为 3∶1，也就是 2.5 mmol/L GSH 和 0.8 mmol/L GSSG。

5. 甘油对 rhG-CSF 复性的影响

如前所述，聚集体的形成是蛋白质复性过程中最主要的竞争反应过程。因此，一个常用的提高蛋白质复性效率的方法是在复性缓冲液中加入一些小分子添加剂以干扰不需要的蛋白质-蛋白质相互作用。据文献报道[61]，甘油能够增加蛋白质的稳定性，从而提高蛋白质的复性效率，已被用于多种蛋白的复性中[62]。图 5-14 表示甘油浓度对 rhG-CSF 的比活和质量回收率的影响。结果表明，适当浓度的甘油确实能够增加 rhG-CSF 的比活，当甘油浓度为 15％（体积分数）时，其比活性最高，高于或低于此浓度时均使 rhG-CSF 的比活降低。从图 5-14 还可以看出，rhG-CSF 的质量回收率随着甘油浓度的增加稍有增加。

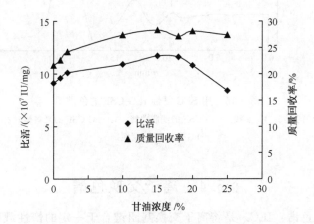

图 5-14　甘油浓度对 rhG-CSF 的 SEC 复性的影响

色谱条件：流动相中脲浓度为 3.0 mol/L，GSH 的浓度为 2.5mmol/L，GSSG 的浓度为 0.8 mmol/L，其余色谱条件与图 5-9 相同

6. 用 SEC 复性 rhG-CSF

rhG-CSF 是一个疏水性很强的蛋白，在复性的过程中很容易形成沉淀。在本研究中，用 SEC 对 rhG-CSF 进行了复性。将 8.0 mol/L 脲变性的 rhG-CSF 直接进入用含 3.0 mol/L 脲的流动相平衡过的色谱柱，图 5-15 为在优化条件下所得的 rhG-CSF 复性的色谱图。从图 5-15 看出，得到了两个小的色谱峰和一个大的色谱峰。收集每一个色谱峰中的色谱馏分，用 SDS-PAGE 和生物活性分析进行检测，结果表明峰 1 是 rhG-CSF 聚集体和一些相对分子质量比 rhG-CSF 相对分子质量大的杂蛋白，峰 2 是复性的 rhG-CSF 和少量杂蛋白，峰 3 是 β-巯基乙醇（β-ME）和一些相对分子质量比 rhG-CSF 相对分子质量小的杂蛋白。因此，

SEC 复性方法能够在一个色谱过程中将缓冲液从溶解缓冲液更换为复性缓冲液，使 rhG-CSF 复性，除去 rhG-CSF 聚集体。同时，在此过程中，rhG-CSF 得到部分纯化。通过使用 SEC 复性方法，避免了使用稀释复性法时纯化之前的稀释和浓缩步骤。所得 rhG-CSF 的比活为 1.2×10^8 IU/mg，纯度为 82.7% 的 rhG-CSF，其质量回收率为 30.1%。

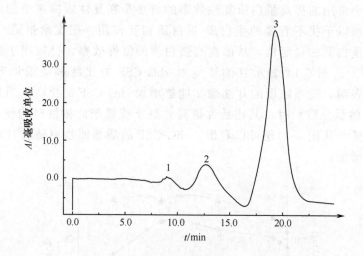

图 5-15 用 SEC 复性 rhG-CSF 的色谱图

色谱条件同图 5-14. 实线. rhG-CSF 的洗脱曲线；1. rhG-CSF 的聚集体；2. 复性的
rhG-CSF；3. 变性剂

§5.4 离子交换色谱

离子交换色谱（IEC）是将离子交换基团键合于一定的惰性载体之上，并以此作为固定相，依据蛋白质等电点（pI）的不同，从而与固定相上的离子交换基团相互作用的程度不同而进行蛋白分离的一种色谱方法。对变性蛋白来说，变性蛋白质与固定相间有分子间的电荷作用，这种作用力可导致变性的蛋白吸附在固定相表面，在洗脱过程中进行吸附—解吸附—再吸附的复性。

最早把变性蛋白质可逆的吸附在离子交换层析（IEC）介质上的工作是由 Creighton 开始的[63]。他们采用了一个有三组缓冲溶液组成的复性体系。首先 IEC 层析柱被含有 8 mol/L 脲的缓冲液平衡，然后 8 mol/L 脲溶解的蛋白质进样吸附在层析柱上。当层析柱内脲浓度梯度降低时，蛋白质会自发地折叠复性。同时，折叠中的蛋白质仍旧吸附在层析介质上。最后，当变性剂被完全除去时，蛋白质也完成折叠，被随后的高盐缓冲液洗脱出来。Creighton 用此种方法成功地复性了以包涵体形式表达的凝乳酶原、金属蛋白酶组织抑制剂和猪生长激素[64,65]。图 5-16 是一组采用三组缓冲溶液体系的

IEC复性时的色谱图。

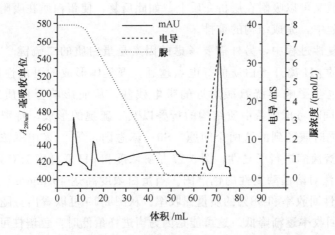

图 5-16　采用三组缓冲溶液体系的 IEC 复性时的色谱图
用 7 mL DEAE Sepharose FF 柱复性全长 NS3 蛋白酶-解螺旋酶[66]

　　Suttnar 等用 0.01 mol/L NaOH 溶解 *E. coli* 表达的刺瘤病毒（papilloma virus）HPV16 E7MS2 融合蛋白包涵体，使用 Mono Q 强阴离子色谱柱对其成功进行了复性[6]。然而，0.01 mol/L NaOH 的碱性很强，容易引起蛋白的不可逆修饰和降解，因此只适于少数在碱性条件下比较稳定的蛋白质，对绝大多数蛋白质并不适用。Stempfer[67]在 α-甘露葡萄糖苷的氨基或羧基末端构建了含有精氨酸的聚阳离子序列的融合蛋白，将此融合多肽结合到含有反离子聚阴离子作为靶向基团的基质上，这在一定程度上消除了复性过程中沉淀的产生。经过仔细地条件优化，高浓度的固定化 α-甘露葡萄糖苷成功地在这种基质上得到了复性。然而，该研究中的 α-甘露葡萄糖苷在 *E. coli* 中可溶表达，没有形成包涵体，表达后的蛋白只需要将细胞破碎后离心，就可回收到含 α-甘露葡萄糖苷的上清液，不需要用高浓度的变性剂进行溶解，而且该蛋白中不含二硫键。然而约 95% 蛋白中都含有二硫键，而且当蛋白在 *E. coli* 中高效表达时常常会生成包涵体，因此 Stempfer 等的研究不具有普遍意义。Wang（王彦）等[68]使用弱阳离子交换色谱对还原变性的溶菌酶成功进行了复性，在蛋白浓度高达 20 mg/mL 时，可以得到接近 100% 的活性回收率。

　　在 IEC 中，变性剂的浓度梯度并不能每次都获得高的活性回收。例如，α-乳白蛋白的收率只有 10% 左右。原因可能是折叠的中间体很难从层析介质上洗脱出来。为了避免折叠中间体在层析介质上的堆积，Su（苏志国）等[19]采用两种缓冲液系统的 IEC 对蛋白进行了复性方法。溶解的蛋白质吸附在高浓度变性剂缓冲液平衡的层析柱上，梯度降低变性剂的浓度，同时梯度增加盐离子的浓度，这样可以使蛋白质自发折叠的同时，离开原先吸附的位点，向柱下端移动。移动的同时，蛋白质分子可以调节折叠的结构，到达一定的位点，由于盐离子浓度降低了，蛋白质又可以吸附在层析介质上。如此反复，使蛋白质在吸附—解吸附—再吸附的过程中，完成结构的重排。

在蛋白复性过程中，另外需要考虑的因素是蛋白质的二硫键[69]。一般情况下，缓冲液的 pH 离开蛋白质的等电点越远，聚集体形成的可能性越小[70]；缓冲液的 pH 也会影响半胱氨酸附近的带电残基，从而影响蛋白质二硫键的形成[71]。为了同时考虑到蛋白质结构的折叠以及二硫键的形成，特别是在大规模生产中难以同时兼顾到的这两个问题，Su（苏志国）等[72]采用脲浓度和 pH 双梯度 IEC 对溶菌酶进行了复性，图 5-17 是脲浓度和 pH 双梯度 IEC 体系示意图，图 5-18 是该法对溶菌酶复性的色谱图。当蛋白浓度高达 40 mg/mL 时，可以得到 95％的活性回收率和 98％的质量回收率。从图 5-19 可以看出，随着进样量的增大，活性回收率逐渐降低。这可能是因为当进样量低时，色谱柱可以提供足够的吸附位点用于蛋白质的结合和折叠。由于变性蛋白被固定在不同的位点，它们很少有机会相互接触。复性过程可以在没有分子间相互作用干扰的情况下完成，因此可以得到高的活性回收率。当进样量增加时，变性蛋白质的分子数将会超过色谱柱顶端的固定相上的活性位点，这时分子间的相互作用是不可避免的。这将会影响变性蛋白的正确折叠，导致聚集，复性率降低。从经济的观点而言，我们需要同时考虑活性回收率和进样量，使其达到一个折中的效果。虽然聚集在很大程度上被抑制，但却没有得到完全消除。当进样量从 2mg 增加到 30mg（蛋白浓度从 0.4 g/L 介质增加到 7.5g/L 介质）时，活性回收率从 100％降至 62％。图 5-20 为流速对溶菌酶复性的影响，可以看出，随着流速的增大，溶菌酶的活性回收率先增大后减小，在 0.3mL/min 时达到最大值。高的流速使得蛋白在色谱柱中的停留时间过短，以致不能完全折叠；低的流速会增加蛋白在色谱柱中移动

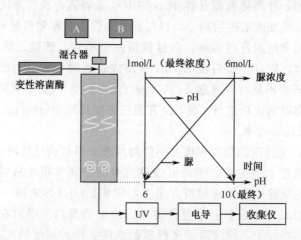

图 5-17　脲浓度和 pH 双梯度 IEC 体系示意图[19]

时接触机会，从而增加了聚集发生的可能性。低的流速使得完成复性过程的时间延长。

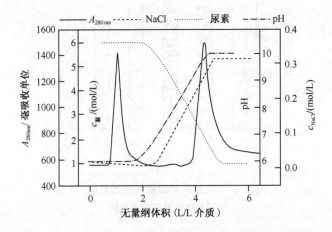

图 5-18　用双梯度 IEC 复性溶菌酶的色谱图[19]

色谱柱：SP Sepharose High-Performance Hitrap（5 mL）；平衡液 A：0.05 mol/L Tris-HCl（pH 为 6.2）＋6 mol/L 脲＋3 mmol/ L GSH＋0.3 mmol/L GSSG；洗脱液 B：0.1 mol/L Tris-HCl（pH 为 10）1 mol/L 脲＋0.3 mol/L NaCl＋3 mmol/L GSH＋0.3 mmol/L GSSG；流速：0.4 mL/min；进样量：8 mg 8mol/L 脲还原变性的溶菌酶；梯度：5 mL，100％ A～100％B

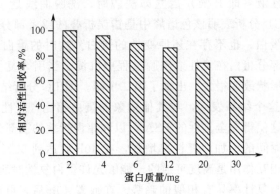

图 5-19　进样量对溶菌酶复性的影响[19]

色谱条件与图 5-18 中相同

　　脲浓度和 pH 双梯度 IEC 是一个好的方法，只因溶菌酶分子立体结构很稳定，且等电点在 11，用此法复性时结果很好，应有用此法对更多的蛋白复性的事例。在变性剂浓度梯度降低的同时，或者提高或者降低复性缓冲液中的 pH，可以使含有二硫键的蛋白质的复性效率大大提高。在复性 Fe-SOD 的过程中，双梯度离子交换层析方法显示了其优越性[73]。

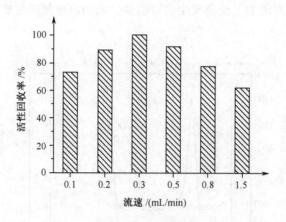

图 5-20　流速对溶菌酶复性的影响[19]

色谱条件与图 5-18 中相同

牛血清白蛋白（BSA）含 17 对二硫键，分子质量为 65 000Da，是一个结构很复杂的蛋白，目前关于它的复性研究较少。Langenhof 等[74]采用强阴离子交换色谱（SAX）对还原变性的 BSA 进行了复性。他们将还原变性 BSA 进样到 SAX 柱后放置一段时间，然后再进行洗脱，研究了放置时间对复性的影响。图 5-21 是放置不同时间后洗脱的色谱图，图 5-22 为对应的复性率。从图 5-21 可以看出，当引入复性液（即 B 液）后立即洗脱时，洗脱曲线是一个宽的色谱峰。反相色谱（RPLC）分析表明该色谱峰中是错误折叠的或者部分折叠的蛋白，不存在正确折叠的蛋白，也不存在还原变性的蛋白。这时的蛋白质量回收率不到 20%，这表明大部分蛋白在复性或洗脱过程中沉淀。当引入复性液后再放置 3h 后，洗脱曲线的形状改变很大，出现了第二个峰。RPLC 分析结果表明该峰为得到复性的 BSA。这个结果表明，与其他构象的蛋白相比，复性后的蛋白与固定相的结合较弱，这使得完全复性的 BSA 可以和错误折叠的或部分折叠的 BSA 分离开。随着放置时间的增加，复性率增加，在 40h 后达到 55%。这表明蛋白质和固定相之间的相互作用是高度可逆的，能够允许蛋白复性时所需的结构重新排列。质量回收率与复性率具有相似的趋势。在放置 40h 后，可以得到 67% 的质量回收率。在实验过程中，质量回收率没有达到 100%，这表明当蛋白从固定相上被洗脱下来后生成了一些蛋白聚集体和沉淀。事实上，在洗脱液中加入 8mol/L脲后可以得到更高的质量回收率（近似 90%）。通过延长放置时间可以减少聚集体的产生。这个方法使得更高比例的折叠中间体能够折叠成稳定的天然构象，因此减少了参与形成聚集体的蛋白的质量和浓度。

对适于大规模生产的 LC 复性来说，蛋白在色谱柱上的结合容量是一个需要考虑的很重要的因素。图 5-23 为进样量对 BSA 复性的影响。可以看出，每毫升 Q Sepharose 填料可以结合 10mg 还原变性 BSA，在流穿液中没有任何蛋白。正如所

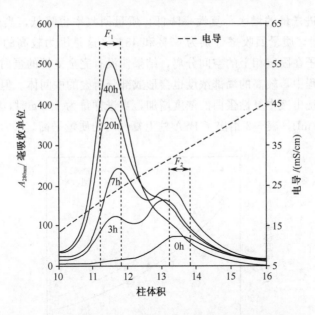

图 5-21 将 BSA 进样后放置不同时间后洗脱的色谱图[74]

色谱柱：Q Sepharose Fast Flow HiTrap（1 mL）；A 液：50mmol/L Tris-HCl＋3mmol/L EDTA＋8mmol/L 脲（pH 为 8.5）；B 液：50mmol/L Tris-HCl＋1mmol/L EDTA＋79mmol/L 脲＋1.1mmol/L GSSG＋2.2mmol/L GSH（pH 为 8.5）；C 液：50mmol/L Tris-HCl＋1mmol/L EDTA（pH 为 8.5）；D 液：50mmol/L Tris-HCl＋1mmol/L EDTA（pH 为 8.5）＋1mmol/L NaCl；流速：0.5mL/min；进样量：1mL 2mg/mL 还原变性 BSA，用 5 个柱体积（CV）的 A 液冲走 DTT 和不保留的蛋白，在 5CV 内将溶液从 A 切换到 B 使蛋白开始复性，然后将流速设为 0，放置不同时间，然后用 6CV 的 C 液冲洗，最后用梯度将 BSA 洗脱；梯度：20CV，100％C～100％D

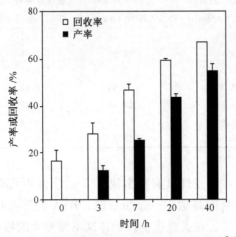

图 5-22 进样后放置时间对 BSA 复性的影响[74]

色谱条件与图 5-21 中相同

预见的，随着进样量的增大，复性率降低，质量回收率也降低，当进样量分别为 2mg 和 10mg 时，质量回收率分别为 67％ 和 48％。这是因为较高的蛋白进样量会影响蛋白质分子在固定相上的空间分离，结果使没有完全复性的蛋白之间的聚集增加。在洗脱过程中，较高的局部浓度也会形成部分折叠的中间体。但是，较高的蛋白进样量使得洗出液中复性蛋白的浓度增加，当进样量为 10mg 时，洗出液中的蛋白浓度为 3mg/mL。表 5-2 给出了 BSA 柱上复性时的质量平衡。

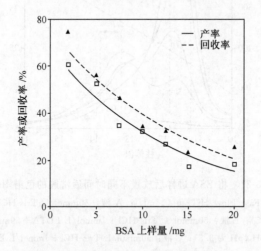

图 5-23　进样量对 BSA 复性的影响[74]

表 5-2　BSA 柱上复性时的质量平衡[74]

BSA 表观上样量/mg	变性 BSA 的实际上样量/(mg/mL)	BSA 的实际上样量/(mg/mL)	洗脱液中的天然 BSA/(mg/7 mL)	洗脱液中总的 BSA/(mg/7 mL)
2	1.60	1.88	0.91	1.26
5	4.01	4.69	2.10	2.64
7.5	5.90	7.06	2.05	3.28
10	8.00	9.86	2.58	3.40
12.5	9.84	11.76	2.67	3.84
15	11.81	14.12	2.04	3.33
20	16.04	18.76	2.93	4.84

与稀释法相比，柱上复性具有很多优点[74]：①复性可以在更高的蛋白浓度下进行。发现在起始浓度高达 10 mg/mL 时，BSA 能够在柱上复性，而在流穿液中没有任何蛋白损失。在大规模生产中，这不需要大的缓冲液体积，因此减少了生产成本。能够在洗脱过程中回收浓度大于 3 mg/mL 的复性蛋白，不需要稀释复性后需要的浓缩步骤；②缓冲液组分的最终浓度可以通过柱上复性很好地控制，而变性剂和还原剂的残留经常是稀释复性过程中的一个干扰因素。在稀释复

性之前，几乎经常需要一个额外的纯化步骤以完全除去它们。

Machold 等[75]采用两种色谱复性模式对 α-乳白蛋白进行复性，一种是在流动相中未加入氧化/还原试剂对，将变性蛋白以非天然的状态洗脱下来，然后在流出液中加入氧化/还原试剂对，使其完全复性；另一种是在流动相中加入氧化/还原试剂对，这种情况下蛋白在吸附时就开始复性，在洗脱过程中完成复性。他们研究了 5 种阴离子交换色谱填料，即 DEAE Sepharose FF、Q Sepharose FF、Source Q、Toyopearl DEAE 和 Fractogel® EMD DEAE 对还原变性 α-乳白蛋白的动力学结合容量，结果表明前两者具有比后三者更高的结合容量，Toyopearl DEAE 对该变性蛋白的结合容量最低。他们进一步研究了这 5 种填料对还原变性 α-乳白蛋白复性的影响，在上样量为每种填料各自动力学容量的 90% 时，当流动相中含有 2 mol/L 脲，将蛋白洗脱后立即加入氧化/还原试剂对。对 DEAE Sepharose FF，Toyopearl DEAE 以及 Fractogel® EMD DEAE 来说，蛋白在流出液中的复性时间为 4h；对 Q Sepharose FF 和 Source Q，蛋白在流出液中的复性时间为 10~11h。表 5-3 列出了 5 种阴离子交换色谱填料对还原变性 α-乳白蛋白的动力学结合容量，复性率及生产效率。可以看出，Fractogel® EMD DEAE 对还原变性 α-乳白蛋白的复性率是最高的，为 84%。IEC 复性的生产效率比稀释法的高。即使采用 SEC 复性，也不能达到这么高的生产效率，因为上样体积不能超过总的柱体积的 10%。

表 5-3　5 种填料对还原变性 α-乳白蛋白的动力学结合容量，复性率及生产效率[75]

阴离子交换树脂	动力学结合容量/(mg/mL)	复性率/%	生产效率/[mg/(mL·h)]
Source 30Q	30	63	1.09
DEAE Sepharose FF	45	53	4.16
Q Sepharose FF	42.5	52	1.80
Toyopearl DEAE 650 M	12.3	57	1.36
Fractogel® EMD DEAE	22.4	84	5.07

图 5-24 表示还原变性 α-乳白蛋白在 DEAE Sepharose FF 上的复性色谱图，图 5-24 (a) 表示流动相中不含氧化/还原试剂对，图 5-24 (b) 表示流动相中含 2mmol/L 半胱氨酸和 2mmol/L 胱氨酸。所有的参数，如柱尺寸、进样量和流速均保持不变。在这两种情况下，得到了差异很大的色谱图。当在流动相中不含氧化/还原试剂对时，几乎所有的蛋白都能被盐洗脱，只有很少一部分蛋白在用 6 mol/L GuHCl 和 100 mmol/L 单巯基甘油再生色谱柱时被洗脱。然而，当流动相中含有氧化/还原试剂对时，大部分蛋白在再生色谱柱时被洗脱。2 mol/L GuHCl 和 100 mmol/L 单巯基甘油已经足以使色谱柱再生脱。

复性率取决于形成聚集体的量。看起来好像是变性蛋白一旦和色谱柱顶端形成沉淀层的表面接触，就会产生沉淀。Machold 等[75]研究了柱几何形状以及进

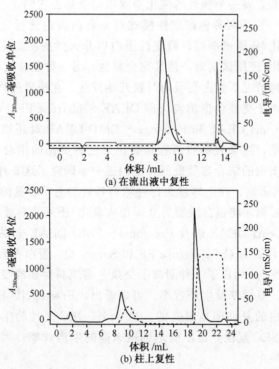

图 5-24　还原变性 α-乳白蛋白在 DEAE Sepharose FF 上的洗脱曲线[75]

——流动相中含有脲；-----流动相中不含脲

样量和离子交换填料体积的比例对还原变性 α-乳白蛋白复性的影响。用 4 根不同
体积大小的色谱柱对同样量的 α-乳白蛋白进行了复性。两根柱子的内径为 5mm
（HR5/5 和 HR5/10），但柱床高度不同，另外两根的内径为 10mm，但柱床高度
也不相同。柱床体积分别为 0.57 mL、1.57 mL、2.1 mL 和 7.85 mL。在最小
柱子上的复性率仅为 1％。增加柱子长度，使得复性率增加到 6％。当柱直径为
1 mm 时，对柱体积为 2.1 mL 的来说，复性率为 15％，对柱体积为 7.85 mL 的
来说，复性率为 16％。表 5-4 列出了柱尺寸，复性率和蛋白回收率。作者假定色
谱柱入口的蛋白浓度对蛋白复性是非常关键的，直径较大的色谱柱对蛋白的色谱
复性是有利的。通过增加填料体积和进样量的比例，局部蛋白浓度降低，从而使
得复性率提高。这与耿和白用 HIC 对蛋白进行复性的结果相似[22]。

表 5-4　4 个 IEC 复性实验的柱尺寸、复性率和蛋白回收率[75]

柱尺寸	柱内径/mm	柱长/mm	柱床体积/mL	复性率/%	回收率/%
HR5/5	5	29	0.57	1	85
HR5/10	5	80	1.57	6	90
HR10/5	10	27	2.1	15	93
HR10/10	10	100	7.85	16	82

Lu 等[76]用弱阴离子交换色谱法，以 DEAE Sepharose FF 为固定相，对重组双重人干细胞因子（rdhSCF）进行了复性并同时纯化，所得 rdhSCF 的复性率为 19.46%，比活为 2.86×10^5 IU/mg，纯度为 90%。

目前，可以用 IEC 复性的蛋白质有在其结构中本来存在带电区域的蛋白质，如重组全长非结构蛋白（non-structural protein）[66]、人乳头瘤病毒 16 囊膜蛋白 7MS2（HPV16E7MS2）融合蛋白[6]、溶菌酶[19,63]，或者包含融合标签的重组蛋白[67,77,78]。表 5-5 列出了用 IEC 复性蛋白的一些例子。

表 5-5　IEC 复性蛋白举例

复性的蛋白	固定相类型	复性结果	年份	文献
重组凝乳酶原			1986	[64]
重组金属蛋白酶组织抑制剂			1986	[64]
猪生长激素			1986	[64]
溶菌酶		活性回收率 10%	1986	[63]
融合 α-甘露葡萄糖苷	Heparin Sepharose	当蛋白质浓度是稀释法的 1000 倍时，活性回收率是稀释法的 4 倍	1996	[67]
刺瘤病毒 HPV16 E7MS2 融合蛋白	Mono Q		1994	[6]
溶菌酶	硅胶基质 WCX	蛋白浓度高达 20 mg/mL 时，活性回收率接近 100%	2003 2005	[68] [19]
溶菌酶	SP Sepharose	蛋白浓度高达 40 mg/mL 时，活性回收率为 95%	2002	[19]
重组人溶菌酶	SP Sepharose FF	蛋白浓度为 4mg/mL 时，活性回收率接近 100%	2002	[72]
单链 Fv 纤维素结合域融合蛋白	纤维素	复性率 60%	1999	[78]
Fe-SOD			2002	[73]
重组全长非结构蛋白			2003	[66]
单链 Fv 纤维素结合域融合蛋白	纤维素	60%	1999	[78]
重组人粒细胞集落刺激因子	Q Sepharose FF	比活 2.3×10^8 IU/mg，质量回收率 43%，纯度 97%	2005	[79] [80]
重组分泌型白细胞抑制剂	DEAE-纤维素	复性时的蛋白浓度比稀释法提高了 6.4 倍，活性回收率为 46%，质量回收率为 96%	1996	[81]
重组双重人干细胞因子	DEAE Sepharose FF	复性率为 19.46%	2005	[81]
α-乳白蛋白	Fractogel® EMD DEAE	复性率为 84%	2005	[75]
环糊精糖基化转移酶	SP Sepharose	复性率接近 100%，洗脱后蛋白浓度为 2.5 mg/mL	2004	[67]
重组 LK68	Q-Sepharose Hi-Trap	复性率 68%，是稀释法的 1.7 倍	2005	[82]

复性的蛋白	固定相类型	复性结果	年份	文献
rhGH-GST	STREAMLINE DEAE	复性率84%	2002	[77]
EGFP	Q Hyper Z	复性率为90%	2005	[83]

5.4.1　用弱阳离子交换色谱法复性溶菌酶

刘红妮等[84]采用弱阳离子交换色谱法（WCX）对还原变性溶菌酶（Lys）进行了复性，详细研究了多种因素对复性效率的影响。

1. 流动相组成对 Lys 质量回收率的影响

无论采用哪一种 LC 法对蛋白复性，必须具备的三个先决条件为：①变性蛋白必须能在所设定的色谱条件下保留；②要使复性后的蛋白完全能从色谱柱上洗脱下来；③创造能使变性蛋白复性的最佳色谱条件。这样才能保证欲复性蛋白有高的质量回收率。当固定相选定时，流动相组成就是首先要解决的问题。氯化钠是 IEC 中最常用的洗脱剂，而在阳离子交换中，硫酸铵是一个比氯化钠更强的洗脱剂。图 5-25 比较了当流动相中含有不同浓度的脲时，使用氯化钠与硫酸铵作为洗脱剂对还原变性 Lys 色谱行为的影响，由图 5-25 看出，当流动相中脲浓度相同时，尤其是在低浓度脲时，硫酸铵作为洗脱剂时，还原变性溶菌酶在 HPWCX 柱上的保留要小于氯化钠。同时，还可看出用硫酸铵作为洗脱剂时，其峰高与峰面积大于氯化钠作为洗脱剂时的峰面积。由此可预测用硫酸铵作为洗脱剂时的质量回收率要高于氯化钠作为洗脱剂的质量回收率（详见表 5-6 数据）。

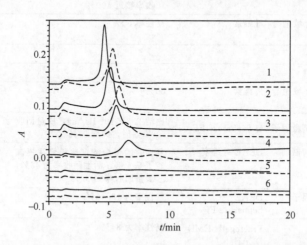

图 5-25　氯化钠和硫酸铵作为洗脱剂时对还原变性 Lys 在 HPWCX 柱上洗脱行为的影响

实线代表洗脱剂为硫酸铵；虚线代表洗脱剂为氯化钠

1. 5.0 mol/L 脲；2. 4.0 mol/L 脲；3. 3.0 mol/L 脲；4. 2.0 mol/L 脲；5. 1.0 mol/L 脲；6. 0.0 mol/L 脲

表 5-6　流动相中含有不同浓度脲时氯化钠和硫酸铵作为洗脱剂对还原变性

Lys 的质量回收率的影响

脲浓度/(mol/L)	氯化钠/%	硫酸铵/%
0	0±0	0±0
1.0	0±0	11.4±1.4
2.0	26.0±2.8	64.5±1.2
3.0	44.4±1.0	83.1±2.7
4.0	84.3±3.5	86.8±1.8
5.0	89.0±1.3	91.5±2.0

由图 5-25 看出,无论洗脱剂采用氯化钠还是硫酸铵,随着脲浓度的增加,还原变性 Lys 的保留减小,并且 Lys 的峰面积随着脲浓度的减小而减小。当脲浓度低于 2.0 mol/L 时,甚至看不到明显的 Lys 峰。一般来说,脲的存在会减小 Lys 的保留,在 IEC 中脲还能增强流动相的洗脱能力。这可能是由于当流动相中存在脲时,溶液的介电常数增大,或者是脲的存在引起流动相发生了其他一些变化,如黏度,离子溶剂化等性质的改变。另外,脲还可以作为一种有效的蛋白溶解剂,当还原变性 Lys 进入到色谱柱时,在折叠过程中当脲与固定相起到抑制聚集的作用的同时,脲与盐一起又起到了洗脱剂的作用。

由表 5-6 可以看出,Lys 的质量回收率随着流动相中脲浓度的增加而增加,这个趋势对于无论氯化钠还是硫酸铵作为洗脱剂结果都是一致的。但由于硫酸铵是一种比氯化钠更强的洗脱剂,所以当流动相中脲浓度相同时,特别是当脲浓度比较低的时候,用硫酸铵作为洗脱剂时的质量回收率要高于氯化钠,这个结果与上述图 5-25 中色谱图的结果是一致的。

2. 洗脱剂种类及变性剂浓度对还原变性 Lys 活性回收率的影响

虽然在用 LC 对变性蛋白复性时,目标蛋白高的质量回收率是获得高的生物活性回收率的先决条件,然而高的质量回收率并不意味着一定有高的生物活性回收率,而后者要取决于蛋白复性的条件,所以流动相组成还必须满足这一条件。

由表 5-7 和表 5-8 可以看出,用 HPWCX 对 Lys 进行折叠时,当脲浓度低于 4.0 mol/L 时,蛋白活性回收率的变化随脲浓度的增加而增加,这种趋势与表 5-6 中 Lys 质量回收率随脲浓度的变化是相似的。所以,当脲浓度低于 4.0 mol/L 时,无论洗脱剂为氯化钠还是硫酸铵,其活性回收率的损失主要来源于质量回收率。当脲浓度高于 4.0 mol/L 时,还原变性的 Lys 用 HPWCX 复性时的活性回收率随脲浓度增加而降低,这种趋势与稀释法相似。这是因为当脲浓度高于 4.0 mol/L 时,在脲的双重作用中,它的变性作用起到了主导作用,并且在高的脲浓度条件下,也不适合于 Lys 中的双硫键的对接的最佳条件。

然而,比较表 5-7 和表 5-8,可以看出,当用 4.0 mol/L 脲时,用 HPWCX

复性还原变性的 Lys 时的活性回收率均达到最高值，但在 4.0 mol/L 脲和硫酸铵的存在下，还原变性态 Lys 的最终折叠产率比用氯化钠作为洗脱剂时的活性回收率要高出很多，这是因为作为在热力学上起着稳定天然 Lys 作用的硫酸铵，在 4.0 mol/L 脲存在下，对于增加还原变性 Lys 的折叠产率是有利的。

表 5-7　当含有不同浓度脲时，氯化钠作为洗脱剂对还原变性溶菌酶活性回收率的影响

脲浓度/(mol/L)	WCX 法/%	稀释法/%
0	0±0	73.7±1.6
1.0	0±0	79.9±2.2
2.0	0±0	81.5±3.8
3.0	13.7±4.2	80.2±2.7
4.0	53.2±1.4	52.4±1.4
5.0	28.9±4.4	29.2±5.0

表 5-8　当含有不同浓度脲时，硫酸铵作为洗脱剂对还原变性溶菌酶活性回收率的影响

脲浓度/(mol/L)	WCX 法/%	稀释法/%
0	0±0	80.9±1.0
1.0	0±0	81.6±2.8
2.0	41.8±3.6	87.0±3.6
3.0	71.5±1.0	76.0±2.4
4.0	83.61±2.4	78.1±2.6
5.0	35.3±0.9	30.0±1.1

众所周知，盐对于蛋白的溶解度及稳定性的影响一般遵循 Hofmeister 序列：$PO_4^{3-} > SO_4^{2-} > Ac^- > Cl^- > NO_3^- > SCN^-$，特别是阳离子为单价离子时情况更是如此。阳离子的 Hofmeister 效应没有阴离子明显。Hofmeister 序列反映了小分子溶质通过溶质-水的相互作用对生物大分子的影响。从 Hofmeister 序列得知，SO_4^{2-} 对蛋白的稳定能力强于 Cl^-，从表 5-6 可看出，在本研究中，用氯化钠作为洗脱剂时还原变性 Lys 的折叠效果并不佳，说明对于天然蛋白的稳定性起不到积极的作用，然而硫酸铵则可以达到此目的。同样的结果，硫酸胍能够稳定蛋白，而盐酸胍却是一个通用的蛋白失活剂，也能很好地说明这一点。因此在 IEC 中，与氯化钠相比，硫酸铵不仅在低浓度脲存在下可以提高蛋白的质量回收率，而且在高浓度脲存在的条件下可以提高蛋白质的活性回收率。因此可得出结论，实验中应当选择硫酸铵作为洗脱剂进行 Lys 的 IEC 复性。

3. 流动相流速对复性的影响

虽然在用色谱法复性时，固定相可以抑制聚集体的产生，但它也可以诱导天然蛋白的构象变化甚至变性，因此蛋白质与固定相的作用时间不同，其复性效率也会不同。在其他条件固定时，流动相流速不同，蛋白分子与固定相接触时间就不同。流速大，目标蛋白完全折叠时间短；流速小，可使蛋白完全与固定相接触，但与此同时增加了变性 Lys 分子相互间聚集的可能性，而且流速小，花费

时间较长。因此有必要研究流动相流速对 Lys 复性的影响。

图 5-26 为流速与活性回收率关系图。为了保证在不同流速时洗脱液中硫酸铵的浓度一致，以流速为 1.0 mL/min 时梯度时间为 20 min 为参考，当流速减小或增大时，相应延长或缩短梯度时间，从而保证洗脱体积相同。考虑到色谱体系的耐压能力，在本实验中所用色谱柱的流速最高达到 3.0 mL/min。由图 5-26 看出，活性回

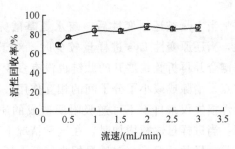

图 5-26　流速对还原变性 Lys 复性的影响

收率随着流速的增加略有升高，大约在流速为 2.0 mL/min 时 Lys 复性效率最高，之后基本保持不变。这个结果与 Fahey 和 Chaudlhuri 用凝胶色谱对尿激酶血纤维蛋白溶酶原活化剂的复性时，折叠产率随流速的增加而增加的结果是一致的，并且这个结果与人工分子伴侣用于复性有某些相似之处。人工分子伴侣复性分为两步：第一步是去污剂与变性蛋白结合的捕获阶段；第二步是环糊精的剥离阶段。用色谱法复性也可以理解为分两步进行：首先是固定相与变性蛋白分子作用并形成蛋白质-配基络合物，从而防止了变性蛋白质分子形成聚集或沉淀；其次是通过加入其他化学试剂或改变环境以使变性蛋白分子从该络合物中释放出来而折叠。Gellman 发现用人工分子伴侣的方法复性碳酸酸酐酶和 Lys，环糊精要尽可能快地加入到蛋白-去污剂的复合物中，较慢地从蛋白-去污剂中去除去污剂对于正确的折叠是不利的。

4. 蛋白浓度对还原变性 Lys 复性的影响

一般来讲，随着蛋白浓度的增加，活性回收率逐渐降低。图 5-27 所示情况也是如此，在蛋白浓度为 20.0 mg/mL 时达到最高 95.4%，此时它的质量回收率为 97.8%。之后活性回收率随着蛋白浓度的增加而下降。从图 5-27 中还可看出一个明显的趋势，当蛋白浓度大于 15.0 mg/mL，用 HPWCX 法进行折叠复性时，活性回收率比稀释法高。

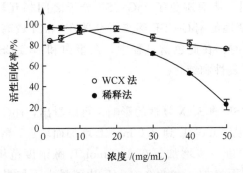

图 5-27　蛋白浓度对还原变性溶菌酶复性效率的影响
流速：2.0 mL/min；进样量：30 μL

由于折叠与聚集之间的竞争反应，当蛋白质浓度很高时，聚集反应是主导性的反应，因此在体外的折叠通常都是在一个很低的蛋白浓度下进行，一般为 10～50 μg/mL。当用 IEC 进行折叠时，带有负电荷的还原变性 Lys 分子通过静电与阳离子交换基团作用，由

于它们固定于不同的位点上，展开的多肽链没有多少机会相互作用，所以聚集被消除。

当 Lys 被还原变性后，疏水氨基酸完全暴露，与 WCX 固定相接触概率增大，当还原变性 Lys 进样量较少时，对于变性蛋白来说，它有足够的吸附位点来键合并再折叠；展开的肽链也没有多少机会相互作用，因为他们固定于不同的位点，消除或减小了分子间的相互作用，再折叠过程可以顺利地完成，此时 Lys 活性损失仅来自于不可逆吸附所造成的质量损失，从而可获得较高的活性回收率。当进样量逐减增加时，在这种情况下不可逆吸附所造成的绝对质量损失与前者是一样的，但是相对质量损失却低，所以活性回收率达到最高。然而，当进样量进一步增加时，蛋白质的分子数目将会远远超出固定相上键合位点的数目，分子间相互作用是不可避免的，这将影响 Lys 分子的正确折叠，从而导致聚集，折叠产率减小。稀释法在 Lys 浓度较高时，容易形成聚集体，因而活性相对较低。所以，用 IEC 法相比较稀释法来说更适宜于高浓度蛋白的复性。

另外，本小节的结果与采用其他色谱法进行还原变性 Lys 的复性研究相比较。Batas 等采用 SEC 对于蛋白浓度虽然可做到 41.1 mg/mL，但其花费时间长，且活性回收率只达 58%；谷振宇等的脲梯度 SEC 法蛋白浓度也仅做到 16.9 mg/mL；Yoshimoto 等的固定化脂质色谱对还原变性 Lys 复性，虽然复性收率可达 100%，但 Lys 浓度很低，这对于本文的实验条件来说也是很容易实现的。

5.4.2 用强阴离子交换色谱法（SAX）复性并同时纯化 rhG-CSF

Geng（耿信笃）等[80]采用 SAX 法对 rhG-CSF 进行了复性并同时纯化，如图 5-28 所示。当 8.0 mol/L 脲溶液溶解的 rhG-CSF 进入 SAX 柱时，变性的 rhG-CSF 首先被吸附在 SAX 固定相上。随着流动相中脲浓度的降低，在 GSH/GSSG 氧化还原对存在下，rhG-CSF 开始从变性态向其天然态折叠。变性的 rhG-CSF 分子和 SAX 固定相之间的相互作用抑制了去折叠的或部分复性的 rhG-CSF 分子之间的非特异性相互作用，从而避免了 rhG-CSF 分子之间相互聚集。随着流动相中 NaCl 浓度的增加，变性的 rhG-CSF 逐步折叠并在 NaCl 较高时被洗脱，进一步折叠成其天然态。同时，在此色谱过程中，杂蛋白和 rhG-CSF 得到分离。因此 rhG-CSF 能够被同时复性和纯化。

1. 脲浓度对 rhG-CSF 复性的影响

图 5-29 所示为脲浓度对 rhG-CSF 的 SAX 复性的影响。可以看出，rhG-CSF 的质量回收率随着流动相中脲浓度从 0 mol/L 到 2.0 mol/L 增加而增加，更高的脲浓度并不会引起其质量回收率的进一步增加。在 3.0 mol/L 脲浓度范围内，rhG-CSF 的比活随着脲浓度的增加而增加，在 3.0 mol/L 达到最大。如果脲浓度大于 3.0 mol/L，则 rhG-CSF 的比活很快降低。这与采用 SEC 对 rhG-CSF 的

复性相似[55]。

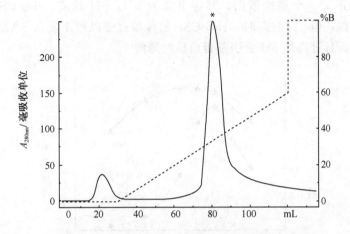

图 5-28　rhG-CSF 的 SAX 复性并同时纯化色谱图

色谱条件：流动相 A. 0.05 mol/L Tris（pH 为 8.0）＋3.0 mol/L 脲＋1.0 mmol/L EDTA＋1.0 mmol/L GSH ＋0.1 mmol/L GSSG，流动相 B. 流动相 A＋1.0 mol/L NaCl；梯度：0～30 mL，0%B，30.1～120 mL，0% B～60% B，120.1～140 mL 100% B；流速：4.0 mL/min；检测波长：280 nm。

实线为 rhG-CSF 的洗脱曲线；虚线为流动相 B 的梯度；* 表示 rhG-CSF

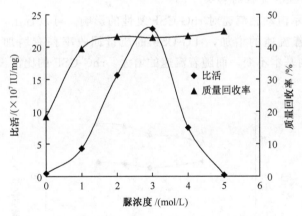

图 5-29　流动相中脲浓度对 rhG-CSF 的 SAX 复性的影响

除脲浓度外，其余色谱条件与图 5-28 相同

2. 流动相 pH 对 rhG-CSF 复性的影响

图 5-30 为在 Tris-HCl 缓冲体系中，流动相 pH 对 rhG-CSF 复性的影响。在 pH 为 7.0～8.0 之间，rhG-CSF 的比活随 pH 的增大而增大，在 pH 为 8.0 时达到最大。当 pH 大于 8.0 时，rhG-CSF 的比活降低。从图 5-30 还可以看出，在 pH 为 7.0～8.0 范围内，rhG-CSF 的质量回收率随着 pH 的增大而增加；在 pH

为 8.0～9.0 之间变化不大；当 pH 高于 9.0 时，质量回收率则明显降低。这是因为 rhG-CSF 是一个酸性蛋白，其等电点为 6.1，pH 越高，rhG-CSF 在 SAX 中的保留越强，但 pH 过高时，rhG-CSF 的保留过强以致不能从 SAX 柱中完全洗脱出来，而且过高的 pH 会引起蛋白质的降解[57]。

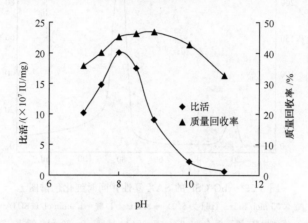

图 5-30　流动相 pH 对 rhG-CSF 的 SAX 复性的影响

除流动相 pH 外，其余色谱条件和图 5-28 中相同

3. 流速对 rhG-CSF 复性的影响

图 5-31 表示流动相流速对 rhG-CSF 复性的影响。可以看出，在所研究的流速范围内，随着流速的增加，rhG-CSF 的质量回收率稍有增加，在 5.0～6.0 mL/min 范围内基本不变。而随着流速的增大，rhG-CSF 的比活没有发生显著的变化。

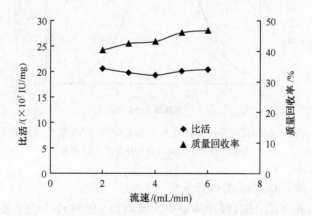

图 5-31　流动相流速对 rhG-CSF 的 SAX 复性的影响

除流速外，其余色谱条件和图 5-28 相同

4. 谷胱甘肽浓度对 rhG-CSF 复性的影响

在用 SAX 对 rhG-CSF 进行复性时，谷胱甘肽对复性效率的影响与用 SEC 复性 rhG-CSF 时相同，最适合的谷胱甘肽浓度为 2.5 mmol/L GSH 和 0.8 mmol/L GSSG。

5. SAX 法和稀释法复性 rhG-CSF 的比较

稀释法是用 *E. coli* 制备 rhG-CSF 时普遍应用的复性方法。在本研究中，分别采用 SAX 和稀释法对 rhG-CSF 进行复性，结果列于表 5-9 中。从表 5-9 中可以看出，用 SAX 复性时，rhG-CSF 的比活和质量回收率均高于稀释法的结果。而且，在 SAX 复性过程中，rhG-CSF 同时得到了纯化，SDS-PAGE 和薄层色谱扫描结果表明所得 rhG-CSF 的纯度为 96.4%，而包涵体提取液中 rhG-CSF 的纯度仅为 41.3%。

表 5-9 SAX 和稀释法复性 rhG-CSF 的结果比较

复性方法	比活/($\times 10^8$ IU/mg)	质量回收率/%
SAX	3.0	49.3
稀释法	0.93	32.7

§5.5 亲 和 色 谱

亲和色谱（AFC）是一类专门用于生物大分子分离纯化的色谱。它是基于固定相的配基与生物大分子之间的特殊的生物亲和能力的不同来进行生物大分子相互间的分离的。亲和色谱可用于下列生物体系：酶（底物、抑制剂、辅酶）、抗体（抗原、病毒、细胞）、外源凝集素（多糖、糖蛋白、细胞表面受体）、核酸、激素及维生素、细胞。

依其 AFC 柱填料配体的端基不同，也可将其分为固定化金属亲和色谱（IMAC），脂质体亲和色谱和分子伴侣亲和色谱。由于配体与目标蛋白质间的作用特异性强，而且不同配体与蛋白质间的作用差别较大，所以 AFC 作为蛋白质复性的机理比较复杂。

前面已经提到分子伴侣是一种高效的促进蛋白折叠剂，在溶液中加入分子伴侣后，尽管可提高蛋白质的复性效率，但溶液中同时引入了杂蛋白（即分子伴侣），而且分子伴侣价格昂贵，不能重复使用，限制了其应用。而将分子伴侣固定在基质上就可以部分地克服以上的缺陷。Phadtare[9]于 1994 年将 GroEL 固定在凝胶基质上，实现了对谷氨酰氨合成酶（glutamine synthetase, GS）和微管蛋白（Tublin, TU）的复性。其过程如下：将 TU 或 GS 的 6 mol/L GuHCl 提取液用 6 mol/L GuHCl 稀释 100 倍，加入 GroEL，形成 GroEL-TU 或 GroEL-GS 络合物，然后将该溶液进样到固定相亲和柱（抗 GroEL 抗体-蛋白 A-agrose），然后再将含 GroES 和 ATP 的溶液流过该亲和柱，并使溶液停留 30min，然后进行洗脱，收集复性的 TU 或 GS。1997 年，英国剑桥大学的 Altamirano 等[85] 将 Ni-NTA 树脂用复性缓冲液平衡后，将 N 端含 17 个氨基酸残基的组氨酸融合 GroEL（191-345）加入树脂中并使其达到饱和，室温缓慢搅拌 30min 使 GroEL（191-345）很好地固定在树脂上，然后将固定化 GroEL（191-345）的树脂装填在色谱柱管中，用复性缓冲液冲洗并平衡，然后将 8 mol/L 脲变性的吲哚 3-甘油磷酸合酶（indole 3-glycerol phosphate synthase，IGPS）突变体 IGPS（49-252）

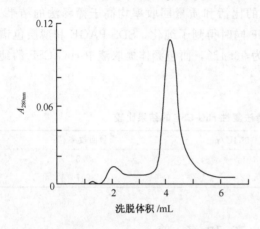

图 5-32　IGPS（49-252）的色谱复性图[85]

（分子质量 22kDa）进样到上述平衡好的色谱柱中，用复性缓冲液进行洗脱，从而使 IGPS（49-252）得到复性，色谱图如图 5-32 所示，IGPS（49-252）的质量回收率为 92%，复性后的蛋白具有 100% 的活性。他们采用此亲和柱对 cyclophilin A 也进行了复性，其质量回收率为 84%，活性回收率为 98%，他们称此方法为折叠色谱（refolding chromatography）。1999 年，他们将小的分子伴侣（mini-GroEL）/二硫键异构酶（DsbA）/脯氨酸顺反异构酶（PPI）键合到琼脂糖色谱填料上，合成了一种三组分的折叠色谱填料，并将其用于还原变性的蝎子毒素 Cn5（scorpion toxin Cn5）的复性，其质量回收率为 87%，而活性回收率可达到 100%[86]，他们将该方法称为氧化折叠色谱（oxidative refolding chromatography）。然而，用其他方法根本无法使蝎子毒素 Cn5 复性。目前这一方法还应用于重组人白细胞分化抗原（CD1）[87] 等蛋白复性中。Gao 等[88] 将 E. coli 表达的带有 6×his 亲和标签的小分子伴侣片断（mini GroEL）和 Ni-NTA 树脂混合，使其通过螯合作用固定在树脂上，然后将该固定有分子伴侣片断的树脂装填在色谱柱中，用其对重组人干扰素-γ 进行了柱上复性，所用流动相为 0.05 mol/L PBS，5 mmol/L EDTA，20 mmol/L KCl，1mol/L 脲，pH 为 7.0。然而，当将 6 mol/L GuHCl 变性的 rhIFN-γ 进入该柱中时，柱顶端的 GuHCl 浓度很高。这会影响小分子伴侣的复性效率，因为在 2.9 mol/L 脲溶液中，50% 的小分子伴侣会丧失复性能力[89]。他们在该色谱柱的顶端装填了 1cm 高的 Sephadex G200 排阻色谱填料，它的分离范围为 5000~6×10^5 Da，因此 GuHCl 和大部分 rhIFN-γ 分子能够进入 SEC 凝胶的孔内。GuHCl 和 rhIFN-γ 慢慢地得到分离，避免了聚集体的形成，同时也将 GuHCl 稀释。当 rhIFN-γ 通过固定有小分子伴侣的树脂时，被复性液洗脱，小分子伴侣能够辅助该复性过程。最终从色谱柱中流出的是得到复性的

*rh*IFN-γ，其色谱图如图 5-33 所示，所得 *rh*IFN-γ 的比活为 3.93×10^6 IU/mg。该固定化小分子伴侣重复使用 4 次后，复性效果没有明显的降低。Sun（孙彦）等[90]采用固定化 GroEL 的色谱柱对还原变性溶菌酶进行了复性，详细研究了流动相中的 GuHCl 浓度，流速，上样体积和上样浓度等因素对溶菌酶复性的影响，所得活性回收率为 81％。

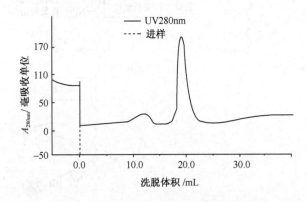

图 5-33　*rh*IFN-γ 在固定化小分子伴侣亲和色谱上的洗脱曲线

进样体积：0.1 mL；样品浓度：13.6 mg/mL

　　亲和色谱不同体系复性效率差别很大，需要特殊配基，成本高，但如果能重复利用，可降低成本。

　　金属螯合配体是近年发展起来的另一种通用性配体亲和色谱技术。将过渡金属离子 Cu^{2+}、Zn^{2+} 和 Ni^{2+} 等以亚胺金属络合物的形式键合到固定相上，由于这些金属离子与组氨酸和半胱氨酸之间形成了配价键，从而形成了亚胺金属-蛋白螯合物，使含有这些氨基酸的蛋白质被这种金属螯合物亲和色谱（IMAC）的固定相吸附。由于这种螯合物的稳定常数是受单个组氨酸或半胱氨酸解离常数所控制，从而也受流动相的 pH 和温度的影响，含有这两种氨基酸中的一种或两种的多肽接到欲纯化的蛋白质分子上，形成含有该多肽的蛋白，再将其用上述方法纯化。最后，用酶或化学方法将该引伸的多肽链切除并与目标蛋白分离，从而将目标蛋白纯化。这种色谱又称之为螯合肽固定金属离子亲和色谱（CP-IMAC）。IMAC 对带有 $6 \times$ His Tag 的蛋白（特别是重组蛋白体系）有较好效果。由于该法价廉，且不容易给分离体系带来对人体有严重危害的杂质，最近的应用逐渐增多。在高浓度变性剂存在的情况下，组氨酸尾仍旧具有吸附在金属亲和层析介质上的能力，所以可以在 IMAC 上同时实现复性与纯化[91~93]。如同 Creighton 的 IEC 过程，蛋白质吸附在 IMAC 柱上后，先逐步降低变性剂的浓度，使蛋白质折叠，然后提高咪唑浓度把折叠后的蛋白质洗脱出来。图 5-34 和图 5-35 是 IMAC 复性蛋白的示意图。首先用含有 8 mol/L 脲的缓冲液平衡 IMAC 色谱柱，

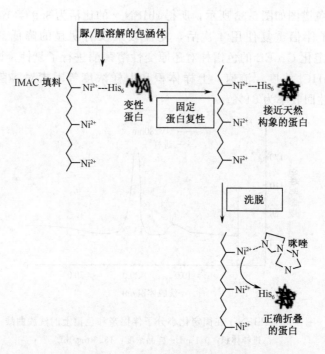

图 5-34　在 IMAC 基质上进行蛋白复性的示意图[98]

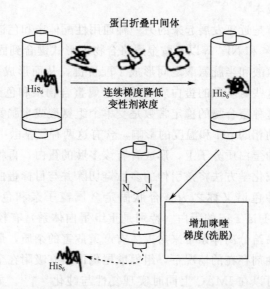

图 5-35　包括复性和洗脱过程的 IMAC 复性蛋白的原理图[98]

将变性蛋白质进样吸附在层析柱上，然后通过梯度或者阶梯降低层析柱内的脲浓度，从而使蛋白质会自发地折叠复性，随后用咪唑将复性好的蛋白洗脱出来。对于 TNF 蛋白，使用 IMAC 获得了 90％的复性收率[94]。Ito 等[95]采用 IMAC 对 *E. coli* 表达的 (His)₆-LECT2 进行了复性。LECT2 是一个分子质量 16 kDa 的蛋白质，由 133 个氨基酸残基组成，分子内含有 3 对二硫键。用含 10 mmol/L DTT 的 8 mol/L 脲溶解 (His)₆-LECT2 包涵体，采用以 Ni-NTA 琼脂糖为固定相的 IMAC 降低脲浓度，使蛋白得到复性和纯化。然而，这个过程得到的是 (His)₆-LECT2 的寡聚体和单体的混合物，单体只占 36％。寡聚体的形成是不正确的分子间二硫键的结果。经过在 Ni-NTA 琼脂糖柱上复性后（第一步），向溶液中加入 GSH/GSSG 使二硫键交换（第二步），然后再在空气中将剩余的巯基完全氧化（第三步）以提高正确折叠的单体 (His)₆-LECT2 的产量。通过采用上述三步复性的方法使单体的含量增加到 81％。圆二色光谱和核磁共振谱表明所得到的单体的构象与用 CHO 细胞生产的 LECT2 的构象相同。Lemercier 等[93]用 IMAC 对外用聚磷酸酶（exopolyphosphatase）进行了复性，将 6 mol/L 脲溶解的外用聚磷酸酶进样到色谱柱中，色谱图如图 5-36 所示。用平衡缓冲液平衡色谱柱并冲洗，这样大部分杂蛋白在流穿液中被除去。他们在实验中发现当平衡缓冲液为 6mol/L 脲时，在复性过程中蛋白质会发生聚集。聚集阻止了外用聚磷酸酶的洗脱。他们研究发现 Triton X-100 UV reduced 能够促进蛋白质的正确折叠，而不影响外用聚磷酸酶的活性。他们还研究了不同的变性剂去除速率对外用聚磷酸酶复性的影响，最优化的脲去除速率为 7 mmol/（L·min）。经过优化后，该蛋白的柱上复性通过采用 6～0 mol/L 的脲浓度线性降低梯度来实现（图 5-36 中 R）。采用 1 mol/L 咪唑进行洗脱（图 5-36 中 E），从而获得可溶蛋

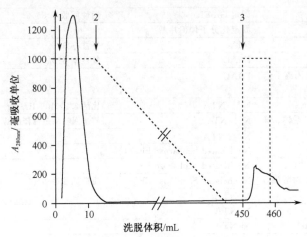

图 5-36 重组外用聚磷酸酶的纯化和复性

平衡液：5 mmol/L 咪唑，0.5 mol/L NaCl，20 mmol/L Tris-HCl，pH 为 7.9，6 mol/L 脲，Triton X-100 UV reduced 1％（I）；复性液：5 mmol/L 咪唑，0.5 mol/L NaCl，20 mmol/L Tris-HCl，pH 为 7.9，6 mol/L 脲，Triton X-100 UV reduced 1％；洗脱液：1 mol/L 咪唑，0.5 mol/L NaCl，20 mmol/L Tris-HCl，pH 为 7.9；检测波长：280 nm；流速：平衡和洗脱过程中为 1 mL/min，上样和复性过程中为 0.5 mL/min

白。纯化过程中的回收率如表 5-10 所示，剩余的 18％或者在流穿液中（没有收集）或者没有被洗脱下来，仍然在色谱柱上。Zahn 等[96]把人朊病毒多肽片断在 *E. coli* 细胞质中表达成组氨酸融合蛋白，将其 N 端固定在镍-NTA 琼脂糖树脂上进行再折叠和再氧化。"高亲和柱复性"防止了蛋白质聚集和分子间二硫键的形成，从而加速了朊病毒蛋白的制备。Tian（田波）等[97]以重组牛朊病毒的八肽重复序列为天然的亲和标签，采用 Ni-NTA IMAC 柱对重组牛朊病毒进行了柱上复性，得到了结构正确的目标蛋白，其质量回收率为 11％。

表 5-10　重组外用聚磷酸酶的复性纯化

项　目	体积/mL	$c_{蛋白}$/(μg/mL)	总蛋白量/μg	回收率/％
起始物料	5	450	2250	—
不保留冲洗液	10	75	750	33
洗脱物	5	230	1150	51

表 5-11 列举了一些采用 IMAC 进行复性的例子。

表 5-11　AFC 复性蛋白举例

复性的蛋白	固定相类型	复性结果	年份	文献
谷氨酰氨合成酶	固定 GroEL		1994	[9]
微管蛋白	固定 GroEL		1994	[9]
蝎子毒素 Cn5	固定分子伴侣/二硫键异构酶/脯氨酸顺反异构酶的琼脂糖凝胶	质量回收率为 87％，活性回收率达 100％	1997	[85]
重组人白细胞分化抗原			2001	[87]
溶菌酶	固定 GroEL	活性回收率 85％	2000	[89]
重组人干扰素-γ	固定化分子伴侣片断		2003	[88]
TNF	IMAC	复性率 90％	2000	[94]
$(His)_6$- LECT2	IMAC	复性率 81％	2003	[95]
$(His)_6$-人电压依赖阴离子选择通道	IMAC		2003	[92]
$(His)_6$-apoaequorin	Ni^{2+}-NTA	比活 2.2×10^{10} IU/mg	2003	[91]
$(His)_6$-人白介素-15 受体 α 链	Ni^{2+}-NTA	质量回收率是稀释法的 6 倍	2003	[102]
原形体蛋白	Ni^{2+}-NTA		2001	[103]
外膜蛋白 Toc75	Ni-chelated Sepharose FF		1998	[104]
叶绿体光吸收复合体	Ni-chelated Sepharose FF		1998	
$(His)_6$-外用聚合物磷酸酶	Ni-chelated Sepharose FF	质量回收率 51％	2003	[93]
Zm-p60. r	Ni-NTA		1994	[105]
人朊病毒蛋白	Ni-NTA		1997	[96]
人矩阵金属蛋白酶-7	Ni-NTA		1996	[106]
DNA 螺旋酶	Ni-NTA		1999	[107]
人肺部表面活性剂蛋白 B	Ni-NTA			[108]
重组牛朊病毒	Ni-NTA	质量回收率 11％	2003	[97]
碳酸酐脱氢酶	固定化脂质体的 Superdex 200	活性回收率 83％，稀释法的活性回收率为 52％	1998	[101]
溶菌酶	固定化脂质体的 Superdex 200	活性回收率 100％	2000	[99]
溶菌酶	固定化 GroEL	活性回收率 81％	2000	[90]

Yoshimoto 等[99~101]用固定化脂质体色谱（immobilized liposome chromatography）对碳酸酐酶、溶菌酶和核糖核酸酶 A 的复性进行了研究，作者认为脂质体可作为一种双水相系统，有人工分子伴侣的功能。它对不同浓度变性剂变性的具有不同分子构象的蛋白具有高度的选择性，不同分子构象的蛋白在柱子上的保留与局部疏水性（local hydrophobicity）相关。在蛋白复性过程中，脂质体色谱能够键合蛋白折叠中间体，抑制其发生分子间的聚集反应，从而提高活性产量。他们采用固定化脂质体色谱分别对碳酸酐脱氢酶[101]和溶菌酶[101]进行了复性，前者的活性回收率为 83%，而稀释法的活性回收率为 52%，后者的 100% 活性回收率。

§5.6　疏水相互作用色谱

1991 年，我们将 HPHIC 用于重组人干扰素-γ（rhIFN-γ）的复性及同时纯化，使 rIFN-γ 复性在 40min 内完成，其活性回收率是稀释法的 2~3 倍，纯度大于 85%，大大简化了 rIFN-γ 下游生产工艺。1997 年，美国 DuPout-Merck 药业公司将疏水相互作用色谱（HIC）用于多个 HIV 蛋白酶突变体的复性和纯化[10~13]。目前，该方法已在牛胰岛素[109,110]、重组牛朊病毒[111]等蛋白质的复性中得到成功应用。

HPHIC 的蛋白质纯化及同时复性机理可以简单描述如下：在化学平衡的条件下，通常的色谱分离蛋白质依靠的是在两相中的分配系数，然而，去折叠状态的单体蛋白质和一系列的蛋白质聚集物和蛋白质沉淀支配着蛋白质在溶液中的重折叠。换句话说，蛋白质在溶液中的重折叠包含着一系列的化学平衡。蛋白质的 LC 重折叠也与以上两相有关。作为辅助措施，固定相和流动相的贡献使去折叠状态下色谱系统中的一系列化学平衡移向它的单体状态，在这种状态下它能够被固定相吸收。如图 5-37 所示，去折叠的蛋白质分子能够被 HPHIC 经过以下六个步骤重折叠成它们的天然状态。第 1 步，在流动相中的去折叠蛋白质分子被疏水作用力从高盐浓度流动相推向疏水相互作用色谱固定相（STHIC）。第 2 步，氨基酸残基的非极性区域紧挨着疏水相互作用色谱固定相（STHIC）形成稳定的复合物，并且去折叠蛋白质分子的疏水部分面向流动相。在这种环境下，去折叠蛋白质分子不会聚集。在分子水平上，去折叠蛋白质分子从疏水相互作用色谱固定相（STHIC）得到足够高的能量，并同时执行了三种功能：第一种，疏水相互作用色谱固定相（STHIC）能够识别有利于蛋白质正确折叠或蛋白质复性定量控制角色的多肽的特殊疏水区域；第二种，在脱水状态（DH）下，从去折叠的水合（HY）蛋白和疏水相互作用色谱固定相（STHIC）之间挤出水分子（蓝色），然后加速脱水过程；第三种，在疏水相互作用色谱固定相（STHIC）蛋白质分子微区的形成是因为在非极性氨基酸残基与疏水相互作用色谱固定相（STHIC）上的非极性基团之间的相互作用。形成的微区可能是正确的（黄色）

或者不正确的（紫色）。正确的微区将进一步折叠成它的天然状态，并且形成天然蛋白质分子内部的亲水核。第3步，当盐浓度降低或者增加流动相中水的浓度时，蛋白质的正确的和不正确的微区从疏水相互作用色谱固定相（STHIC）上解吸附下来，转变成与它们相关的中间体（正确的或不正确的）。正确的中间体同时折叠成它们的天然状态（红色），因为它是热力学稳定态，然而伴随着不正确的微区也同时消失并转变成它们在流动相中的去折叠状态（绿色）导致了它们的不稳定的热力学，或者形成一些很稳定的、不正确的蛋白质中间体，而且可以从不消失（紫）。第4步，每一种类型的蛋白质将被固定相再次吸附。步骤4与步骤2的区别仅仅在于后者有许多种微区，而前者有彻底重折叠的蛋白质（红），正确的微区（黄），和一些去折叠状态的蛋白质（紫）。第5步，在梯度洗脱期间伴随着蛋白质的多次吸附和解吸附，不稳定的错误微区或中间体得到的越来越少，然而有正确微区或中间体的蛋白质分子得到的越来越多，导致了蛋白分子彻底完成了复性。第6步，彻底复性的蛋白质正好是蛋白质的天然状态并且二者有相同的保留时间（红色峰），它能够从一些稳定的、错误的中间体（黑色峰）中分离出来，然后在此步骤中扮演一个定量控制蛋白质复性的角色。另外，在梯度洗脱时，几个去折叠蛋白质自己能够选择它们的适宜的环境条件（流动相的组成），并与其他蛋白质分离的同时被重折叠。

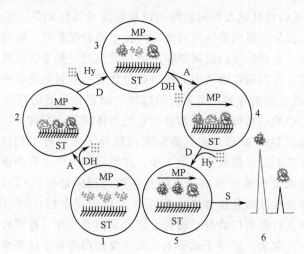

～～ 变性蛋白；🦠 复性蛋白；⋮⋮⋮ 水分子；🔬 折叠中间体；🦠🦠 错误折叠蛋白
图 5-37　用 HPHIC 进行变性蛋白复性示意图

　　简而言之，沿着图 5-37 中蛋白质重折叠的路径，蛋白质在色谱固定相上的吸附使溶液中的化学平衡从沉淀状态或聚合物状态移向去折叠的单体状态，当蛋白质因图 5-37 所示的步骤 3 所显示的三种功能而彻底重折叠，这就使化学平衡从蛋白质的去折叠的单体状态或重折叠状态移向它的天然状态。用 HPHIC 进行蛋白质折叠的机理后面章节将进行详述。

§5.7 各种 LC 复性方法的比较

除 SEC 外，其余上述的几种 LC 复性方法均对蛋白质本身的性质有一定的要求，例如，电荷的分布情况，疏水性的强弱，是否有合适的亲和配体等。SEC 则对蛋白质本身的性质没有特殊的要求。

LC 对变性蛋白质复性与同时纯化依据所用固定相又可分为以刚性基质硅胶的 HPLC 和其他非刚性基质的中压或常压色谱。上述 HPHIC 基本上属于前者，其余属于后者。这不仅涉及一个复性与同时纯化所需的时间长短，还涉及在流动相置换变性剂时出现的变性蛋白质分子聚集及固定相表面吸附两者速度快慢之间形成沉淀的方式的动力学以及由此带来的能否形成变性蛋白沉淀和沉淀的多少问题，从而会影响到复性效率。

各类 LC 对蛋白复性相同之处是色谱固定相可以防止或减小变性蛋白分子的聚集，对蛋白质复性做出了贡献，但基本上作用机理却差异很大。SEC 固定相使变性蛋白质分子在洗脱过程中分子体积逐渐减小而进入 SEC 填料孔中而保留，因此蛋白质先被洗脱，变性剂最后流出 SEC 柱，因此柱的负荷受到了很大限制，而且在用流动相置换变性剂的过程中不可避免地会产生沉淀。此外，SEC 的分离效果是 LC 中最差的，故用于纯化蛋白质的效果也不够理想，与 SEC 比较，IEC 的柱负荷高，且变性蛋白分子可与固定相作用使变性蛋白质在色谱填料的表面吸附，减少了由于分子间聚集产生沉淀的趋向较 SEC 强，且分离效果也好于 SEC。但在 IEC 上进行蛋白质复性时，最常用的变性剂 GuHCl 也会在 IEC 柱上保留，这不仅会影响柱容量，而且往往与蛋白质一起在洗脱过程中流出色谱柱，从而使最有效提取蛋白质的变性剂 GuHCl 的使用受到限制。然而，对于某些二硫键断裂的变性蛋白的复性而言，IEC 仍有其相当的优势。AFC 固定相，特别是使用含有分子伴侣的二组分和多组分的 AFC 固定相与变性蛋白分子间有特异的亲和力，使变性的蛋白质分子间形成沉淀的可能性大大减小，能将原来认为不可逆折叠的蛋白质变成了可逆的折叠，使其成为一种强有力的研究蛋白质折叠的手段。遗憾的是，一种 AFC 柱只对一种或少数几种蛋白质有亲和作用，使用范围窄，而且试液必须先在分子伴侣存在条件下稀释 100 倍，然后才用 AFC 复性，手续繁杂，所需时间变长。更重要的是，其柱价格十分昂贵，目前还难以用到制备规模，更难以用到工业生产中蛋白质的复性和纯化。

HIC 固定相是从高浓度盐溶液（近饱和状态的 3.0mol/L 硫酸铵溶液）中吸附变性蛋白质，且与变性剂瞬时分离，不仅大大降低了蛋白分子间的聚集作用，还因固定相能在分子水平上为变性蛋白质提供很高的能量，使水化的变性蛋白质瞬时失水，并形成局部结构以利于蛋白质分子从疏水核开始折叠[9]。此外，梯度洗脱使各种蛋白质分子"自己选择"对自己有利的条件进行折叠，以达到同固定相和流动相间的协同作用，更有利于复性和纯化的最优化条件的选择。从技术上讲，HPLC 的流速可以从 1.0～1000mL/min 不等，大大缩短了变性蛋白质分子脱离变性剂环境后与 HIC 固定相的接触时间，从另一个角度避免了变性蛋白质分子间的相互聚集以利于固定相的吸附。因此，用 HIC 对变性蛋白质复性时，其质量和活性回收率一般都较高，活性回收率有时会超过 100%。HIC 是一个好的蛋白质分离手段，故在蛋白质复性的同时又能与包括折叠中间体在内的其他杂蛋白质进行很好地分离，以实现蛋白折叠过程中的质量控制（quality control）。更重要的是，HIC 柱较便宜，可用于制备规模，一般可在 30～40min 内就可完成上述过程，所以 HIC 可能是一种较为理想的、且最具有发展潜力的，对变性蛋白质复性及同时纯化的色谱方法。然而，对于二硫键已经断裂的蛋白而言，HIC 未必就是一种很好的方法。这里特别要指出的是，不同于变性蛋白在溶液中复性的机理。

作者认为，HIC 的固定相对蛋白折叠做出了重要的贡献，还要指出的是，固定相与流动相间的协同作用，会对蛋白折叠实现质量控制。因此，现在重点介绍用 HPHIC 法对变性蛋白的复性。

§5.8　HPHIC 对变性蛋白的折叠与复性举例

5.8.1　HPHIC 对非还原变性蛋白的复性

用 HPHIC 对 7mol/L GuHCl 变性的 Lys 进行复性。图 5-38 所示的是 HPHIC 对 GuHCl 变性 Lys 的色谱图与相应天然 Lys 的色谱图比较。从图 5-38 中可以看出，变性 Lys 经 HPHIC 复性后的色谱图在峰形、峰高和保留时间方面都与天然 Lys 的色谱图相同，这说明经过 HPHIC 柱复性后的 Lys 在色谱性质上与天然 Lys 完全相同。通过活性测定，Lys 经 HPHIC 复性后其活性回收率可达 97%，表明变性 Lys 经 HPHIC 后可完全复性。

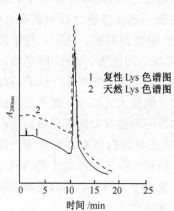

1　复性 Lys 色谱图
2　天然 Lys 色谱图

图 5-38　HPHIC 对胍变 Lys 的复性色谱图
流动相：A 液. 3.0mol/L $(NH_4)_2SO_4$＋0.05mol/L KH_2PO_4（pH 为 7.0），B 液. 0.05mol/L KH_2PO_4（pH 为 7.0）；梯度为 25min 线性梯度；流速为 1.0mL/min

5.8.2　HPHIC 对还原变性牛胰岛素的折叠[109,110]

将胰岛素用 7.0mol/L GuHCl 还原变性后，用 HPHIC 对其进行分离和复性。图 5-39（a）和图 5-39（b）分别是天然和还原胍变性胰岛素采用流动相 1

[流动相 1：A 液 3.0 mol/L(NH$_4$)$_2$SO$_4$＋0.05 mol/L KH$_2$PO$_4$，pH 为 7.0；B 液 0.05 mol/L KH$_2$PO$_4$，pH 为 7.0] 在 HPHIC 上的色谱分离图。从图 5-39 中可看出，还原胍变性胰岛素 [图 5-20 (b)] 经 HPHIC 分离得到三个色谱峰，其中一个色谱峰与天然胰岛素 [图 5-20 (a)] 相同，但峰形变宽。其余两个色谱峰为胰岛素的折叠中间体，说明还原胍变的胰岛素只能部分复性。这表明胰岛素经还原变性后分成 A、B 两条链，复性时存在二硫键的正确对接问题。如果二硫键能正确对接，则胰岛素就可复性；反之，则可能形成二硫键错误配对的折叠中间体。这也说明了还原变性蛋白的复性难度更大，情况更加复杂。

将少量的氧化型谷胱苷肽（GSSG）加入到流动相中，组成流动相 2 [流动相 2：A 液 3.0 mol/L (NH$_4$)$_2$SO$_4$＋0.05 mol/L KH$_2$PO$_4$＋0.1 mmol/L GSSG，pH 为 7.0；B 液 0.05 mol/L KH$_2$PO$_4$＋0.1 mmol/L GSSG，pH 为 7.0]，研究氧化型流动相对还原变性牛胰岛素复性的影响。图 5-40 中的图 5-40 (a) 和图 5-40 (b)

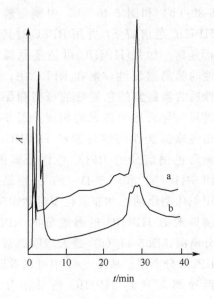 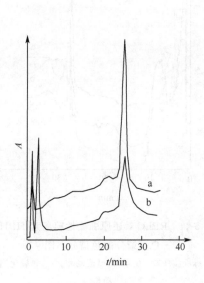

图 5-39 采用非氧化型流动相时 HPHIC 对天然和 7.0mol/L GuHCl 还原变性牛胰岛素的色谱分离图

a. 天然胰岛素；b. 还原变性胰岛素

流动相：A 液. 3.0 mol/L (NH$_4$)$_2$SO$_4$＋0.05 mol/L KH$_2$PO$_4$ (pH 为 7.0)，B 液. 0.05 mol/L KH$_2$PO$_4$ (pH 为 7.0)；100mm×4.0mm I.D. 分析型 HPHIC 柱，25min 线性梯度，流速 1.0mL/min，检测波长 280nm，记录纸速 4mm/min，灵敏度为 0.08AUFS；进样量 150μg

图 5-40 采用氧化型流动相时 HPHIC 对天然和 7.0mol/L GuHCl 还原变性牛胰岛素的色谱分离图

a. 天然胰岛素；b. 还原变性胰岛素

氧化型流动相：A 液. 3.0 mol/L (NH$_4$)$_2$SO$_4$＋0.05 mol/L KH$_2$PO$_4$＋0.1 mmol/L GSSG (pH 为 7.0)，B 液. 0.05 mol/L KH$_2$PO$_4$＋0.1 mmol/L GSSG (pH 为 7.0)；100mm×4.0mm I.D. 分析型 HPHIC 柱，25min 线性梯度，流速 1.0mL/min，检测波长 280nm，记录纸速 4mm/min，灵敏度为 0.08AUFS；进样量 150μg

分别是天然和还原胍变性胰岛素采用流动相2时在 HPHIC 上的色谱分离图。从图 5-40 可看出，经 HPHIC 复性后，还原胍变胰岛素［图 5-40（b）］可得到 1 个色谱峰，其色谱峰的峰形、保留时间与天然胰岛素 ［图 5-40（a）］ 均相同，这表明加入氧化型谷胱苷肽后，不仅提高了胰岛素二硫键的对接率，而且提高了复性效率。但是，与天然胰岛素色谱图 ［5-40（a）］ 比较，还原胍变胰岛素色谱峰的峰面积是天然胰岛素的 66％，这说明还原胍变性的胰岛素在氧化剂存在下，用 HPHIC 可对其大部分复性，复性效果要比采用非氧化型流动相 1 好得多。这主要是因为作为氧化剂的 GSSG 可将还原变性蛋白的巯基氧化，直接参与二硫键配对反应，从而加速了二硫键正确对接的选择性。同时 GSSG 还可防止蛋白聚集沉淀，提高胰岛素的质量回收率。

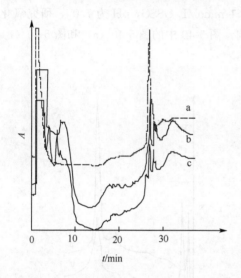

图 5-41　RPLC 对还原胍变性胰岛素 HPHIC
色谱馏分的色谱分离图

a. 标准胰岛素；b. 氧化型流动相；c. 非氧化型流
动相

色谱条件：A 液. 90％甲醇＋10％水＋0.03％HCl，
B 液. 10％水＋90％甲醇＋0.03％HCl；100mm×
4.0mm I.D. 分析型 C_{18} 柱，25min 线性梯度，流速
1.0mL/min，检测波长 280nm，记录纸速 4mm/min，
灵敏度为 0.08AUFS

为进一步证实用 HPHIC 可对还原胍变性的胰岛素进行复性。收集图 5-39（b）和图 5-40（b）中胰岛素的 HPHIC 色谱馏分，并用 RPLC 对其进行分离。如果 HPHIC 可使还原胍变性的胰岛素复性，则在 RPLC 中，复性后的胰岛素的色谱峰的峰型和保留时间应与天然胰岛素的相同。图 5-41 是还原胍变性的胰岛素经 HPHIC 分离后色谱馏分的 RPLC 色谱分离图。图 5-41（b）和图 5-41（c）分别是采用氧化型流动性和非氧化型流动相时，胰岛素的 HPHIC 色谱馏分的 RPLC 分离图；图 5-41（a）是天然胰岛素的 RPLC 分离图。从图 5-41 中可以看出，两种胰岛素的 HPHIC 色谱馏分经 RPLC 分离后，有一个色谱峰的保留时间和峰型与天然胰岛素的完全相同，这进一步证明用 HPHIC 确实能使还原变性的胰岛素部分复性。比较图 5-41（b）和图 5-41（c）可看出，采用氧化型流动相，以 HPHIC 对还原胍变性的胰岛素进行复性的色谱馏分，用 RPLC 进行分离后得到胰岛素的色谱峰的峰高明显高于采用非氧化型流动相时胰岛素的峰高，这也进一步证明用 HPHIC 对还原胍变性的胰岛素进行复性，当流动相中加入氧化型谷胱甘肽时，可大大提高还原变性胰岛素的复性效率。

5.8.3　HPHIC 纯化并同时复性 *E.coli* 表达的重组牛朊病毒正常蛋白片断

作者采用 HPHIC 对 *E.coli* 表达的重组牛朊病毒正常蛋白片断［包含氨基酸残基 104-242，rbPrP（104-242）］进行了复性并同时纯化，详细研究了多种色谱条件对复性的影响。用 HPHIC 进行蛋白质复性和分离时，固定相的性质是很重要的。固定相对蛋白质复性和质量控制的贡献是不仅可以防止或减少变性蛋白的聚集和沉淀的形成，并且还有另外三项功能：帮助蛋白质形成微区；帮助蛋白质修正错误折叠的结构；将复性后的目标蛋白和杂蛋白进行分离。本实验分别考查了端基为糠醇、苯基和 PEG600 的硅胶键合相填料对纯化 rbPrP（104-242）的影响，收集各分离条件下的 rbPrP（104-242）馏分，采用 SDS-PAGE 分析检测，三种类型色谱柱中所得 rbPrP（104-242）的纯度和质量回收率列在表 5-12 中。从表 5-12 中看出，用苯基柱对 rbPrP（104-242）进行纯化时，其纯度和质量回收率均高于糠醇柱和 PEG600 柱。

表 5-12　用三种固定相纯化 rbPrP（104-242）所得的纯度和质量回收率

固定相	纯度/%	质量回收率/%
PEG600	79	71
糠醇	63	52
苯基	88	89

注：流动相 A. 3.0mol/L $(NH_4)_2SO_4$ + 0.05 mol/L PBS（pH 为 7.0），流动相 B. 0.05 mol/L PBS（pH 为 7.0）；流速：1.0 mL/min；30 min 线性梯度，0～100%B，延长 10 min。

如图 5-42 所示，梯度模式的微小变化对 rbPrP（104-242）的分离具有很大的影响。本研究采用了三种梯度模式，线性梯度［图 5-42（a）］、含曲率的非线性梯度［图 5-42（b）］以及不含曲率的非线性梯度［图 5-42（c）］。从图 5-42 中可以看出，用不含曲率的非线性梯度对 rbPrP（104-242）进行纯化时结果最好。收集这三种梯度分离时的 rbPrP（104-242）馏分，用 SDS-PAGE 进行分离检测。结果表明，用图 5-42（a）、图 5-42（b）和图 5-42（c）中梯度分离时，rbPrP（104-242）的纯度分别为 85%、77% 和 96%。

图 5-43 表示用图 5-42（c）中所示条件纯化 rbPrP（104-242）的 SDS-PAGE 分析，从图 5-43 中看出，纯化后的 rbPrP（104-242）与包涵体中的 rbPrP（104-242）的分子质量相同，其分子质量约为 18kDa。薄层扫描结果表明包涵体提取液中 rbPrP（104-242）的纯度为 14%，而经 HPHIC 纯化后的 rbPrP（104-242）的纯度高达 96%，其质量回收率为 87%。

用 CD 对 HPHIC 纯化后的 rbPrP（104-242）的二级结构进行分析，结果如图 5-44所示，在 208 nm 和 222 nm 处存在最小吸收，这表明纯化后的 rbPrP（104-242）的二级结构以 α-螺旋为主，β-折叠的含量很低。因此，纯化后的 rbPrP

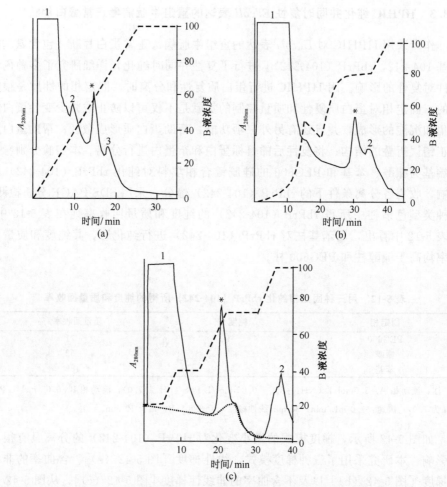

图 5-42　不同梯度对 rbPrP（104-242）的疏水色谱纯化图

梯度：(a) 25min 线性梯度，0～100％B，延长 10min。(b) 0.01min，0％B，1min，B. 曲率=-2；15min，50％B；20min，45％B；20min，B. 曲率=3；35min，80％B；40～45min，100％B。(c) 0～5min，20％B；8～15min，40％B；23～30min，70％B；35～40，100％B。

实线为洗脱曲线；虚线为梯度线；点线为空白梯度时的洗脱曲线；　＊　rbPrP(104-242)；1. 溶剂峰；2, 3. 杂蛋白

（104-242）具有与其天然结构相同或相近的空间结构，表明经过一步 HPHIC 后，rbPrP（104-242）可以同时得到纯化和复性。

　　与文献中报道的方法相比，本研究中所提出的分离纯化方法具有很多优越性。Mehlhorn 等[112]用 SEC 和 RPLC 对重组叙利亚仓鼠 PrP 进行纯化，质量回收率接近 50％。Zahn 等[96]报道了一种纯化人 PrP 的有效方法。将 PrP 在 *E. coli* 细胞质中表达成组氨酸融合蛋白，通过将其 N 端固定在镍-NTA 琼脂糖

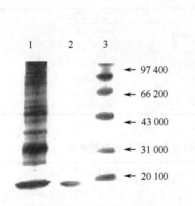

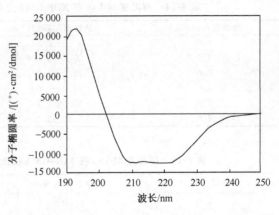

图 5-43　rbPrP（104-242）的　　图 5-44　rbPrP（104-242）的远紫外 CD 光谱图
SDS-PAGE 分析

1. 包涵体提取液；2. 经 HPHIC 纯化后的

rbPrP（104-242）；3. 分子质量标准蛋白

树脂上使重组组氨酸融合 PrP 得到再折叠和氧化。"高亲和柱复性"防止了蛋白质聚集和分子间二硫键的形成，从而加速了 PrP 的制备。但是将该融合蛋白从树脂上洗脱下来后，必须用凝血酶消化切掉组氨酸标签，再用一步 IEC 除去凝血酶，然后再通过透析除去切掉的组氨酸标签，这使得整个过程相当复杂和不方便。

5.8.4　HPHIC 对还原变性溶菌酶的复性

溶菌酶（Lys）含有 4 对二硫键，还原变性的 Lys 在复性过程中很容易形成聚集体和沉淀。还原变性 Lys 在三种不同端基的疏水色谱柱上的保留顺序为：XDF-GM1（聚乙烯型）＜XDF-GM2（糠醇型）＜XDF-GM3（苯基型），所以这三种色谱柱的疏水性强弱顺序为 XDF-GM1（聚乙烯型）＜XDF-GM2（糠醇型）＜XDF-GM3（苯基型）。表 5-13、表5-14 和表5-15 是 Lys 在这三种疏水性色谱柱上脲浓度对其活性及质量回收率的影响。

表 5-13　脲浓度对 Lys 在 XDF-GM1 柱上活性及质量回收率的影响

脲浓度/(mol/L)	活性回收率/%	质量回收率/%
1.0	9.2 ±0	0±0
2.0	22.8 ±0.1	0±0
3.0	68.2 ±6.0	66.8±1.2
4.0	94.6 ±6.8	88.4±1.6
5.0	92.5 ±5.7	94.8±3.9

表 5-14　脲浓度对 Lys 在 XDF-GM2 上活性及质量回收率的影响

脲浓度/(mol/L)	活性回收率/%	质量回收率/%
1.0	0±0	0±0
2.0	3.6±3.6	0±0
3.0	21.2±5.7	10.4±3.4
4.0	34.0±5.0	38.1±1.1
5.0	50.5±1.9	86.8±6.3
6.0	5.82±2.0	86.4±2.7

表 5-15　脲浓度对 Lys 在 XDF-GM3 柱上活性及质量回收率的影响

脲浓度/(mol/L)	活性回收率/%	质量回收率/%
1.0	0±0	0±0
2.0	6.4±6.4	0±0
3.0	40.2±2.4	35.7±1.0
4.0	48.7±2.0	49.4±3.1
5.0	66.8±0	73.3±3.7
6.0	3.39±3.4	89.8±2.7

从表 5-13、表 5-14 和表 5-15 可看出，在三种不同疏水性端基的色谱柱
上，Lys 的质量回收率均随脲浓度的增加而增加。在疏水色谱中，一方面脲是
一种常用的流动相添加剂，它可以通过降低流动相的极性使蛋白质的保留值减
小，降低非特异性吸附；另一方面脲可以增加还原变性蛋白质在其中的溶解
度，所以在三种疏水性不同的色谱柱上其质量回收率均随脲浓度的增加而增
加。在三种疏水色谱柱上，当脲浓度低时，还原变性 Lys 的活性回收率均随脲
浓度的增加而增加；当脲浓度高时，还原变性 Lys 的活性回收率却随着脲浓度
的增加而降低。XDF-GM1 型色谱柱的最大活性回收率出现在脲浓度为
4.0 mol/L 时，XDF-GM2 和 XDF-GM3 的最大活性回收率出现在脲浓度为
5.0 mol/L 时。当脲浓度较低时，其活性回收率随脲浓度的变化趋势与质量回
收率的变化趋势相似。所以，用 HIC 复性 Lys 时，当脲浓度低时，活性回收
率的损失主要源于质量回收率的损失。在一般情况下，用稀释法复性蛋白质
时，脲浓度为 2.0 mol/L 的复性效率最高，高浓度的脲则成为一种失活剂，使
折叠效率降低，这是因为在折叠态与失活态之间存在一个平衡，当有高浓度的
脲存在时，它与蛋白质的结合占了上风，从而推动平衡向失活方向进行。但从
表 5-13、表 5-14 和表 5-15 的结果可看出，用 HIC 法复性还原变性的 Lys 时，
当脲浓度高于 2.0 mol/L 时，与一般的稀释法相比，还原变性 Lys 的复性效率
并没有随脲浓度的增加而降低，这是由于流动相中有硫酸铵存在。硫酸铵是一
种能够稳定天然蛋白质构象的盐。在较高浓度的脲存在下，它可以使蛋白质复
性的平衡向天然态移动，从而增加复性效率。但过高的脲浓度又会打破平衡，

使折叠反应向失活态移动，造成复性效率下降。所以，对这三种不同疏水性的色谱柱来说，当脲浓度高于 5.0 mol/L 时，其复性效率均呈现下降的趋势。同时也能看出，对于三种不同端基的疏水性色谱柱来说，还原变性 Lys 在疏水性最弱的 XDF-GM1 型柱上的活性回收率最高，当流动相中含有 4.0 mol/L 脲和 GSH/GSSG 时，活性回收率为 94.6％。

§5.9　HPHIC 进行蛋白折叠的分子学机理[113,114]

本节着重介绍在图 5-2 的（2）中所示的，从分子间相互作用的分子学机理上阐明用 HIC 法对蛋白复性时的机理。

5.9.1　变性蛋白在 HPHIC 固定相上的吸附及微区的形成——固定相对蛋白折叠的贡献

HPHIC 是一种在高盐浓度保留，低盐浓度洗脱的色谱模式。众所周知，在高盐浓度的溶液中，由于非极性分子和盐水溶液之间的疏水相互作用，任何非极性分子都倾向于从溶液中被挤出。这样，蛋白质分子中的疏水区就会被疏水相互作用推动并寻找和其他分子的疏水区相接触。对于被吸附在疏水色谱固定相上的变性蛋白质分子也是如此。因为对于特定的 HPHIC 固定相只有一个适中的且不变的疏水性，不同蛋白分子只有少数的疏水区因其疏水性和立体效应才有可能被固定相所吸附。Fausnaugh-Pollit 等[24]报道了蛋白分子在 HPHIC 的保留是由其在催化反应裂口相反表面上的氨基酸残基决定的。所以，正确折叠的蛋白分子应该与其天然态具有相同的保留时间。

将 GuHCl 或脲变性蛋白进样到 HPHIC 色谱柱上，并再用特定的梯度方式进行洗脱时，随着变性剂的除去，如图 5-45 所示，呈线状结构的多肽链在高盐浓度时首先被吸附在 HPHIC 固定相上，同时因 HPHIC 固定相能提供较通常方法高出数十倍乃至数百倍的能量[23]，从而使得变性蛋白顺利复性。有关变性蛋白在疏水液-固界面上的蛋白质折叠自由能的测定将在本书第六章中进行详述。

HPHIC 固定相结合了分子伴侣和蛋白酶[113]二者的优点。在一次色谱过程中，HPHIC 固定相能够在分子水平上给变性蛋白分子提供足够高的能量，并同时起着质量控制的作用。

首先，虽然报道一些蛋白分子内部包含水并对分子构象起稳定作用[114]，但大部分天然蛋白质分子的内部并不含有自由水。一方面，当蛋白质分子变性时，蛋白质分子必须去折叠。如图 5-45（a）所示，去折叠的蛋白质分子将在盐的水溶液中进行水合作用。去折叠蛋白质分子被水分子（蓝色）包围变得更加稳定。因此，依据热力学的观点，变性蛋白分子在水合过程中会释放能量以降低其势能，以水合形式存在的水熵则减小；另一方面，当除去变性环境时，水合的蛋白质分子的失水过程是自发进行的，即使以很慢的速率，则以水合形式存在的水的熵会

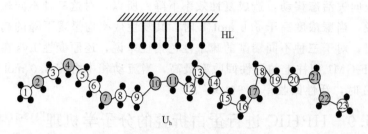

(a) 水合蛋白质分子和 HPHIC 固定相

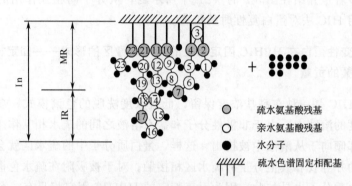

○ 疏水氨基酸残基
○ 亲水氨基酸残基
● 水分子
//// 疏水色谱固定相配基

(b) 含有区域结构和诱导区的折叠中间体的形成

图 5-45　HPHIC 中变性蛋白失水和形成蛋白折叠中间体的模型示意图

HL. 水合配基；U_h. 变性的水合氨基酸残基；MR. 区域结构；IR. 诱导区域；In. 中间体

增加。若蛋白质分子能获得外加能量时，失水过程就会加速。当蛋白分子被 HPHIC 固定相表面吸附时，蛋白质分子的失水就会以相当快的速率进行。因此，HPHIC 固定相在此过程中必定为蛋白质分子提供能量。图 5-45（a）表示在 HPHIC 固定相表面水合蛋白质分子的失水过程示意图。从图 5-45（a）中便可看出以水合状态存在的变性蛋白分子是如何在与 HPHIC 固定相接触表面区域挤出水分子的。

其次，天然蛋白质分子的疏水袋是埋在分子的内部。那么，我们有理由相信蛋白折叠应该是从分子内部的疏水袋开始的。因此，形成含有大多数疏水氨基酸残基且结构正确的内部疏水区域是非常重要的。在 HPHIC 中，变性蛋白分子通过疏水氨基酸残基与固定相表面结合而被吸附在固定相上。这些高密度疏水氨基酸残基就起着使蛋白分子形成具有正确的三维结构所必需的内部疏水袋的作用。蛋白质分子形成不正确的三维结构也是可能的。蛋白分子形成的区域结构和折叠中间体过程的示意图如图 5-45（b）所示。疏水氨基酸残基（红色）结合到 HPHIC 固定相表面上，亲水氨基酸残基（黄色）则面向流动相。该变性蛋白分子很牢固地结合在固定相表面以形成稳定的络合物，因此即使蛋白质分子还剩余有一些疏水区，但因这些牢牢固定的蛋白分子不能相互作用，当然也就不会发生蛋白质分子间的相互聚集。如图5-45（b）所示，因为肽链骨架是刚性的，HPHIC固定相提供的能量能够顺着肽链传递到变性蛋白质分子的其他氨基酸残基。这样，最初没有和固定相接触的氨基酸通过氨基酸残基间的相互作用而脱水。已经证明区域结构形成过程中伴随着脱水过程[41]。

5.9.2 流动相对蛋白折叠的贡献

变性蛋白在固定相表面形成具有一定三维结构的折叠中间体，但是如果没有流动相的梯度变化来提供给折叠中间体解吸附所需的能量，这些折叠中间体将会永远停留在固定相表面而无法进一步完成折叠复性的过程。因此在变性蛋白折叠过程中，流动相同样也起着非常重要的作用，流动相的作用主要表现在以下四个方面：①可以除去变性环境。当变性蛋白进入HPHIC柱后，由于GuHCl或尿素等变性剂在固定相表面不被阻留，因此流动相就直接将变性剂迅速带出色谱柱，这种除去了变性环境后的盐溶液有利于变性蛋白的折叠；②与固定相一起诱导蛋白的折叠。从图5-45看出，具有高盐浓度的流动相推动变性蛋白分子向HPHIC固定相表面接触，使亲水性的部分与流动相接触，这种与固定相表面的协同使变性蛋白分子"定向"地与固定相表面接触，从而顺利地完成了接触表面"脱水"和生成区域结构；③提供给变性蛋白一个适宜的、组成连续变化的、可供选择的折叠环境，并不断修正含有错误三维结构的折叠中间体（见下述第5.9.3节）。在HPHIC中，流动相的组成是在一个很宽的盐浓度范围内进行梯度变化，不同变性蛋白可以"自己"选择适宜于自己折叠的盐浓度范围来进行折叠。另外，那些热力学不稳定的错误折叠中间体也可以在吸附与解吸附的过程中不断地被修正；④提供蛋白解吸附的能量，变性蛋白分子只有获得足够的接近净吸附自由能的能量，才会有离开固定相表面的机会，才有可能利用流动相的环境来进行正确的折叠或修正错误折叠，并使折叠复性的蛋白以脉冲带的形式顺利流出色谱体系。流动相的这一作用与分子伴侣辅助折叠法中ATP的作用类似，变性蛋白在分子伴侣辅助下完成折叠后，ATP可提供一定的能量，使折叠复性好的蛋白脱离分子伴侣。

5.9.3 HPHIC固定相和流动相的协同作用在蛋白折叠过程中的作用

在HPHIC体系中，固定相与流动相并不是单独对变性蛋白折叠起作用的，它们之间的关系是相互补充、相互辅助的协同作用。当处于水合状态的变性蛋白分子（U_h）进入HPHIC色谱柱中时，如图5-46所示，大部分蛋白质分子被吸附并且同时完成脱水（绿色）。因为蛋白质在两相的分配系数不可能是无穷大，仍会有一小部分蛋白在流动相中，在溶液中它也会慢慢脱水［图5-46中黑色，（1b）］。被吸附的已失水的处于变性态的蛋白，一些则会形成折叠中间态，其中一些可能形成正确的疏水结构［图 5-46 中蓝色和绿色，（2a）］，另一些可能形成错误的疏水构型［图 5-46 中黑色，（2a）］。因为这些折叠中间体被牢牢地吸附在固定相表面，具有正确疏水结构的蛋白质分子无法继续折叠成它的天然态，而具有错误疏水结构的蛋白分子也不能仅仅依靠 HPHIC 固定相进行修正。

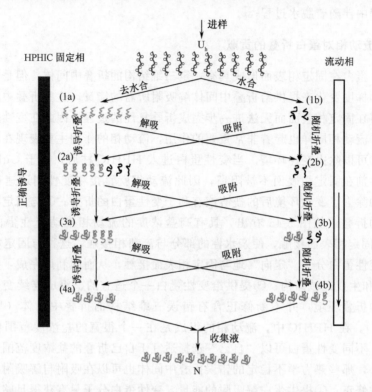

图 5-46　蛋白质复性中固定相和流动相的协同作用步骤示意图

（a）疏水色谱固定相上的诱导复性；（b）流动相中的随机复性

（1a）和（1b）分别是吸附态和解吸附态的去水合变性蛋白分子；（2a）是在疏水色谱固定相上形成的正确的（蓝色和绿色）和错误的（黑色）中间体；（2b）是在溶液中随机复性形成的中间体；（3a）是天然蛋白（蓝色）和疏水色谱固定相上的正确中间体（蓝色和绿色）；（3b）是流动相中复性的天然蛋白（蓝色）和正确中间体（蓝色和黑色），和错误中间体（黑色）；（4a）和（4b）分别是在疏水色谱固定相上和在流动相中的完全复性的蛋白

　　因此，HPHIC 中连续改变的流动相组成能帮助变性蛋白分子折叠成它的天然态。图 5-46 给出了蛋白质再折叠的各步骤示意图。pH 为 7.0 时，从高盐浓度到低盐浓度进行梯度洗脱，被吸附的构象正确的和错误的折叠中间体将会在不同的保留时间时被洗脱下来。构象正确且热力学稳定的折叠中间体在合适的流动相

条件下可继续折叠成天然态。构象错误、热力学不稳定的折叠中间体在流动相中一定会很快消失并成为无序的线团状的多肽［图 5-46 中（2b）］。无序的线团状的多肽，如在水溶液中进行折叠一样，在流动相中也可进一步形成构象正确的或错误的折叠中间体［图 5-46 中（3b）］。

所有天然态蛋白分子和具有正确和错误疏水区域结构的折叠中间体将会再次被 HPHIC 固定相吸附。如图 5-46 中（3a）所示，上述过程将不断重复。随着时间的推后，更多的天然态蛋白质分子（蓝色）就会形成，但仍有较少的具有错误疏水构象的分子［黑色，图 5-46 中（3b）］。最后，大多数蛋白质分子将如图 5-46 中（4a）和（4b）所示进行正确折叠。不同的蛋白质分子需要在一个特殊的或很窄盐浓度范围内进行折叠。用上述方法，采用梯度洗脱方式能成功地将几种变性蛋白进行了复性。

另外，只要变性蛋白分子被复性，或者部分被复性，那么它们被洗脱时流动相的盐浓度应该与其天然态完全一样。因此，在色谱分离过程中，HPHIC 可使不同蛋白质同时实现复性和分离。这也就是变性蛋白复性的机理。

总之，HPHIC 对变性蛋白的复性及质量控制原理为：高盐浓度的流动相中的疏水作用力推动了变性蛋白分子朝着疏水色谱固定相移动，并以氨基酸序列的非极性区牢牢地被吸附在固定相上，形成一个稳定的络合物，而该变性蛋白的亲水性部分则面向流动相。这样，变性蛋白分子在这种情况下不能聚集。此外，变性蛋白分子在分子水平从疏水色谱固定相得到能量并瞬间进行以下三个作用：①疏水色谱固定相能够识别多肽的特定疏水区；②从水合的变性蛋白和疏水色谱固定相上挤出处于水合状态的水分子；③在疏水色谱固定相上形成了该蛋白分子的区域结构。随着盐浓度的降低或流动相中水浓度的增大，变性蛋白分子从疏水色谱固定相上解吸附。由于蛋白质的错误区域结构的热力学不稳定，它们在流动相中将通过瞬间消失以得到修正。随着在梯度洗脱过程中蛋白质多次的吸附和解吸附，具有错误的区域结构的蛋白分子将会变得越来越少，而具有正确的区域结构的蛋白分子将会变得越来越多，结果蛋白质得到完全复性。完全再折叠的蛋白质能够与万一出现的一些稳定中间体或没有完全复性的蛋白质分离。变性蛋白能够在 HPHIC 中同时实现复性并且相互分离。

实验可观察到变性蛋白质分子被 HPHIC 固定相吸附前在流动相中会产生聚集。在此情况下，变性蛋白质分子则根本无法复性，或者只能部分复性。此外，如果 HPHIC 固定相不能给变性蛋白分子提供足够高的能量，或者配基的立体结构与目标蛋白不匹配，则蛋白质分子不能，或只能部分复性。如果疏水色谱固定相给变性蛋白提供过高的能量，变性蛋白可能折叠成某些自然界中不存在但构象稳定的折叠中间体。

这里还要指出的是，变性蛋白质可能在进样过程中，或在样品溶液与流动相混合但蛋白质未和固定相接触之前就已经形成了聚集体。如果变性蛋白与固定相接触之前形成聚集体或沉淀，就会在样品环中或色谱柱的顶端产生聚集。那么，目标蛋白的质量和活性回收率均会降低，色谱柱也会被堵塞。这对于那些强疏水性的重组治疗蛋白的复性和纯化特别重要。因为 HPHIC 中盐浓度很高（如 2.5～3.0mol/L 硫酸铵溶液），特别是在制备规模 HPHIC 中，变性蛋白质会产生一些沉淀。为了减少样品在样品环中的停留时间以及样品从样品环进入色谱柱的时间，应采用小的柱死体积和高流速。因此，大直径 USRPP 研制的便可解决上述难题。因为蛋白质沉淀只能堵塞很小的面积，如 USRPP 过滤器或固定相顶端总横截面的 1/100，这时 USRPP 的柱压一般不会增加。沉淀则可用变性剂或合适的流动相进行溶解后，再用 USRPP 进行再复性。

5.9.4 HPHIC 法折叠蛋白与"人工分子伴侣"

综上所述，可以发现 HPHIC 复性蛋白的过程与分子伴侣辅助折叠法复性蛋白具有某些相似之处。首先，含有疏水基团的 HPHIC 固定相可与变性蛋白分子作用并形成蛋白质-配基络合物，从而防止了变性蛋白质分子形成聚集或沉淀。其次，变性蛋白分子能够通过用加入其他化学试剂或改变环境以使其从该络合物中释放出来而折叠。但是这里要指出的是，用 HPHIC 对蛋白质复性的方法要比人工分子伴侣早问世 4 年。此外，HPHIC 固定相与分子伴侣一样都是通过疏水作用对变性蛋白进行折叠和质量控制的。不仅如此，HPHIC 固定相对变性蛋白的复性有更多的贡献。当一个组分从溶液中转移到一个固体表面时，就会发生化学势跳跃。变性蛋白被固定相吸附时，就会从固定相上得到能量。最近研究结果表明，HPHIC 固定相能够为用 2.8mol/L GuHCl 变性的 α-淀粉酶提供高达 (838 ± 36) kJ/mol 的能量。与通常蛋白质分子在缓冲溶液中的折叠能 2～20kJ/mol 相比，HPHIC 固定相实际上能为变性蛋白分子提供更高的能量。可以这样设想，如果变性蛋白质在折叠过程中有潜在的能垒存在并且不是太高的能垒的话，则用 HPHIC 法可以有效地克服或越过这种存在的能垒。

§5.10　影响 HPHIC 对蛋白复性的因素

在 LC 法中，除了固定相和流动相对蛋白质折叠做出主要贡献外，流动相的组成、温度、pH 等对蛋白质复性也起着重要的作用，这可以从 HPHIC 复性蛋白机理的讨论中看出：疏水固定相与流动相在蛋白复性过程中对于分子瞬间的失水、折叠微区的形成、中间体的形成及修正、蛋白折叠自由能大小的提供等方面对蛋白复性起着极其重要的作用。另外，蛋白质的种类不同，所受上述各因素的影响程度也不同。这里我们选用溶菌酶（Lys）、核糖核酸酶（RNase）和 α-淀粉酶（α-Amy）为代表，研究了盐种类、pH、温度、梯度、黏度和进样量等因素对蛋白在 HPHIC 中复性效果的影响。

5.10.1　固定相

1. 固定相疏水性强度

　　HPHIC 固定相的疏水表面在蛋白复性过程中的水合变性蛋白瞬间脱水、防止变性蛋白质聚集、诱导蛋白折叠成中间体以及提供给变性蛋白折叠自由能等方面起着非常重要的作用。因此，固定相表面疏水性的强弱会影响折叠中间体的诱导、形成以及折叠过程中能垒的克服等，从而影响最终的复性效果。由于HPHIC固定相表面化学键合着不同的疏水配基，而使其表面具有不同的疏水性。通常疏水性强的固定相与蛋白质的作用力较强，可使蛋白质在其上保留较长的时间，一般可通过蛋白质的保留时间来判断 HPHIC 固定相疏水性的强弱。

　　用四种不同疏水性的 HPHIC 固定相（stationary phase of hydrophobic interaction chromatography，STHIC）对溶菌酶和核糖核酸酶复性进行了研究，结果列于表 5-16 中。四种不同固定相对溶菌酶的色谱分离图如图 5-47 所示。这四种固定相端基疏水性的增加顺序为：PEG-400＜PEG-600＜PEG-800＜苯基。从表 5-16 看出，这两种蛋白的生物活性回收率随固定相疏水性的增大而增加，即疏水色谱固定相的疏水性越强，蛋白质复性效率越高。但是，当分别采用硅胶基质的聚乙二醇 600 和含不同浓度甲基丙烯酸丁酯（BMA）的甲基丙烯酸缩水甘油酯（GMA）-甲基丙烯酸丁酯（BMA）-乙二醇二甲基丙烯酸酯（EDMA）共聚物连续棒色谱柱对 α-淀粉酶进行复性时，硅胶基质的 PEG600 虽然疏水性最

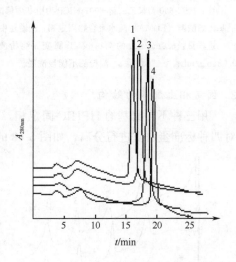

图 5-47　四种不同疏水性固定相对溶菌酶的
色谱分离图

色谱柱(4.0mm×100mm I.D.)；1. PEG-400；
2. PEG-600；3. PEG-800；4. 苯基
衰减为 0.08AUFS，样品量 20μL 的 5.0mg/mL
溶菌酶，收集液中的最后浓度是 0.10mg/mL

表 5-16　固定相疏水性对溶菌酶和核糖核酸酶活性回收率的影响

序号	配基	溶菌酶/%	核糖核酸酶 A/%
1	—(CH₂—CH₂—O)400	85.8	83.4
2	—(CH₂—CH₂—O)600	88.5	85.8
3	—(CH₂—CH₂—O)800	90.5	93.6
4	—O—CH₂—O—苯基	98.5	101.1

　　注：5.0mg/mL 的 7.0mol/L 胍变溶菌酶和核糖核酸酶 20μL 分别直接进样到四种不同配基的HPHIC柱。

　　流出液中蛋白的最终浓度：溶菌酶 0.10mg/mL，核糖核酸酶 A 为 0.050mg/mL。

弱，但活性回收率并不是最低的，而且在三种聚合物基质的 HIC 柱中，随固定相疏水性的增强，活性回收率逐渐降低（表 5-17）。BMA 含量越高，疏水性越强。疏水性大小的顺序为 PEG-600＜HICP-5＜HICP-11＜HICP-17。

表 5-17　固定相疏水性对 α-淀粉酶活性回收率的影响

色谱柱	c_{GuHCl}/(mol/L)			
	0.2	0.4	0.6	0.8
PEG-600	118.0	108.0	39.0	0.00
HICP-5	105.4	106.8	104.0	96.2
HICP-11	86.7	89.0	84.4	44.3
HICP-17	—	—	—	—

注：PEG-600 为聚乙二醇 600；HICP 为甲基丙烯酸缩水甘油酯(GMA)-甲基丙烯酸丁酯(BMA)-乙二醇二甲基丙烯酸酯（EDMA）疏水聚合物固定相；色谱柱中 5，11，17 分别表示甲基丙烯酸的含量。

进样量：5.0mg/mL 的 7.0 mol/L 胍变 α-淀粉酶 20μL，流出液中 α-淀粉酶的最终浓度为 0.050～0.034mg/mL；"—"表示 α-淀粉酶不能被洗脱。

2. 固定相上配基的结构

用三种不同配基的 HPHIC 固定相，即 PEG-600、四氢糠醇（THFA）和苯基对四种标准蛋白质进行分离，如图 5-48 的色谱图所示。α-糜蛋白酶的保留时间分别为 23.44min、23.55min 和 23.72min。表明这三种色谱柱具有基本相同的疏水性。然而，这三种固定相对经 1.70 mol/L GuHCl 变性的 α-糜蛋白酶复性后的活性回收率却分别为 94.4%、82.1% 和 65.3%。表明疏水色谱固定相的配基不同，对蛋白的复性效率也会不同。也就是说，与 PEG-600 相比，四氢糠醇固定相对 α-糜蛋白酶的复性效果更好。

因此，如果采用具有与变性蛋白分子的疏水氨基酸残基相匹配的疏水强度和配基结构的疏水色谱固定相，会大大提高蛋白质复性效率。我们将此方法称为疏水相互作用-折叠色谱法（hydrophobic interaction-refolding chromatography，HIRC）。

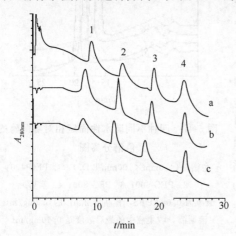

图 5-48　三种疏水性相当但配基不同的 HPHIC 固定相对四种标准蛋白质的色谱分离图

a. PEG-600；b. 四氢糠醇；c. 苯基；1. 细胞色素 c；2. 肌红蛋白；3. 溶菌酶；4. α-糜蛋白酶 衰减为 0.08AUFS。蛋白质浓度为 5.0mg/mL。1，2，3，4 四种蛋白的绝对量分别是 40μg、30μg、15μg 和 30μg。经分离后在收集液中的最后浓度分别是 0.133mg/mL、0.100 mg/mL、0.075 mg/mL 和 0.10 mg/mL。流速为 0.8mL/min

5.10.2　流动相

1. 盐种类

在 HPHIC 中，蛋白质是在相当

高的盐浓度［如 $2.5 \sim 3.0$ mol/L $(NH_4)_2SO_4$］下被吸附在固定相表面，而随着流动相盐浓度的梯度减小而被洗脱。盐的种类不同，对蛋白的洗脱能力也不相同，许多高浓度的盐溶液对大多数蛋白质是无害的。

在 HPHIC 中，通常梯度洗脱的流动相由很强疏水性的溶液 A 和强疏水性溶液 B 组成，无论是理论上还是实际应用中硫酸铵是作为溶液 A 最好的盐类。因此，根据蛋白质的疏水性，对梯度洗脱硫酸铵的开始浓度可选择 $1.0 \sim 3.0$ mol/L。强疏水性的蛋白，选择低浓度溶液 A。

表 5-18 是流动相用常见的盐类磷酸氢二钾、氯化钠、Tris、氯化铵、磷酸氢二钠和乙酸铵为 0.05mol/L 缓冲液作溶液 B，PEG-200 配基作固定相的色谱柱 （150mm×4.6 mm I. D.），考察 rhIFN-γ 的活性回收率、质量回收率、比活、纯度四个参数的结果。从表 5-17 中看出，除乙酸铵的质量回收和氯化钠的活性回收率低外，比较其他六种盐类，KH_2PO_4 显示了最佳的选择。因此，在 rhIFN-γ 的变性蛋白复性及同时纯化中以溶液 A 为 3mol/L 的 $(NH_4)_2SO_4$ 和 0.05mol/L 磷酸氢二钾，B 液为 0.05mol/L 磷酸氢二钾作为流动相。所以不同流动相中盐种类对蛋白的复性质量、活性回收率有一定的影响。图 5-49 是胍变 Lys 和 α-Amy 在五种不同种类的盐，即 $(NH_4)_2SO_4$、Na_2SO_4、NH_4Cl、$NaCl$ 和 NH_4COOH 作流动相时的活性回收率。

表 5-18 LC 中流动相的盐类对 rhIFN-γ 的复性的影响

盐类 (pH 为 7.0)	总蛋白量/mg	总活性 /×10⁷IU	比活 /(×10⁷IU/mg)	活性回收率 /%	纯度 %	质量回收率 %
7.0mol/L 盐酸抽提液	1.30	0.075	0.06	100	56.7	(0.713mg)
KH_2PO_4	0.704	3.2	4.3	4243	＞95.0	＞93.8
NaCl	0.692	0.574	0.83	766	＞95.0	＞92.1
NaAc	0.670	1.08	1.61	1438	＞95.0	＞89.3
Tris	0.639	1.03	1.61	1372	＞95.0	＞85.1
NH_4Cl	0.567	1.18	2.08	1572	＞95.0	＞75.5
NaH_2PO_4	0.531	1.29	2.43	1720	＞95.0	＞70.7
NH_4Ac	0.347	1.39	4.02	1860	＞95.0	＞46.3

注：色谱条件色谱柱 150mm×4.6mm I. D.；进样量 700μL（含 1.664mg rhIFN-γ 抽提在 7.0 mol/L GuHCl），流速 1.5 mL/min，非线性梯度从 100% 溶液 A［3.0 mol/L 硫酸铵-0.05mol/L 磷酸二氢钾（pH 为 7.0）］到溶液 B［0.05 mol/L 磷酸二氢钾（pH 为 7.0）］35 min，延长 15 min。

2. pH

图 5-50 在 HPHIC 中复性时，pH 对胍变 Lys 和 α-Amy 复性效果的影响与活性回收率的变化。

从图 5-50 看出，这两种蛋白随 pH 的变化趋势是相同的，即在 pH 较低或较高时，其活性回收率均较小，随 pH 从 pH 为 5 增大到 pH 为 7，其活性回收率

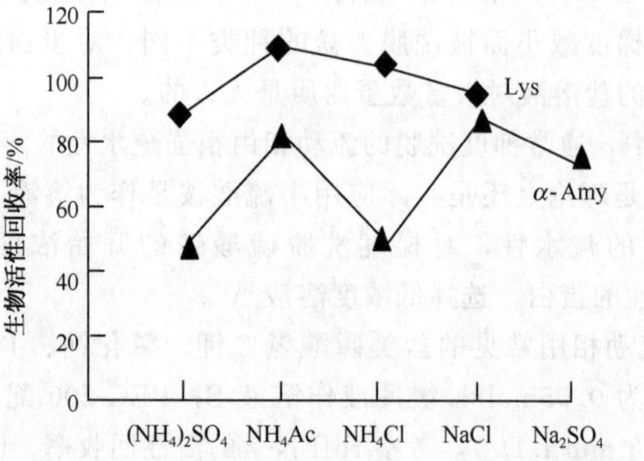

图 5-49 流动相中不同种类盐对胍变 Lys 和 α-Amy 活性回收率的影响

流动相：A 液为 3.0mol/L 上述盐（其中 Na_2SO_4 为 1.0mol/L）+0.05mol/L KH_2PO_4（pH 为 7.0），B 液为 0.05mol/L KH_2PO_4（pH 为 7.0），梯度为 25min 线性梯度，流速为 1.0mL/min，进样量为 200μg

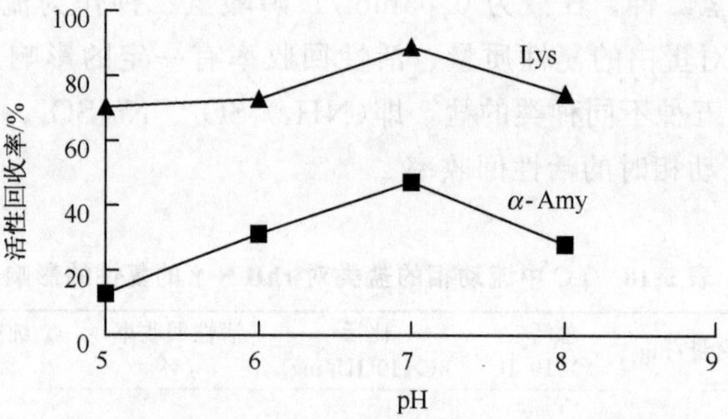

图 5-50 不同 pH 下胍变 Lys 和 α-Amy 的活性回收率

流动相：A 液为 3.0mol/L $(NH_4)_2SO_4$ + 0.05mol/L KH_2PO_4（pH 为 7.0），B 液为 0.05mol/L KH_2PO_4（pH 为 7.0），梯度为 25min 线性梯度，流速为 1.0mL/min，进样量为 200μg，流动相的 pH 分别为 5.0、6.0、7.0 和 8.0

增加到最大，当 pH 继续增大，活性回收率又下降。这是因为每种蛋白质都存在着自身特有的等电点值，Lys 的等电点为 11，α-Amy 的等电点为 6，当溶液的 pH 发生变化时，蛋白所带的电荷就会发生变化。有研究结果表明，pH 的变化会破坏天然蛋白质分子内部的氢键和盐桥，从而改变蛋白质分子的稳定性。如果蛋白质的活性区中包括盐桥或氢键，则 pH 的改变就会引起活性的变化。对于天然蛋白，过高或过低的 pH 会使其变性，对变性蛋白的折叠复性过程也是如此。当溶液中 pH 为中性时，变性蛋白自身所带的电荷可以保持不变，这使得在形成氢键或盐桥时，不至于引入其他的错误诱导结构的因素，当流动相溶液偏离中性时，变性蛋白必然会受流动相 pH 的影响，而产生额外的电荷，这些电荷在一定程度上会影响到蛋白折叠过程中盐桥和氢键的形成，从而影响最终的复性结果。

5.10.3 色谱条件

1. 温度

图 5-51 是在 HPHIC 中，胍变 Lys 和 α-Amy 与不同柱温下的活性回收率的结果。从图 5-51 中看出，HPHIC 的色谱柱温度的变化对胍变 Lys 和 α-Amy 的复性活性回收率均有影响，即随着柱温的升高，复性活性回收率先升高，当其达到一个最大值后，随着柱温的继续升高，活性回收率又呈下降趋势。其中变性 Lys 的复性活性回收率在 25℃ 为最大，而变性 α-Amy 的复性活性回收率在 20℃ 为最大。通过图 5-51 中两条复性活性回收率与温度的变化曲线也可看出，变性 Lys 的复性结果受温度的影响较小，而变性 α-Amy 的复性结果受温度影响较大。变性蛋白在 HPHIC 中复性效率随柱温变化的现象可能与文献报道的变性蛋白在分子伴侣辅助折叠时存在的"温度通道"（temperature channel）相类似，即每种变性蛋白复性都有其最佳的温度范围，偏离这一温度范围，则复性效率会有相当程度地下降。

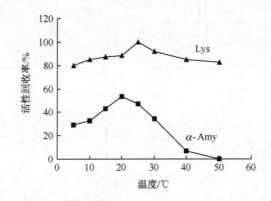

图 5-51　温度对胍变 Lys 和 α-Amy 复性的影响

流动相：A 液为 3.0mol/L $(NH_4)_2SO_4$ ＋0.05mol/L KH_2PO_4（pH 为 7.0），B 液为 0.05mol/L KH_2PO_4（pH 为 7.0）。

梯度为 25min 线性梯度，流速为 1.0ml/min，进样量为 200μg。

将色谱柱温分别恒温在 5℃、10℃、15℃、20℃、25℃、30℃、40℃ 和 50℃

　　在 HPHIC 中，温度的升高会增强固定相与蛋白质的疏水相互作用力，实验发现疏水作用力的增强可使 HPHIC 复性能力增强。由于温度升高也会使疏水相互作用力增强，故变性蛋白的复性活性回收率会增加。但是，从另一个方面讲，温度的过度升高，又会引起蛋白构象的某些变化，甚至会造成蛋白的热变性，所以随温度的不断升高，变性蛋白的复性活性回收率反而会减小。

　　利用变性蛋白在 HPHIC 中复性的能量变化也可以解释上述现象，当色谱条件一定时，HPHIC 系统可提供给变性蛋白的折叠自由能 $\Delta\Delta G_F$ 是随着温度的增大而增大，也就是说，当柱温较高时，变性 Lys 可以从 HPHIC 中获得更多的能量用于折叠和复性。但是柱温过度升高会增加热变性的可能，反而使复性效果受到影响。上述两个过程是以相反方式相互作用的，因此，在实际应用中需要根据具体的变性蛋白选择其最优的复性温度。

2. 洗脱方式

当固定相、盐种类、pH 及温度选定后，流动相梯度时间长短以及洗脱类型都可能会影响变性蛋白在 HPHIC 中的复性效果。图 5-52 是胍变 Lys 和天然 Lys 分别在梯度条件和等浓度条件下洗脱的色谱图。其中图 5-52 (a) 和图 5-52 (b) 分别为天然 Lys 和胍变 Lys 在梯度洗脱条件下得到的色谱图，图 5-52 (c) 和图 5-52 (d) 分别为天然 Lys 和胍变 Lys 在流动相为 1.0 mol/L $(NH_4)_2SO_4$ 等浓度洗脱时得到的色谱图。

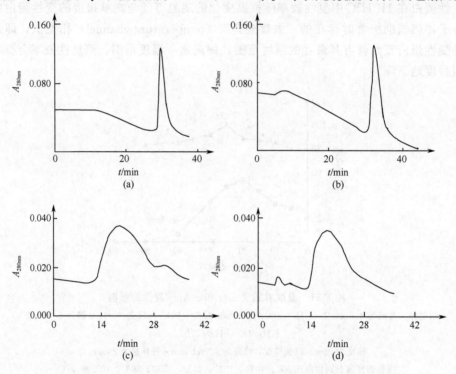

图 5-52　梯度和等浓度洗脱条件下天然 Lys 和胍变 Lys 色谱图的比较

从图 5-52 中看出，当胍变 Lys 以梯度条件洗脱时，其复性 Lys 的色谱峰在保留时间、峰形和峰高上均与天然 Lys 一致，这说明变性蛋白完全复性。但从等浓度洗脱方式的色谱图比较可以看出，胍变 Lys 与天然蛋白在保留时间和峰形方面均存在着较大的差别，这说明流动相组成的连续变化在 HPHIC 中复性蛋白时是十分必要的。

图 5-53 是胍变 Lys 和 α-Amy 在不同的时间长短、相同梯度洗脱范围时所得的

活性回收率。从图 5-53 可看出，胍变 Lys 和 α-Amy 的复性活性回收率均不随梯度时间的变化而变化。这表明，这两种变性蛋白在 HPHIC 中复性时，流动相是从热力学上辅助蛋白的折叠复性，而与动力学因素无关。当其他色谱条件一定时，只要梯度范围一致，折叠复性的结果应该是一样的。这里要特别指出的是，这里所指出的动力学因素只限于时间因素，而不是"能垒"，因为"能垒"也是动力学因素中的一种，如前所述，它的影响不仅很大，而且是对蛋白折叠至关重要的。

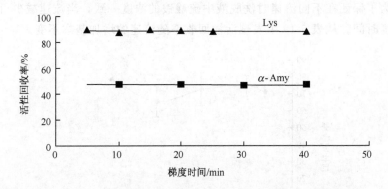

图 5-53　梯度时间与胍变 Lys 和 α-Amy 复性活性回收率

XDF-GM2 型 HPHIC 柱（100mm×4mm I.D.）中，

流动相：A 液为 3.0mol/L（NH₄）₂SO₄＋0.050mol/L KH₂PO₄，B 液为 0.050mol/L KH₂PO₄

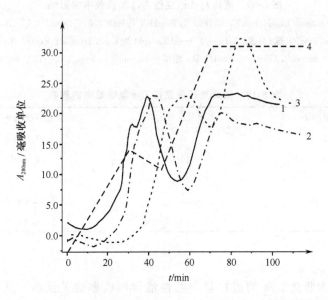

图 5-54　在 USRPP-HPHIC（10 mm×200 mm I.D.）rhIFN-γ 不同流速下复性及同时纯化的色谱图

1. 10.0 mL/min；2. 20.0 mL/min；3. 30.0 mL/min；4. 电导线

3. 流速

在通常 HPLC 中，非常简单的优化就可以确定色谱过程中的流速，然而，在对蛋白复性的色谱过程变得复杂起来。例如，用色谱进行蛋白复性的过程包括了蛋白质聚集和沉淀的溶解的动力学问题，图 5-54 是 rhIFN-γ 在 USRPP-HPH-IC（10mm×200mm I. D.）上复性及同时纯化过程中，不同流速下的色谱图。

图 5-55 是流速对还原变性 Lys 在 WCX 柱上用疏水模式复性时所受影响的结果。为了保证在不同流速时洗脱液中硫酸铵的浓度一致，当流速减少可相应地延长梯度时间。从表 5-19 中发现活性回收率随流速的增加基本不变。

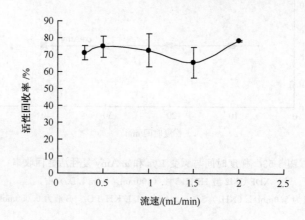

图 5-55 流速对还原变性 Lys 复性效率的影响

色谱条件：A 液. 1.0mol/L(NH₄)₂SO₄，0.1mol/L Tris-HCl（pH 为 8.0），1mmol/L EDTA，3mmol/L GSH/
0.6mmol/L GSSG，4mol/L 脲；B 液. 0.1mol/L Tris-HCl（pH 为 8.0），1mmol/L EDTA，3mmol/L GSH/
0.6mmol/L GSSG，4.0mol/L 脲；色谱柱 100mm×4.0mm I.D. （PEG-600）

表 5-19 流速对还原变性 Lys 复性效率的影响

流速/(mL/min)	梯度长度/min	活性回收率/%
0.3	60	71.2 ±4.1
0.5	40	74.8 ±6.3
1.0	20	72.6 ±9.8
1.5	13	65.4± 8.9
2.0	10	78.4 ±0.6

4. 进样量

图 5-56 为胍变 Lys 的进样量与复性活性回收率的关系图。从图 5-56 可看出，Lys 的复性活性回收率随着进样量的增大有所减小。这是因为变性蛋白在 HPHIC 复性时，疏水固定相表面的配基与变性蛋白相互作用，是诱导折叠中间体的关键。但对于一根色谱柱的固定相来说，其疏水配基的数目是有限的，因此

与蛋白相互作用的位点也是一定的。随着进样量的增大到一定程度，固定相表面的疏水配基不足以提供足够的位点用于变性蛋白的折叠，这时，HPHIC 在一定程度上只起到一个"膜过滤"以除去变性剂的作用，所以在进样量的增大时就可能发生少量蛋白聚集沉淀的现象，从而导致变性蛋白复性效率降低。

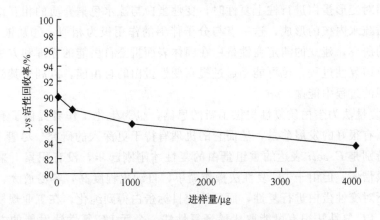

图 5-56　进样量与活性回收率的关系

流动相：A 液. 3.0mol/L（NH₄）₂SO₄＋0.05mol/L KH₂PO₄（pH 为 7.0），B 液. 0.05mol/L KH₂PO₄（pH 为 7.0）。梯度为 25min 线性梯度，流速为 1.0mL/min，改变进样量分别为 20μg、200μg、1000μg 和 4000μg

§5.11　用 LC 法对蛋白复性的展望

在过去的十几年里，从 1991 年耿信笃教授首次用高效疏水色谱进行重组人干扰素-γ 复性和 LC 中计量置换保留理论（SDT-R）研究与应用，使 LC 法得到了长足的发展显示了 LC 法具有很广泛的适应性，特别是在生物化学、分子生物学和基因工程等领域中广泛地应用。与通常稀释、透析以及超滤法比较，研究显示 LC 具有除变性剂、使蛋白质折叠、与杂蛋白分离及便于变性剂回收的"一石四鸟"的优越性，但是，尽管其问世至今已有 10 年历史，但它仍然是一种处于发展阶段的方法。从理论方面对蛋白复性的机理研究远远的不够。从应用方面来讲，合成性能优良的对蛋白复性效果好、分离效果也好的各类色谱固定相，并使之放大到制备规模，都将在计量置换理论（SDT）的指导下需要更加深入研究，才能使这一技术发展得更快。从各类色谱法用于蛋白复性及同时纯化的各类指标比较看出，高效疏水色谱法是一个较理想，并具有发展前途的方法。用 LC 创造的特殊环境对那些通常认为不可逆折叠的变性蛋白质实现"蛋白质人工折叠"是有可能的。基于这一事实，从 LC 研究所得的数据和结论对于非 LC 体外及体内蛋白质折叠研究都会有借鉴的价值，所以用 LC 法研究蛋白质折叠也有可能为体内蛋白质的折叠规律及生命起源的研究起到重要的作用。

虽然色谱复性的机理尚不十分清楚，但可能涉及的因素有：①色谱复性与色谱分离类似，都涉及被分离的蛋白与色谱介质的结合和洗脱两个过程。变性蛋白与色谱介质结合后，不能再相互之间聚集形成聚集体；②变性蛋白固定到基质上后，通过流动相的洗脱可使变性剂被逐渐稀释，从而促进蛋白质复性；③用高效疏水色谱对变形蛋白进行柱上复性时，变性蛋白与疏水色谱介质的相互作用有助于蛋白质疏水内核的形成，这一点与分子伴侣的作用极为相似；④从液-固界面的吸附的研究，建立的测定变性蛋白在固体表面折叠自由能的原理和方法会进一步了解色谱复性过程，也可能是通过提高变性蛋白的自由能，以利于其跨越复性可能出现的过程中能垒。

LC 复性法为蛋白质复性提供了新的思路，也为生化工作者提供了有力的复性工具，有很好的发展前景，然而它的机理有待于更深入的研究。尽管 LC 用于蛋白，特别是 *E. coli* 表达的重组蛋白的复性才刚刚起步，没有积累下来的大量经验可供借鉴，但由于 LC 复性法操作简单，自动化程度高，容易放大，能够在高浓度下对变性蛋白进行复性，而且能使目标蛋白得到纯化，在工业规模的蛋白复性中，LC 复性法很有可能取代稀释复性法。今后 LC 复性法发展的方向是进一步扩大它在各种模型蛋白和重组蛋白复性中的应用范围，推动它在大规模蛋白复性中的应用；继续研究影响 LC 复性蛋白质的各种因素；合成高性能（对蛋白质复性和分离效果好）价格比的色谱介质的；继续改进和完善 LC 复性法，将LC 和其他复性方法相结合以提高复性效率。总之，降低复性过程中聚集的产生，提高复性效率，研究 LC 用于蛋白复性的规律，推动其在实际生产中的应用是 LC 复性法今后发展的重点。

因此，随着基因工程技术的迅速发展，按照人们的意愿高效开发和制备人类所必需的产品越来越多，使得 LC 作为基因工程产品分析和制备不可缺少的一个手段，也有着广阔的应用前景。

参 考 文 献

[1] 郭立安. 高效液相色谱法纯化蛋白质理论与技术. 西安：陕西科学技术出版社，1993

[2] 刘彤，耿信笃. 色谱，2000，18（1）：30～35

[3] Geng X D, Chang J H. Chromatogr, 1992, 599: 185～194

[4] 耿信笃，常建华，李华儒等. 用制备高效疏水作用色谱复性和预分离重组人干扰素-γ. 高技术通讯，1991，1（7）：1～8

[5] 耿信笃，冯文科，边六交等. 一种变性蛋白复性并同时纯化方法. 中国专利，ZL92102727.3

[6] Suttnar J, Dyr J E, Hamsikova E et al. Procedure for ref-olding and purification of recombinant proteins from *Escherichia coli* inclusion bodies using a strong anion exchanger. J Chromatogr B, 1994; 656（1）：123～126

[7] Werner M H, Clore G M, Gronenborn A M et al. Refolding proteins by gel filtration chromatography. FEBS Lett, 1994, 345（2～3）：125～130

[8] Taguchi H, Makino Y, Yoshida M. Monomeric chaperonin-60 and its 50kDa fragment possess the

ability to interact with non-native proteins, to suppress aggregation, and to promote proteins folding. J Biol Chem, 1994, 269: 8529~8634

[9]　Phadtare S, Fisher M T, Yarbrough L R. Refolding and release of tubulins by a functional immobilized groEL column. Biochim Biophys Acta, 1994, 1208 (1): 189~192

[10]　Jadhav P K, Ala P J, Woerner F J et al. Cyclic urea amides-HIV-1 protease inhibitors with low nanomolelar potency against both wild-type and protease inhibitor resistant mutants of HIV. J Med Chem, 1997, 40 (2): 181~191

[11]　Ala P J, Huston E E, Klabe R M et al. Molecular basis of HIV-1 protease drug resistance: structural analysis of mutant protease complexed with cyclic urea inhibitors. Biochemistry, 1997, 36 (7): 1573~1580

[12]　Ala P J, Delossskey R J, Huston E E et al. Molecular recognition of cyclic urea HIV-1 protease inhibitors. J Biol Chem, 1998, 273 (20): 12325~12331

[13]　Altamirano M M, Golbik R, Zahn R et al. PNAS, 1997, 94 (8): 3576~3578

[14]　耿信笃. 现代分离科学理论导引. 北京：高等教育出版社, 2001

[15]　耿信笃. 计量置换理论及应用. 北京：科学出版社, 2004

[16]　郭立安, 耿信笃. 生物工程学报, 2000, 16 (6): 661~666

[17]　Batas B, Chaudhuri J B. Biotechnol Bioeng, 1996, 50: 16~23

[18]　Gu Z, Zhu X, Ni S et al. J Biochem Biophys Methods, 2003, 56: 165~175

[19]　Li M, Zhang G, Su Z. J Chromatogr A, 2002, 959: 113~120

[20]　Schlegl R, Iberer G, Machold C et al. J Chromatogr A, 2003, 1009: 119~132

[21]　Lanckriet H, Middelberg A P J. J Chromatogr A, 2004, 1022: 103~113

[22]　Geng X D, Bai Q. Science in China (Ser. B), 2002, 45: 655~669

[23]　Geng X D, Zhang J, Wei Y. Chin. Sci. Bull, 2000, 45: 236~241

[24]　Fausnaugh-Pollit J, Thevenon G, Janis L et al. J Chromatogr, 1988, 443: 221~228

[25]　Geng, X D, Guo L A, Chang J H. J. Chromatogr, 1990, 507: 1~23

[26]　Perkins T W, Mark D S, Root T W et al. J Chromatogr A, 1997, 766: 1~14

[27]　Gu Z, Su Z, Janson J C. Urea gradient size-exclusion chromatography enhanced the yield of lysozyme refolding. J Chromatogr A, 2001, 918: 311~318

[28]　Righetti P G, Verzola B. Folding/unfolding/refolding of proteins: present methodologies in comparison with capillary zone electrophoresis. Electrophoresis, 2001, 22: 2359~2374

[29]　Potshka M. J Chromatogr, 1993, 648: 41

[30]　Batas B, Jones H R, Chaudhuri J B. Studies of the hydrodynamic volume changes that occur during refolding of lysozyme using size-exclusion chromatography. J Chromatogr A, 1997, 766: 109~119

[31]　Harrowing S R, Chaudhuri J B. Effect of column dimensions and flow rates on size-exclusion refolding of β-lactamase. J Biochem Biophys Methods, 2003, 56: 177~188

[32]　Fahey E M, Chaudhuri J B, Binding P. Refolding of low molecular weight urokinase plasminogen activator by dilution and size exclusion chromatography-a comparative study. Sep Sci Technol, 2000, 35: 1743~1760

[33]　Fahey E M, Chaudhuri J B, Binding P. Refolding and purification of a urokinase plasinogen activator fragment by chromatography. J Chromatogr B, 2000, 737: 225~235

[34]　Kiefhaber T et al. Protein aggregation *in vitro* and *in vivo*: A quantitative model of the kinetic competition between folding and aggregation. Biotechnology, 1991, 9: 825~829

[35]　方敏, 黄华樑. 包涵体蛋白体外复性的研究进展. 生物工程学报, 2001, 17 (6): 608~612

[36] Hagel L, Janson J, Ryden L. Protein Purification. New York: Wiley-Liss, 1989

[37] Muller C, Rinas U. Renaturation of heterodimeric platelet-derived growth factor from inclusion bodies of recombinant *Escherichia coli* using size-exclusion chromatography. J Chromatogr A, 1999, 855: 203~213

[38] Batas B, Chaudhuri J B. The influence of operational parameters on lysozyme refolding using size-exclusion chromatography. Bioprocess and Biosystems Engineering, 2001, 24: 255~259

[39] Gu Z Y, Weidenhaupt M, Ivanova N et al. Chromatographic methods for the isolation of , and refolding of proteins from, *Esherichia coli* inclusion bodies. Protein Expression and Purification, 2002, 25: 174~179

[40] Liu H S, Chang C K. Chaperon solvent plug to enhance protein refolding in size exclusion chromatography. Enzyme and Microbial Technology. 2003, 33: 424~429

[41] Rozema D, Gellman S H. Artificial chaperones: Protein refolding via sequential use of detergent and cyclodextrin. J Am Chem Soc, 1995, 117: 2373~2374

[42] Rozema D, Gellman S H. Artificial chaperone-assisted refolding of carbonic anhydrase B. J Biol Chem, 1996, 271: 3478~3487

[43] Dong X Y, Wang Y, Shi J H et al. Size exclusion chromatography with an artificial chaperone system enhanced lysozyme refolding. Enzyme and Microbial Technology, 2002, 30: 792~797

[44] B J Park, C H Lee, Koo Y M. Korean J Chem Eng, 2005, 22 (3): 425~432

[45] Khan R H, Appa Rao K B C, Eshwari A N S et al. Solubilisation of recombinant ovine growth hormone with retention of native-like secondary structure and its refolding from the inclusion bodies of *Escherichia coli*. Biotechnol Prog, 1998, 14: 722~728

[46] Ejima D, Watanabe M, Sato Y et al. High yield refolding and purification process for recombinant human interleukin-6 expressed in *Escherichia coli*. Biotechnol Bioeng, 1999, 62: 301~310

[47] Ramos O H P, Carmona A K, Selistre-de-Araujo H S. Expression, refolding, and *in vitro* activation of a recombinant snake venom pro-metalloprotease. Protein Expression and Purification, 2003, 28: 34~41

[48] Batas B, Schiraldi C, Chaudhuri J B. J Biotechnology, 1999, 68: 149~158

[49] Muller C, Rinase U. Renaturation of heterodimeric platelet-derived growth factor from inclusion bodies of recombinant escherichia coli using size exclusion chromatography. J Chromatogr A, 1999, 855 (1): 203~213

[50] Martin A V P. Faraday Soc, 1949, 43: 332

[51] Neely A, Garcia-Olivares J, Voswinkel S et al. The Journal of Biological Chemistry, 2004, 279 (21): 21689~21694

[52] Eliason J F. J Cell Physiol, 1986, 128 : 231

[53] Tsuda H, Neckers L M, Pluznik D H. Proc Natl Acad Sci USA, 1986, 83: 4317

[54] Nicola N A, Metcalf D. Ciba Found Symp, 1986, 118: 7

[55] Wang C Z, Wang L L, Geng X D. Journal of Liquid Chromatography and Related Techniques, 2006, 29: 203~217

[56] Darby N, Creighton T E. In: B A Shirley ed. Methods in Molecular Biology. Vol. 40: Protein Stability and Folding. Theory and pratice. totowa, NJ: Humana Press, 1995. 219

[57] Wetlaufer D B, Xie Y. Protein Sci, 1995, 4 : 1535

[58] E De Bernardez Clark . Curr Opin Biotechnol, 2001, 12 : 202

[59] Goldberg M E, Rudolph R, Jaenicke R. Biochemistry, 1990, 30 : 2790

[60] Buchner J. Rudolph R. Biotechnology, 1991, 9 : 157

[61] Gekko K, Timasheff S N. Biochemistry, 1981, 20 : 4667

[62] Yuan C, Reuland J M. Lee L et al. Protein Expression and Purication, 2004, 35 : 39~45

[63] Creighton T E. Folding of proteins adsorbed reversibly to ion-exchange resins. In: Oxender D L ed. UCLA Symposia on molecular and cellular biology, new series. Vol. 39. New York: Alan R Liss, 1986. 249~257

[64] Creighton T E. A process for production of a protein. 1986, World Patent, WO 86/05809

[65] Creighton T E. Process for the production of a protein. 1990, U. S. Patent, 4977248

[66] Li M, Poliakov A, Danielson H et al. Biotechnol Lett, 2003, 25: 729~1734

[67] Stempfer G, Holl-Neugebauer B, Rudolph R. Nature Biotech, 1996. 14: 329~334

[68] Wang Y, Geng X D. Chinese Chem Lett, 2003, 14: 828

[69] Misawa S, Aoshima M, Takaku H, Matsumoto M et al. J Biotechnol, 1994, 36: 145~155

[70] Cleland J L. In: J L Cleland ed. Proteinfolding: *in vivo* and *in vitro*. Washington D C: American Chemical Society, 1993. 1~21

[71] Zhang R M, Snyder G H. J Biol Chem, 1989, 264: 18472~18479

[72] Li M, Su Z. Chromatographia, 2002, 56: 33~38

[73] Li M, Su Z. Biotechnol Lett, 2002, 24: 919~923

[74] Langenhof M, Leong S S J, Pattenden L K, Middelberg A P J. Journal of Chromatography A, 2005, 1069: 195~201

[75] Machold C, Schlegl R, Buchinger W, Jungbauer A. Journal of Biotechnology, 2005, 117: 83~97

[76] Lu H Q, Zang Y H, Ze Y G et al. Protein Expression and Purification, 2005, 43: 126~132

[77] Cho T H, Ahn S J, Lee E K. Bioseparation, 2001, 10 : 189~196

[78] Berdichevsky Y, Lamed R, Frenkel D. Protein Expr Purif, 1999, 17 : 249~259

[79] Wang C Z, Liu J F, Geng X D. Chinese Chemical Letters, 2005, 16 (3): 389~392

[80] Geng X D, Wang C Z, Wang L L. In: Columbus F ed. Progress in Biotechnology Research. Nova Science Publishers Inc

[81] Hamaker K H, Liu J, Seely R J et al. Biotechnol Prog, 1996, 12 (2): 184~189

[82] Choi W C, Kim M Y, Suh C W, Lee E K. Process Biochemistry, 2005, 40: 1967~1972

[83] Cabanne C, Noubhani A M, Hocquellet A et al. Journal of Chromatography B, 2005, 818: 23~27

[84] 刘红妮，王彦，龚波林，耿信笃. 化学学报，2005，63 (7): 597~602

[85] Altamirano M M, Golbik R, Zahn R et al. PNAS, 1997, 94 (8): 3576~3578

[86] Altamirano M M, Garcia C, Possani L D et al. Nat Biotechnol, 1999, 17 (2): 187~191

[87] Altamirano M M, Woolfson A et al. PNAS, 2001, 98 (6): 3288~3293

[88] Gao Y G, Guan Y X, Yao S J et al. Biotechnol Prog, 2003, 19 : 915~920

[89] Dong X Y, Yang H, Gan Y R. Chin J Biotechnol, 2000, 16, 169~172

[90] Dong X Y, Yang H, Sun Y. Journal of Chromatography A, 2000, 878: 197~204

[91] Glynou K, Ioannou P C, Christopoulos T. Protein Express Purif, 2003, 27: 384~390

[92] Shi Y, Jiang C, Chen Q, Tang H. Biochem Biophys Research Commun, 2003, 303: 475~482

[93] Lemercier G, Bakalara N, Santarelli X. J Chromatogr B, 2003, 786: 305~309

[94] Xu J, Zhou Q, Ma Z et al. Biotechnol, 2000, 7: 1~5

[95] Ito M, Nagata K, Kato Y et al. Protein Expression and Purification, 2003, 27 : 272~278

[96] Zahn R, Von S C, Wuthrich K. FEBS Lett, 1997, 417 (3): 400~404

[97] Yin S M, Zheng Y, Tian P. Protein Expression and Purification, 2003, 32: 104~109

[98] Ueda E K M, Gout P W, Morganti L. J Chromatogr A, 2003, 988: 1~23

［99］　　Yoshimoto M，Shimanouchi T，Umakoshi H，Kubio R. J Chromatogr B，2000，743：93～99

［100］　　Yoshimoto M，Kuboi R Biotechnol Prog，1999，15：480～487

［101］　　Yoshimoto M，Kuboi R，Yang Q，Miyake J. J Chromatogr B，1998，712：59～71

［102］　　Matsumoto M，Misawa S，Tsumoto K et al. Protein Expression and Purification，2003，31：64～71

［103］　　Kolodny N，Kitov S，Vassell M A et al. J Chromatogr B，2001，762：77～86

［104］　　Rogl H，Kosemund K，Kuhlbrandt W et al. FEBS Letters，1998，432：21～26

［105］　　Sinha D，Bakhshi M，Vora R. Biotechniques，1994，17：509

［106］　　Itoh M，Masuda K，Ito Y et al. J Biochem，1996，119：667

［107］　　Beresten S F，Stan R，Brabant A J van et al. Protein Expression Purification，1999，17：239

［108］　　Holzinger A，Phillips K S，Weaver T E. Biotechniques，1996，20：804

［109］　　白泉，孔宇，耿信笃. 高等学校化学学报，2002，23（8）：1483～1488

［110］　　白泉，孔宇，耿信笃. 西北大学学报（自然科学版），2000，30：4851～4854

［111］　　Wang C Z，Geng X D，Wang D W et al. J Chromatogr B，2004，185～190

［112］　　Mehlhorn I，Groth D，Stoechel J et al. Biochemistry，1996，35（17）：5528～5537

［113］　　Wickner S，Maurizi M R，Gottesman S. Science，1999，286：1888～1893

［114］　　Takano K，Funahashi J，Yamagata Y et al. J Mol Biol，1997，274（1）：132～142

第六章 液-固界面上变性蛋白折叠自由能的测定

§6.1 概 述

在研究蛋白折叠的过程中，目前仍存在着两个未能解决的基本问题：一个是在折叠过程中是否存在自由能最低的中间态；另一个是在折叠途径中是否存在潜在的能垒[1]。关于蛋白折叠的机理，如本书第四章所述，Anfinsen 等认为蛋白折叠过程是受热力学控制的，天然态是所有可能构象中吉布斯自由能最低的状态[2]。依此理论，变性蛋白在除去变性剂后，就应该自发折叠成天然态，具有天然蛋白的三维结构，这种理论在很长一段时间中被人们认可。但是，随着对蛋白折叠研究的深入，人们发现许多实验现象，用 Anfinsen 的观点不能合理地解释。因此，Martin 等认为蛋白折叠是一个动力学过程[3]；Goldenberg 等认为，在折叠过程中可能存在着能垒[4]，变性蛋白要自发折叠成天然态并不需要从外界获得能量，然而克服这些可能存在的能垒，必须从外界获得能量。用动力学观点可以解释热力学观点不能解释的许多实验现象，所以逐渐被人们接受。多年来许多学者均致力于这项研究，希望能真实地测得能垒值，以证实蛋白折叠过程是由动力学控制的。Baker 等通过对 α-细胞溶解蛋白酶的研究，认为在此蛋白的折叠过程中可能存在能垒，其值大于 27kcal①/mol，但并没有实验依据[5,6]。目前国际上常用测定蛋白折叠自由能的方法有两种：①量热法[7]。就是直接测定体系热力学参数的方法。以往，由于量热法所需样品量大，精度低，很难应用于蛋白质的热力学性质研究。近年电子技术的发展使这一困难得到了克服，差示扫描量热（difference scanning calorimetry，DSC）和等温滴定量热（isothermal titration calorimetry，ITC）两种方法所需样品量不到 1mg，量热分辨率高于 10^{-5}J，完全能满足蛋白质热力学性质的研究。②平衡常数法[8]。平衡常数法就是 m（蛋白失活平衡常数对数与变性剂浓度之间线性作图的斜率）值法，此法的原理是，由于变性蛋白质与天然蛋白质的物理性质不同（如荧光、紫外吸收、圆二色谱等），在变性为可逆的条件范围内，通过测定在不同变性剂浓度条件下的蛋白质溶液物理性质变化，就可求出在此条件下变性蛋白和天然蛋白的平衡常数[9]。利用热力学公式（6-1）

$$-\Delta G = RT\ln(U/N) \tag{6-1}$$

求出该条件下蛋白质自由能变化 ΔG。然后利用式（6-2）

---

① 1 cal=4.18J，下同。

$$-\Delta G \approx \Delta G^0 - m[D] \qquad (6-2)$$

式中：ΔG^0 为无变性剂时，蛋白质的折叠自由能变化；m 为待测常数；［D］为变性剂浓度。线性外推至变性剂浓度为零，即可得到蛋白质在水溶液中去折叠自由能的变化。这是一个半经验的方法，使用时需满足几个假设，包括：蛋白质变性为单分子反应，蛋白质变性符合二态模型及蛋白质变性为可逆过程。

虽然这种求蛋白分子构象稳定性自由能的方法已被广泛应用，除测定天然蛋白质的稳定性以外，它还可用来比较蛋白质的稳定性，但其理论基础的研究还很薄弱，其中最关键的问题之一就是线性外推是否合理？这一问题虽然在国际上争论多年，但迄今尚无定论。线性外推法除缺乏基础理论支持以外，在实际应用上也存在许多问题。经常遇到的一个问题是，用不同变性剂测定的自由能变化值并不相同。这说明用这一方法得到的自由能变化并不一定只与蛋白质本身性质有关，或者变性并不遵循二态模型。

最近有人分别用量热法和 m 值法对蛋白折叠自由能进行了研究，推测出能垒存在的可能性。因这两种方法间存在差别，所以均不能得出肯定性的结论。另外，还有人提出了能量通道的新概念[10]，也无法解决上述难题。因此，折叠过程是由热力学控制，存在自由能最低态，还是由动力学控制，即存在能垒，就成为蛋白折叠首先要解决的问题。所以，如何测定蛋白在折叠途径（pathway）中的吉布斯自由能变就成为研究这个问题的关键。

Geng 等首次提出了用 HPHIC 法对四种胍变蛋白进行体外折叠研究并已用于重组人干扰素-γ（rIFN-γ）的复性，取得了令人惊喜的结果[11,12]。最近国际上出现的用分子伴侣（chaperonin）法协助蛋白折叠，其原理与用 HPHIC 法对蛋白复性机理颇有类似之处[13]，两者均为疏水表面在起作用。然而，上述研究均是在溶液中进行的。有关蛋白在液-固界面上的折叠研究的报告却鲜为人知。在重力场存在的地球上进行的所有蛋白折叠，包括体内的细胞膜和进行体外折叠实验所用容器等均有固体表面存在。因此，研究蛋白在液-固界面上的折叠特性及规律，不仅对该项研究有着普遍的意义，而且对防止天然蛋白失活和提高变性蛋白的活性回收率有着十分重要的作用。

本章依据在液-固界面上的吸附自由能变及其可被分成两个独立分量的概念[14]，建立了一个全新的研究变性蛋白在液-固界面上折叠自由能的测定原理及实验测定方法，测定了胍变和脲变溶菌酶、α-淀粉酶、核糖核酸酶和 α-糜蛋白酶在有适度疏水强度界面上的折叠自由能变，终于证实了某些蛋白在折叠途径中确实有能垒存在。

§6.2 液-固界面上蛋白折叠自由能测定的理论基础[15]

前已指出，如果蛋白分子在折叠的路径上存在有能垒，并且分子本身并不能越过这些能垒，尽管该蛋白分子的天然态自由能较去折叠态低，该蛋白仍不能折叠成它的天然态。这时必须要从外界加给该变性蛋白分子以足够高的能量，帮助其越过这些能垒。众所周知，自然界中能量存在的形式很多，如热能、电能、磁能、机械能、化学能等，但这些对变性蛋白分子折叠而言都无法使用。因为只有在分子水平上使变性蛋白分子能够接受的能量，才是我们可以利用的能量。在液-固界面上存在着一个不连续的化学势或化学势突跃[16]，如图 6-1 所示。这种不连续的化学势可促使溶质在界面上积累或从界面上穿过。对 HPHIC 体系来说，这种不连续的化学势存在于固定相与流动相的接触界面上。当梯度洗脱开始时，它可以促使蛋白质分子被吸附于固定相表面，随着流动相组分的不断变化，界面间的化学势之间的差别也会发生变化。在此期间，蛋白分子会多次在界面间吸附和解吸附，并在分子水平上获得部分能量。应该指出的是，这种适度疏水环境条件下变性蛋白分子从液-固界面上获得的能量恰好可以用于蛋白质的折叠。那么，HPHIC 最多可提供给变性蛋白多高的能量呢？这必须要用色谱热力学的方法回答这一问题。

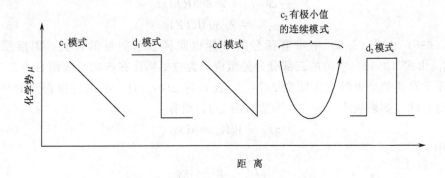

图 6-1　在分离过程中的五种化学势模式

色谱热力学研究的基础是 ΔG 只与溶质在两相间的分配系数有关，而不包括常数项和柱相比 ϕ。在 HPHIC 体系中，当一种溶质进入色谱柱中，其吉布斯自由能（ΔG）可以表示为

$$\Delta G = -RT\ln P_a = -RT(\ln k' - \ln\phi) \tag{6-3}$$

式中：P_a 为蛋白质在固定相和流动相之间的分配系数；R 为摩尔气体常量；T 为热力学温度。式（6-3）右端的负号表明蛋白被固定相吸附是一个自发的过程。

变性蛋白在 HPHIC 中进行折叠时，其折叠自由能是由三部分组成的：①去水合自由能 ΔG_H。众所周知，在天然蛋白分子中不包含任何形式的水分子，因此在蛋白分子折叠过程中，必须失去蛋白分子表面的水分子，这一过程的自由能即为去水合自由能；②保留自由能 ΔG_T。蛋白质分子在液-固界面上存在着化学势突跃，即溶质在 HPHIC 固定相表面的保留是一个自发的过程，这是色谱学的基础；③结构自由能 ΔG_S。蛋白从变性态折叠成天然态是一个从无序结构到有序结构的过程，此过程的自由能变即为结构自由能变。根据自由能的可加和性法则，HPHIC 中蛋白的折叠自由能变 $\Delta\Delta G_F$ 应包括上述三个部分自由能[15]，即

$$\Delta\Delta G_F = \Delta G_H + \Delta G_T + \Delta G_S \tag{6-4}$$

这里需要指出的是，对于许多能在 HPHIC 中完全复性的变性蛋白，其保留值与天然蛋白质完全相同。由于两者是处于同一流动相和固定相条件下，柱相比也相同，因此变性蛋白和天然蛋白的保留自由能 ΔG_T 是完全相同的，这时的蛋白折叠自由能只由 ΔG_H 和 ΔG_S 两部分组成。

依据式（3-14），$\lg I$ 值越大，溶质被固定相吸附越牢；a_D 越大，则溶质从固定相上越易被洗脱，所以式（3-14）中的 $\lg I$ 和 $Z\lg a_D$ 分别表示了与溶质吸附和解吸附能力大小有关的两个分量。如果以吉布斯自由能变来表征 $\lg I$ 和 $Z\lg a_D$，则它们分别为下述表征的包括溶质吸附、解吸附和柱相比贡献在内的吸附自由能变 $\Delta G_{(D)}$ 和解吸附自由能变 $\Delta G_{(Z,D)}$[14]：

$$-\Delta G_{(D)} = 2.303RT\lg I \tag{6-5}$$

$$\Delta G_{(Z,D)} = 2.303RTZ\lg a_D \tag{6-6}$$

式（6-5）和式（6-6）中带有括号的下标也同样表示能量的种类。因溶质的 $\Delta G_{(D)}$ 由式（3-12）右边的三部分分量组成，为包括相比在内的总吸附自由能变，而不是真实的净吸附自由能变 $\Delta G_{(I,a)}$，在计算 $\Delta G_{(I,a)}$ 时，必须将由相比的贡献部分扣除。如果从式（3-12）两边减去 $\lg\phi$，则有

$$\lg I_a = \lg K_a + n\lg a_{LD} \tag{6-7}$$

其中

$$\lg I_a = \lg I - \lg\phi \tag{6-8}$$

于是

$$-\Delta G_{(I,a)} = 2.303RT\lg I_a \tag{6-9}$$

这样，天然蛋白的净吸附自由能变分量和净解吸附自由能变分量 $\Delta G_{(I,a)N}$ 和 $\Delta G_{(Z,d)N}$ 以及变性蛋白的净吸附自由能变分量和净解吸附自由能变分量 $\Delta G_{(I,a)D}$ 和 $\Delta G_{(Z,d)D}$ 便可依据式（6-9）和式（6-6）分别求出。

据此，变性蛋白在 HPHIC 固定相表面上折叠自由能变可定义为变性蛋白净吸附自由能变 $\Delta G_{(I,a)D}$（始态）与在相同色谱条件下天然蛋白净吸附自由能变 $\Delta G_{(I,a)N}$（终态）之差，按照生物物理化学习惯上对此变化所用的符号 $\Delta\Delta G_F$ 为

$$\Delta\Delta G_F = \Delta G_{(I,a)N} - \Delta G_{(I,a)D} \tag{6-10}$$

蛋白折叠大致有两种情况：一种是完全折叠；另一种为部分折叠。不论何种情况，均可假定同一蛋白的两种或几种不同构象（包括天然蛋白在内）在相同色谱条件下有相同的柱相比，也就是说，依据式（6-9），式（6-10）可写成

$$-\Delta\Delta G_F = 2.303RT[\lg I_{(a,D)} - \lg I_{(a,N)}] \tag{6-11}$$

依据式（6-11）的定义，在实验过程中流动相中的变性剂浓度实际上是一

个逐渐降低直至为零条件下的蛋白折叠过程。只要改变变性蛋白的始态条件，即不同变性剂和分子构象，便能测得变性蛋白在折叠过程中从 HPHIC 固定相表面获得的能量。也就是说，在 HPHIC 柱及流动相中盐浓度相同的条件下，加入不同浓度的变性剂，测定在每一特定变性剂浓度条件下的 $\lg I_D$，而天然蛋白的 $\lg I_N$ 只不过是在流动相中变性剂浓度为零时的这一特殊条件下的 $\lg I$ 值，这样便可以求出从不同浓度变性剂条件下折叠到天然蛋白所需要的能量。但从式（6-11）知，如果要准确测定 $\Delta\Delta G_F$，首先要准确测定蛋白质的 $\lg I$ 值。

这里要指出的是上述方法只能测定用 HPHIC 法完全或部分折叠的 $\Delta\Delta G_F$，如果用 HPHIC 完全不能折叠的蛋白，因无法得到式（6-11）中的 $\lg I_{(a,D)}$，故不能用此法测定其 $\Delta\Delta G_F$。

§6.3　蛋白折叠自由能的测定[15,17,18]

6.3.1　不同浓度变性剂存在下蛋白质的 $\lg I$ 和 Z 值

要研究变性蛋白在 HPHIC 柱固定相表面上的各种性质，如分子构象、作用机理和折叠自由能变等，首先要测出能够用于表征这些特征的常数。从式（6-11）知，如果要准确测定 $\Delta\Delta G_F$，首先要准确测定 $\lg I$ 值。在 SDT-R 中，$\lg I$ 和 Z 是两个非常重要常数，$\lg I$ 与溶质对固定相的亲和势有关，Z 可用于蛋白分子构象变化的表征。因此 $\lg I$ 和 Z 就成为首先要测定的两个参数。要使研究结果可靠，首先要准确测定这两个参数及其误差。

由于盐溶液以及在不同变性剂存在条件下盐溶液活度系数的数据难以获得，式（3-14）中所示的流动相中水活度难以求得。但是，本节采用的是在变性剂存在和不存在时，变性蛋白与天然蛋白从固定相表面获得能量大小的比较，故在实际测定 k' 的条件下两种流动相中所用 $(NH_4)_2SO_4$ 和 KH_2PO_4 的浓度几乎相同，假定该两种盐与流动相中的变性剂对活度系数的影响不产生协同作用，则这两种盐的活度系数的影响可以近似地认为相互抵消。然而，在有不同盐和不同盐浓度存在的条件下，变性剂对流动相以及对固定相表面上的吸附层中水活度系数的影响数据也无法获得，故为方便起见，假定它的变化可以忽略，在本书第二章中所讲的 HPHIC 中 SDT-R 的表达式可以简单地写成它的浓度形式

$$\lg k' = \lg I - Z\lg[H_2O] \tag{6-12}$$

如果以 $\lg k'$ 对 $\lg[H_2O]$ 作图便可得到一条直线，其斜率为 Z，截距就为 $\lg I$。因此，就可由式（6-12）准确求得 Z 和 $\lg I$ 值。式（6-12）中，置换剂水的浓度以式（6-13）计算[17]：

$$[H_2O] = (d_A\phi_A + d_B\phi_B - m_s)/18.02 \tag{6-13}$$

式中：m_s 为流动相中盐的质量，包括 $(NH_4)_2SO_4$、KH_2PO_4、变性剂；d_A，d_B 分别为流动相 A 液和 B 液的密度；ϕ_A、ϕ_B 分别为等度洗脱时，A、B 液在流动

相中各自所占的百分比。

　　因为本实验是在盐酸胍或脲存在下进行的，所以了解盐酸胍或脲对所使用的疏水色谱柱性能的影响是非常必要的。因此在进行本实验之前，先用标准蛋白测定柱子的分离度，得到分离标准蛋白的色谱图，再用 2.8 mol/L GuHCl＋2.5 mol/L (NH₄)₂SO₄＋0.05 mol/L PBS 溶液连续流过色谱柱 10 000 min，再一次测定柱子的分离度。为便于比较，将两次的分离图均绘在图 6-2 中。图 6-2 中的曲线 a 为未经盐酸胍流过时的标准蛋白分离图，曲线 b 为经盐酸胍流过 10 000 min 后的标准蛋白分离图。从图 6-2 中可以看出色谱柱的性能对盐酸胍的作用是稳定的。

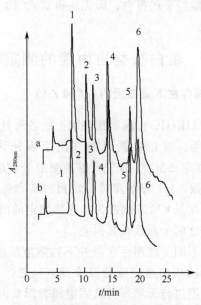

图 6-2　GXF-GM 型疏水柱分离标准蛋白的色谱图和经盐酸胍流过 10 000min
后分离标准蛋白的色谱图

流动相：A 液为 2.5mol/L(NH₄)₂SO₄＋0.05mol/LPBS（pH 为 7.0），B 液为 0.05mol/LPBS（pH 为 7.0）；
梯度为 25min 线性梯度；流速为 1.0mL/min
1. Cyt-c；2. Myo；3. RNase；4. Lys；5. Amy；6. Ins

　　表 6-1～表 6-4 分别列出了不同脲和盐酸胍浓度条件下溶菌酶和 α-糜蛋白酶的 $\lg I$ 和 Z 值及其测定的相对平均偏差和线性相关系数，以考查试验的准确性和重现性。

表 6-1　溶菌酶（Lys）在不同脲浓度条件下的 Z 和 $\lg I$ 值

$c_{脲}$/(mol/L)	Z	S_1/%	$\lg I$	S_2/%	R
0	77.4	±1.18	132	±1.17	0.9981
0.5	77.1	±0.991	130	±0.994	0.9936
1.0	74.2	±0.368	125	±0.372	0.9921

$c_{脲}$/(mol/L)	Z	S_1/%	$\lg I$	S_2/%	R
1.5	69.9	±2.83	116	±2.86	0.9969
2.0	69.4	±0.901	115	±0.239	0.9991
2.5	66.1	±0.214	108	±0.219	0.9989
3.0	64.3	±1.27	104	±1.25	0.9965
3.5	53.0	±1.77	85.0	±1.70	0.9934
4.0	54.6	±2.88	86.6	±2.87	0.9996
4.5	54.1	±3.74	84.8	±3.73	0.9948
5.0	48.8	±3.83	75.5	±3.82	0.9941

注：固定相　LHIC-3 型疏水柱；流动相　A 液为 2.5mol/L（NH$_4$）$_2$SO$_4$＋0.05mol/L KH$_2$PO$_4$＋x mol/L 脲（pH 为 7.0），B 液为 0.05 mol/L KH$_2$PO$_4$＋x mol/L 脲（pH 为 7.0），T＝25℃。S_1 和 S_2 分别为两次平行测定 Z 值和 $\lg I$ 值的相对平均偏差，R 为线性相关系数。

表 6-2　α-糜蛋白酶（α-Chy）在不同脲浓度条件下的 Z 和 $\lg I$ 值

$c_{脲}$/(mol/L)	Z	S_1/%	$\lg I$	S_2/%	R
0	118	±1.26	202	±1.22	0.9993
0.5	121	±0.461	206	±0.476	0.9958
1.0	118	±2.43	199	±2.42	0.9964
1.5	102	±1.16	171	±1.22	0.9997
2.0	102	±0.262	169	±0.118	0.9990
2.5	104	±3.93	172	±3.95	0.9992
3.0	97.0	±1.93	158	±1.95	0.9923
3.5	76.8	±3.70	124	±3.70	0.9975
4.0	38.6	±3.34	62.2	±3.30	0.9994
4.5	23.9	±3.02	38.2	±2.99	0.9995

注：实验条件和表注同表 6-1。

表 6-3　溶菌酶（Lys）在不同 GuHCl 浓度条件下的 Z 和 $\lg I$ 值

c_{GuHCl}/(mol/L)	Z	S_1/%	$\lg I$	S_2/%	R
0	111	±1.12	188	±1.09	0.9973
0.2	86.2	±2.73	145	±2.75	0.9999
0.4	80.5	±2.99	135	±3.03	0.9958
0.6	87.0	±1.56	145	±1.52	0.9978
0.8	91.0	±4.99	146	±3.41	0.9983
1.0	79.9	±1.68	132	±3.88	0.9971
1.2	78.4	±1.37	129	±1.38	0.9970
1.4	73.3	±5.96	120	±5.96	0.9991
1.6	82.0	±2.74	133	±2.25	0.9969
1.8	73.2	±4.57	118	±4.58	0.9958

$c_{GuHCl}/(mol/L)$	Z	$S_1/\%$	$\lg I$	$S_2/\%$	R
2.2	66.8	±5.91	106	±5.87	0.9973
2.4	76.5	±1.67	120	±1.69	0.9999
2.6	62.2	±0.84	97.2	±0.85	0.9996
2.8	64.3	±5.19	99.9	±5.17	0.9997

注：固定相 GXF-GM 型疏水柱；流动相 A 液为 2.5mol/L $(NH_4)_2SO_4$＋0.05mol/L KH_2PO_4＋x mol/L GuHCl（pH 为 7.0），B 液为 0.05 mol/L KH_2PO_4＋x mol/L GuHCl（pH 为 7.0）；$T=25$℃。S_1 和 S_2 分别为两次平行测定 Z 值和 $\lg I$ 值的相对平均偏差，R 为线性相关系数。

表 6-4　α-糜蛋白酶（α-Chy）在不同 GuHCl 浓度条件下的 Z 和 $\lg I$ 值

$c_{脲}/(mol/L)$	Z	$S_1/\%$	$\lg I$	$S_2/\%$	R
0	103	±1.12	168	±1.09	0.9962
0.4	92.3	±4.30	145	±4.02	0.9901
0.8	89.0	±1.09	133	±1.03	0.9980
1.2	85.3	±3.29	126	±3.30	0.9956
1.3	69.8	±3.12	102	±3.06	0.9939
1.4	63.6	±2.11	92.7	±2.13	0.9944
1.5	51.2	±2.89	73.7	±2.92	0.9916
1.6	65.3	±4.27	93.4	±4.34	0.9986
1.7	76.9	—	109	—	0.9957
1.8	85.5	±4.09	120	±4.15	0.9995

注：实验条件和表注同表 6-3。

表 6-1～表 6-4 列出的是在不同浓度变性剂（脲或盐酸胍）存在条件下，即蛋白分子以不同构象存在时，$\lg k'$ 对 $\lg[H_2O]$ 作图的线性相关系数均大于 0.99，表明变性蛋白在高效疏水色谱中的保留完全服从 SDT-R。从表 6-1～表 6-4 可看出两次平行测定的 $\lg I$ 和 Z 的最大相对平均偏差不超过 6％。通过测定核糖核酸酶-A 和 α-淀粉酶在这两种变性体系中的 $\lg I$ 和 Z，良好的线性关系都说明了应用式（6-12）及本节的实验方法，可以准确求得变性蛋白的 $\lg I$ 值和 Z 值，并且具有良好的重现性。

这里要指出的是，在表 6-1～表 6-4 中，GuHCl 的浓度最高只达到 2.8 mol/L，而脲的最高浓度只达到 5.0 mol/L。这是因为该变性剂在浓硫酸铵溶液中的溶解度决定的。超过此最大浓度，流动相中就会出现沉淀，这也是该法测定 $\Delta\Delta G_F$ 所受限制之处。

6.3.2　液-固界面上蛋白折叠自由能的测定

在变性蛋白用疏水色谱法复性时，蛋白分子可以从液-固界面上获得能量[15,19,20]，用以克服可能存在的能垒。如果能将蛋白质在折叠途径中所经过的各个中间态分离出来，就可以得到蛋白的折叠途径，测各个状态的自由能变，就可证实是否存在能垒。也就是说，通过测定在某一特定浓度变性剂（脲或盐酸胍）存在条件下，蛋白分子（此时它具有一特定构象）与 HPHIC 固定相间相互作用自由能变大小，来得到蛋白质某一状态的折叠自由能，这是从热力学角度来研究蛋白质在 HPHIC 上的折叠机理。然而，将一系列变性剂浓度存在条件下（对应于蛋白质分子的一系列分子构象）测定的自由能变对蛋白质分子构象变化作图，便能得到该蛋白折叠途径中的能量变化图，以这种方法就能考查出蛋白折叠过程中是否有能垒存在，这就变成了研究蛋白折叠途径中的动力学问题。而不同变性剂浓度与不同分子构象存在对应关系，故对一系列分子构象作图就变为对一系列变性剂浓度作图。

正是基于上述理论，于流动相中加入不同浓度的变性剂（脲或盐酸胍），以得到蛋白折叠途径中的各个不同分子构象，就可测得折叠途径中的自由能变。

依据式 (6-11)，并利用表 6-1～表 6-4 中所列出的 $\lg I$ 值，便可计算出在不同变性剂浓度条件下的变性蛋白折叠自由能值，将脲和盐酸胍体系中所研究的四种蛋白的折叠自由能值列于表 6-5 和表 6-6 中。

表 6-5　四种标准蛋白在不同脲浓度条件下的折叠自由能 $\Delta\Delta G_F$（单位：kJ/mol）

$c_脲/(mol/L)$	α-淀粉酶	α-糜蛋白酶	溶菌酶	核糖核酸酶 A
0	0	—	—	—
0.3	−68.5	—	—	—
0.5	−114	−22.8	11.4	51.4
0.7	0	—	—	—
1.0	85.6	17.1	40.0	74.2
1.5	68.5	177	91.3	131
2.0	11.4	188	97.0	143
2.5	194	171	137	187
3.0	234	251	160	207
3.5	348	445	268	265
4.0	388	798	259	286
4.5	422	935	270	324
5.0	502	—	322	347

注：实验条件同表 6-1。

表 6-6　四种标准蛋白在不同 GuHCl 浓度条件下的折叠自由能 $\Delta\Delta G_F$（单位：kJ/mol）

$c_{GuHCl}/(mol/L)$	α-淀粉酶	α-糜蛋白酶	溶菌酶	核糖核酸酶 A
0	0	0	0	0
0.2	−245	−21.1	−31.4	—
0.4	−302	−10.3	−74.0	−129

$c_{GuHCl}/(mol/L)$	α-淀粉酶	α-糜蛋白酶	溶菌酶	核糖核酸酶 A
0.6	−245	−106	−185	—
0.7	—	−129	−27.8	—
0.8	−200	−201	−19.5	−198
0.9	—	−274	−189	—
1.0	−319	−119	−161	—
1.1	—	−187	−170	—
1.2	−339	−204	−454	−237
1.3	—	−223	—	−372
1.4	−391	—	−454	−430
1.5	—	—	−485	−539
1.6	−314	—	—	−462
1.7	—	—	−578	−336
1.8	−399	—	−635	−275
2.0	−375	—	−689	—
2.2	−468	—	−746	—
2.4	−452	—	−741	—
2.6	−519	—	−838	—
2.8	−503	—	—	—

注：实验条件同表 6-3。

　　表 6-5 与表 6-6 中的折叠自由能数据大部分数值均在 100 kJ/mol 以上。比在溶液中的折叠自由能（一般为几千焦每摩到几十千焦每摩）高出很多[5]。这是因为在疏水色谱中，固定相同时起到了分子伴侣和蛋白水解酶的作用。对于分子伴侣和蛋白水解酶在体内蛋白质折叠中起的作用，Wickner[21] 在 Science 杂志上发表文章认为二者都可识别变性蛋白的疏水区域，分子伴侣促使完成正确折叠防止凝聚；蛋白水解酶可提供能量，去除错误折叠的蛋白质。在疏水色谱中，疏水固定相的配基与蛋白质分子的疏水基团相互作用，减少了蛋白分子之间疏水基团接触的概率，因此防止了变性蛋白的聚集，且疏水色谱中蛋白在固定相与流动相之间多次的"吸附-解吸附-再吸附"与分子伴侣辅助折叠蛋白质时的"结合-释放-再结合"[22~24] 的形式极为相似，以上是疏水色谱与分子伴侣的相似点。疏水色谱也能像蛋白水解酶那样为蛋白折叠提供能量，天然蛋白分子内部是无水的，但变性蛋白分子在溶液中会水合，水合态中的水分子会增加变性蛋白分子的稳定性。水合蛋白的自发脱水是一个很慢的过程，如需要加快脱水速率，蛋白质就必须有外界提供能量，疏水色谱为变性蛋白提供能量之一是使水合蛋白瞬间脱水，形成一疏水核，由于肽键的刚性，能量通过肽链从固定相表面传导到那些最初并没有与固定相接触的部分上，然后通过相互作用继续脱水形成区域立体结构（microdomain），由于从疏水色谱固定相上得到了能量，具有三维结构的蛋白中间体

会瞬时形成，进而形成完全折叠的蛋白质。从以上可看出由于固定相同时起到了分子伴侣和蛋白水解酶的作用，这一折叠环境必然不同于通常组成不变的溶液中的折叠环境。这就说明了为什么蛋白质在液-固界面上的折叠自由能高于在溶液中的折叠自由能。从式（6-11）可看出，HPHIC 比溶液中的 $\Delta\Delta G_F$ 值高的原因就来源于 ΔlgI，即仅仅因为固定相存在时，流动相与固定相共同相互作用的总结果。这正是我们所期望的结果。另外，表 6-5 和表 6-6 所示的 $\Delta\Delta G_F$ 是由 lgI 计算出来的，lgI 的物理意义只是表示与蛋白质对固定相的亲和势有关的常数。因此，天然蛋白与变性蛋白质的 lgI 之差也可称为两者亲和势之差。所以，本节计算出的 $\Delta\Delta G_F$ 只是表征变性蛋白在 HPHIC 固定相表面上的折叠自由能，而非整个 HPHIC 全过程的折叠自由能。

§6.4 蛋白折叠途径中能垒与能阱

6.4.1 能垒和能阱的定义

尽管有许多人推测蛋白在折叠途径中可能有能垒存在，才使许多蛋白在变性后不能或部分再折叠成其天然态。大概是迄今仍没有人用实验测定并确认能垒的存在的这一缘故吧，现在仍无法对能垒 $\Delta\Delta G_{EB}$ 下一个确切的定义。将蛋白的折叠自由能及其活性回收率随变性剂浓度变化作图，如图 6-3～图 6-6 所示，可看出，$\Delta\Delta G_F$ 对流动相中变性剂浓度作图均不能得到一条平滑的直线，只是有 $\Delta\Delta G_F$ 随变性剂浓度增大而增大的趋势。如果将这一趋势用虚线连起来，则会出现一些处于虚线之下的凹区和处于曲线之上的凸区。问题是能否将凸区称为能垒，将凹区称为能阱。此处"能阱"这一概念是为与能垒相对应而提出的。

众所周知，溶菌酶和核糖核酸酶在除去变性环境后能自发折叠成其天然态。在图 6-3 和图 6-5 中，溶菌酶在脲和盐酸胍体系中的折叠自由能曲线上出现了几

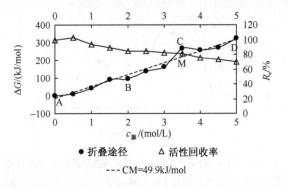

图 6-3 溶菌酶（Lys）的折叠自由能及活性回收率随脲浓度变化趋势图

固定相： LHIC-3 型疏水柱（4mm×100mm I.D.）；流动相：A 液为 2.5mol/L (NH$_4$)$_2$SO$_4$＋0.05 mol/L KH$_2$PO$_4$＋x mol/L 脲（pH 为 7.0），B 液为 0.05 mol/L H$_2$PO$_4$＋x mol/L 脲（pH 为 7.0），$T=25$℃

个微小的凹区和凸区，而核糖核酸酶的凹区和凸区很不明显。这反映了这两种变性蛋白分子的布朗运动即可越过这些凹区和凸区，故不能称其为通常意义上的能垒或能阱。图 6-4 和图 6-6 中所描述的 α-糜蛋白酶用常规的透析法和稀释法以及各种色谱法都很难完全复性，从它们分别在脲和盐酸胍体系中的折叠自由能曲线可看出，它们的凹区或凸区高度都很高，只靠分子布朗运动远不足以越过这些凹区或凸区，这应是真正意义上的能垒或能阱。本文依据超出或低于假定蛋白分子构象未发生突变时（即沿曲线的能量变化）的能量分别定义为能垒或能阱。

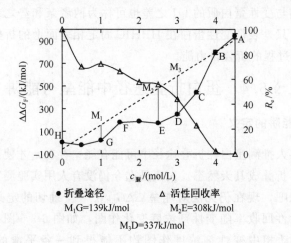

● 折叠途径　　　△ 活性回收率

M₁G=139kJ/mol　　　M₂E=308kJ/mol

M₃D=337kJ/mol

图 6-4　α-糜蛋白酶（α-Chy）的折叠自由能及活性回收率随脲浓度变化趋势图

固定相：LHIC-3 型疏水柱（4mm×100mm I. D.）；流动相：A 液为 2.5mol/L $(NH_4)_2SO_4$＋ 0.05 mol/L KH_2PO_4＋x mol/L 脲（pH 为 7.0），B 液为 0.05 mol/L KH_2PO_4＋x mol/L 脲（pH 为 7.0）；T＝25℃

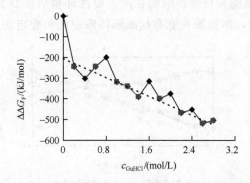

图 6-5　溶菌酶的折叠自由能随盐酸胍浓度变化趋势图

固定相：GXF-GM 型疏水柱(4mm×100mm I. D.)，流动相：A 液为2.5mol/L $(NH_4)_2SO_4$＋x mol/L GuHCl＋0.05mol/L PBS(pH 为 7.0)，B 液为 $x$mol/L GuHCl＋0.05mol/L PBS(pH 为 7.0)；T＝25℃

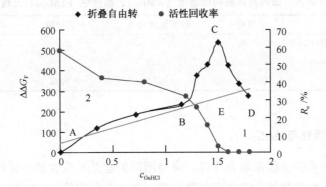

图 6-6　α-糜蛋白酶（α-Chy）的折叠自由能及活性回收率随盐酸胍浓度变化趋势图

固定相：GXF-GM 型疏水柱（4mm×100mm I. D.）；流动相：A 液为 2.5mol/L（NH$_4$)$_2$SO$_4$＋$x$mol/L GuHCl＋0.05mol/L PBS（pH 为 7.0），B 液为 $x$mol/L GuHCl＋0.05mol/L PBS（pH 为 7.0）；$T=25℃$

6.4.2　蛋白折叠途径中的能量表征

从图 6-3～图 6-6 这 4 个图可看出，蛋白质的折叠自由能随变性剂（脲或盐酸胍）浓度的增大而呈增大的趋势，但均存在或大或小的凸区或凹区。表 6-7 列出了脲体系中四种蛋白的折叠自由能随脲浓度变化的线性相关系数（在作线性相关时，不包括处在凹区和凸区处的数据），表 6-8 列出了盐酸胍体系中两种蛋白的折叠自由能随盐酸胍浓度变化的线性相关系数。

从表 6-7 和表 6-8 中的线性相关系数可以看出，若除去这些凸区或凹区，所研究的蛋白的折叠自由能变与变性剂浓度变化近似为线性关系，沿此虚线变化的物理意义即为蛋白质分子的构象没有发生突变，仅为流动相变化引起的迁移自由能变。如果用实验测定得到的折叠自由能减去与此对应的虚线上的能量值，则可以得到所研究蛋白的能垒值（$\Delta\Delta G_{EB}$）或能阱值（$\Delta\Delta G_{EW}$），此值表征了仅由蛋白分子构象突变带来的蛋白折叠自由能变，脲体系与盐酸胍体系中的 $\Delta\Delta G_{EB}$ 或 $\Delta\Delta G_{EW}$ 分别列于表 6-7 和表 6-8。

表 6-7　脲体系中四种蛋白质的能垒值（$\Delta\Delta G_{EB}$）、能阱值（$\Delta\Delta G_{EW}$）
及线性相关系数 R

蛋白质	溶菌酶	核糖核酸酶 A	α-淀粉酶		α-糜蛋白酶		
$\Delta\Delta G_{EB}$/(kJ/mol)	49.9	—	—		—		
$\Delta\Delta G_{EW}$/(kJ/mol)	—	—	146	171	139	−308	337
R	0.9962	0.9968	0.9932		0.9906		

表 6-8　GuHCl 体系中四种蛋白质的能垒值（$\Delta\Delta G_{EB}$）、能阱值（$\Delta\Delta G_{EW}$）及线性相关系数 R

蛋白质	溶菌酶	核糖核酸酶 A	α-淀粉酶	α-糜蛋白酶
$\Delta\Delta G_{EB}/(\text{kJ/mol})$	97.6	—	225	—
$\Delta\Delta G_{EW}/(\text{kJ/mol})$	—	-137	—	$+275$
R	0.9841	0.9736	0.9921	0.9669

6.4.3　蛋白活性与 $\Delta\Delta G_F$

　　为了进一步验证能垒是否存在，将经不同的盐酸胍变性的 α-淀粉酶和 α-糜蛋白酶通过疏水色谱复性，并在天然峰位置（图 6-7 色谱峰 1）收集馏分，测蛋白活性回收率。图 6-7 所示的 α-糜蛋白酶在不同浓度盐酸胍中用 HPHIC 分离的色谱图。图 6-8 是 α-糜蛋白酶在不同浓度盐酸胍中用 HPHIC 分离后的色谱峰的峰高变化率随盐酸胍浓度变化的曲线。从图 6-7 和图 6-8 可以看出，随盐酸胍浓度的增大，α-糜蛋白酶色谱峰的峰高减小。同时从图 6-7 中还可看出，α-糜蛋白酶天然色谱峰 1 随着盐酸胍浓度的增大而减小的同时，变性态的 α-糜蛋白酶的色谱峰 2 却在增高。图 6-7 中的结果表明，α-糜蛋白酶在盐酸胍中变性，并产生了一种变体，当盐酸胍浓度为 1.8mol/L 时，峰 1 已经小于峰 2。由此说明，蛋白质的构象在一个比较窄的变性剂范围内发生了较大的变化。对 α-淀粉酶来说，从天然态一直到盐酸胍浓度为 0.6mol/L 时，天然 α-Amy 色谱峰变化不大，但当盐酸

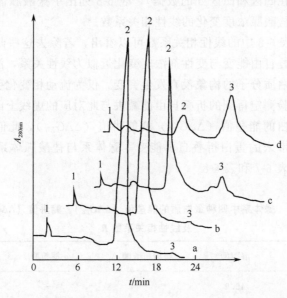

图 6-7　不同浓度盐酸胍变性的 α-糜蛋白酶 HPHIC 色谱分离图

1. 溶剂；2. 天然峰；3. 变体

盐酸胍浓度：a. 0.0mol/L；b. 0.4mol/L；c. 1.40mol/L；d. 1.80mol/L

胍浓度为 0.8mol/L 时，该天然 α-Amy 色谱峰突然急剧降低。相对而言，α-淀粉酶的变化更剧烈。

通过对上述两种蛋白质的分析，可以得出这样的结论：不同的蛋白在变性剂中的变化情况是不同的，其构象发生巨变的变性剂范围也不同。但上述两种蛋白质有一点是相同的，色谱峰最低的盐酸胍浓度点对应于在图 6-3～图 6-6 中能垒或能阱存在的点。由此从另一个方面证明用本章建立的方法测定变性蛋白的折叠自由能是正确的。曾有文献报道肌酸激酶[23]、核糖核酸酶[24]、甘油醛-3-磷酸脱氢酶[25]等蛋白的失活发生在比较低的变性剂浓度，而本章所测定的四种蛋白的能垒均存在于变性剂浓度较低的这一事实，再一次证明本章所建立的方法是非常可靠的。

为了便于比较，将 α-糜蛋白酶的活性曲线和折叠自由能曲线画在一个图中。如图 6-4 和图 6-6 中的曲线 2 为 α-糜蛋白酶的活性曲线，从图中看出，在盐酸胍浓度为 1.5mol/L 时，活性突然锐减直至为 0。在折叠自由能曲线中，其突变点的盐酸胍浓度也为 1.5mol/L。也就是说，图中的活性最低点也对应于色谱峰的最低点。

溶菌酶和核糖核酸酶经盐酸胍变性后可以完全复性，而 α-淀粉酶和 α-糜蛋白酶却不能复性，这是为什么呢？疏水色谱可以使一些变性蛋白复性，是因为在疏水的液-固界面可以提供能量使变性蛋白克服折叠途径中的能垒，从而获得其三维结构，使之具有生物活性。虽然疏水界面可以提供一部分能量，但这部分能量是有限的，而且与流动相、固定相、温度、pH 等因素都有关系。所以，在一定的色谱条件下，疏水色谱所能提供的能量是一定的，换言之，即便是在色谱条件下，并非能使所有的变性蛋白都能完全复性。

用本章建立的测定方法，测得的四种蛋白质的能垒值不同，其中溶菌酶和核糖核酸酶的能垒值较小，另外两种蛋白的能垒值较大，这就是溶菌酶和核糖核酸酶可以复性的根本原因。也就是说，在用本章提供的疏水色谱条件对变性蛋白进行复性时，可以克服溶菌酶和核糖核酸酶折叠途径中存在的能垒，但对其他两种蛋白则无能为力。诚然，在本章所用的色谱条件下，疏水色谱到底最大能提供多少能量给变性蛋白复性，因为研究的蛋白数目还偏少，目前还不能得出确切的结论，但从已有的数据来看至少可以断定其值应低于 225kJ/mol。

从上面的讨论可以看出，在蛋白的折叠途径中，如果活性丧失的点对应于能垒存在的点的看法是合理的，便可对变性蛋白在折叠途径中的能垒是否存在做出预测。从图 6-7 中 α-糜蛋白酶的色谱峰的变化及图 6-8 的活性回收率数据间有对应关系的这一点看，便可以得出这样的结论：在蛋白折叠途径中，能垒或能阱存在的构象态对应于其色谱峰和活性的最低点。因此，可以通过这一性质预测蛋白折叠途径中的能垒或能阱存在与否。

脲体系中 α-Amy 和 α-Chy 在折叠途径中均存在能阱，它对应于折叠途径中

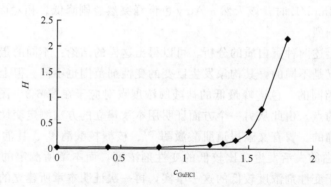

图 6-8 α-糜蛋白酶在不同浓度盐酸胍中用 HPHIC 分离后的色谱峰峰高的变化率随盐酸胍浓度变化的曲线

的局部最低自由能状态。可以预计，这两种蛋白在折叠过程中有可能出现相对稳定的中间体。白泉等[26]曾用对蛋白复性效果差、但分离效果好的 HPHIC 柱对脲变 α-Amy 的折叠中间体进行分离，得到了疏水性接近连续的、数目很多的中间体；以及我们用 HPHIC 分离出脲变 α-Chy 中的很多中间体的实验事实与这一预计相符合。

脲体系中的 RNase-A 和 Lys 在折叠途径中不存在或存在能量很低的能垒和能阱与这两个蛋白极容易复性的事实相符合。

参 考 文 献

[1] Ptitsyn B. FASEB J, 1996, 10：3

[2] Anfinsen C B, Scheraga H A. Adv Protein Chem, 1975, 29：205

[3] Martin K, David W L. Nature, 1976, 260：404

[4] Goldenberg D P, Creighton T S. Biopolymers, 1985, 24：167

[5] Baker D, Sohl J L, Agard D A. Nature, 1992, 356：263

[6] Shortle D, Meeker A K, Freire E. Biochemistry, 1988, 27：4761

[7] Tanford C. Adv Protein Chem, 1968, 23：121

[8] 邹承鲁. 第二遗传密码. 长沙：湖南科学技术出版社, 1997

[9] Carra J H, Privaov P L. The FASEB Jounal, 1996, 10：67

[10] Silow M, Oliveberg M. Biochemistry, 1997, 36：763

[11] Geng X D, Chang X Q. J Chromatogr, 1992, 599：185

[12] 耿信笃, 常建华, 李华儒等. 高技术通讯, 1991, 1 (1)：1

[13] Briaig K, Otwinnawski Z, Hegde Z et al. Nature, 1994, 371：578

[14] 耿信笃. 化学学报, 1995, 53：369

[15] 耿信笃, 张静, 卫引茂. 科学通报, 1999, 44：2046

[16] Giddings J C. Dynamies of Chromatography, Principles and Theory. New York：Dekker, 1965

[17] Geng X D, Guo L A, Chang J H. J Chromtogr, 1990, 507：1～23

[18] 刘彤. 西北大学博士论文, 1999

[19]　张静. 西北大学硕士论文，1999

[20]　薛卫华. 西北大学硕士论文，2001

[21]　Wickner S, Maurizi M R, Gottesman S. Science, 1996, 286：1888

[22]　Todd M J, Viitanen P V, Lorimer G H. Science, 1994, 265：659

[23]　Weissman J S, Kashi Y, Fenton W A et al. Cell, 1994, 78：693

[24]　Lilie H, Buchner J. Proc Natl Acad Sci, 1995, 92：8100

[25]　Yao Q Z, Tian M, Tsou C L. Biochenistry, 1984, 23：2 740

[26]　白泉，卫引茂，耿明晖，耿信笃. 高等学校化学学报，1997，18（8）：1291～1295

第七章　变性蛋白复性与同时纯化装置

§7.1　概　　述

基因工程生产蛋白药物治疗疑难病效果好而副作用小，是新一代的药物。然而它的价格昂贵，有些药用蛋白每克高达千万元，因此成为世界各国竞相发展的高技术产业。其价格昂贵的主要原因是以分离纯化为主的"下游技术"操作繁杂、收率和产量低，且成本很高。据统计，蛋白药物生产成本的 $70\% \sim 90\%$ 是消耗在"下游技术"中，因此若能在"下游技术"改进分离纯化技术和降低生产成本将是降低蛋白质药物价格和生产成本的一条有效途径。

基因工程生产蛋白药物的特点：①样品的组分复杂，目标产品的含量很低，如大肠杆菌为宿主得到的目标产品多处于细胞内，细胞破碎后，大量杂蛋白、核酸等就会与目标产品混杂在一起。又如动物细胞培养时常需要加胎牛血清，其成分也比较复杂，会引入病毒、支原体和细菌等。②对产品纯度要求高，一般认为杂蛋白含量应低于 2%，对某些药用蛋白质，其纯度需要达到 99.99% 以上；③活性回收率和质量回收率通常较低。基因工程生产的蛋白质通常需要进行繁琐的复性纯化过程，在复性过程中，变性蛋白也有聚集沉淀的趋势，且对于有多个二硫键的蛋白来说，还存在着二硫键的错配问题。因此，得到合格的基因工程产品并不容易。

基因工程制备药用蛋白的下游技术中主要存在着三个难点：①活性；②纯度；③收率。如果这三个难点能被很有效地解决，那么其经济效益是相当可观的。

经过重组 DNA 的 *E. coli* 的成本较低且易于人为控制，通常被用来高效表达目标蛋白。但是所表达的目标蛋白往往以包涵体（inclusion body）形式存在。这些包涵体在一级结构上是正确的，但其大部分的高级结构上则是错误的，疏水性强，故不溶于水，且分子内及分子间的二硫键错配问题也相当普遍。如何有效地将蛋白折叠成具有正确结构的活性分子是基因药物制备中的关键。

由于基因工程表达的目标蛋白往往存在于细胞中，在细胞破碎时，细胞内的杂蛋白就会随着目标蛋白一起被释放出来。大多数细胞破碎提取液的纯化需要经过粗纯化和精纯化，其中粗纯化方法包括盐析、等电点沉淀、超滤等；精纯化则包括多步的液相色谱法，如离子交换、疏水、亲和、排阻等。这种多步操作的最大缺点是操作繁锁、耗时长，且最终的产率往往很低。如何设计有效的制备方法针对这些缺陷进行改进，以降低药物成本，提高质量，已成为基因工程生产中亟待解决的问题。

为了解决这些问题，作者实验室在国际上首先提出用疏水色谱进行变性蛋白复性及同时纯化的方法，并基于生物大分子分离效果基本与柱长无关的论点，以计量置换理论为基础，提出了生物大分子分离纯化的短柱理论，并在此基础上设计和制造了一种"饼"状色谱柱，即变性蛋白复性及同时纯化装置（USRPP），并且已成功地将 USRPP 应用于基因工程产品重组人干扰素-γ（rhIFN-γ）、重组人干扰素-α（rhIFN-α）、白细胞介素-2（IL-2）、人粒细胞集落刺激因子（rhG-CSF）、重组人胰岛素原（proinsulin）、重组牛朊病毒（prion）等进行了有效的复性和纯化。其中 rhG-CSF 和 rhIFN-γ 的复性效果比常用的稀释法复性效果高 2.6 倍以上。

该装置克服了常用的稀释法和透析法使变性蛋白复性时容易产生蛋白质聚集沉淀，从而使蛋白质量回收率和活性回收率低，因此能对蛋白质进行快速、高效复性，在基因工程技术中具有广阔的应用前景。本章将着重介绍短柱理论及变性蛋白复性与同时纯化装置研制及性能。

§7.2 短柱理论[1]

用 HPLC 分离普通的小分子溶质时，其分离度取决于柱长，一般来说，色谱柱越长，分离效果越好。但是很多实验表明，对于生物大分离而言，在用 HPLC 进行分离时，其分离效果基本与柱长无关。Moore 等[2]用柱长为 6.3mm 的色谱柱，在 RPLC 中分离了五种蛋白质，发现其分离度优于在柱长为 45mm 的色谱柱上的分离度。Eksteen 等[3]在 IEC 上，用柱长分别为 250mm 与 20mm 色谱柱分离了与 Moore 等所用相同的五种蛋白的混合物，也得出了长度为 20mm 的色谱柱的分离度好于长度为 250mm 色谱柱分离度的结论。另外，Tennikov 等[4]依据 SDT-R，针对这些现象提出了生物大分子在 HPLC 上保留的"开-关"机理（on-off mechanism），并且指出，由此可发展一类全新的膜色谱固定相。他们还成功地从合成的连续棒状阴离子交换棒上切出 2mm 厚的离子交换薄片或膜用于蛋白质分离，认为灌注色谱固定相更好地体现了这种"开-关"机理。Belen-kii 等[5]也用 SDT-R 进一步提出了生物大分子在色谱上保留的"有、无"原理（all, nothing principle），并用 Freiling 提出的公式[6]和 Snyder 经验式[7]推导出了膜色谱中膜厚度或最短柱长的计算公式，使得在短柱上获得好的分离度成为现实。但是当用 HPLC 对生物大分子进行分离时，随着柱长逐渐缩短，而柱长与柱径比（柱长/柱径）就会越来越小，柱负荷也会越来越低，使得短色谱柱仅能用于分析的目的，难以用于制备或生产规模。如果要将其用于制备规模，只有增大柱直径，这不仅提出了制备色谱柱的柱长/柱径最优化以及柱长的缩短有无极限等理论问题，而且对将其用于工业生产会有重要的实际意义。为此，必须建立短柱理论。

7.2.1 短柱理论表达式的推导

如上所述，对于生物大分子而言，它的保留主要是由流动相中置换剂的浓度决定的，柱长对生物大分子的分离几乎没有影响，有时甚至会出现短柱较长柱的分离效果还好的情况，为了对此进行定量地表征和描述，首先做以下的假定：

（1）不同溶质在色谱柱上进行迁移时，当迁移速度大于零，但小于流动相的线性流速时，溶质在色谱柱上的迁移对分离有贡献，此时溶质迁移所经历的柱长也对分离有贡献，而当其迁移速度等于流动相速度时（即固定相不吸附溶质或溶质完全从固定相洗脱时），溶质迁移所经历的柱长对分离无贡献。因此，定义溶质从开始迁移至其迁移速度等于流动相速度时，溶质在色谱柱上迁移的距离称之为有效迁移距离，并称之为有效柱长，用 L_{eff} 表示。

（2）对于等浓度洗脱而言，容量因子的最佳范围一般认为是：$1 < k' < 10$，对于生物大分子而言，一般采用梯度洗脱，其 k' 随着梯度的进行而在不断地变化着，而且随着流动相中置换剂浓度的变化，生物大分子的 k' 变化很大。假定 $k' = 1$ 时，溶质的迁移速度与流动相的流速相近，在计算有效柱长 L_{eff} 时可以将 $k' = 1$ 作为溶质完全洗脱时终止值。

（3）假定在微小的时间区间 dt 内，可以认为溶质的迁移是在等浓度条件下的迁移，若此微小时间区间的距离为 dx，则该溶质的迁移速度就应当为 dx/dt，所以溶质的迁移速度 U_X 可表示为

$$U_X = dx/dt = U/(1 + k') \tag{7-1}$$

式中：U_X 为溶质的瞬时迁移速度，即 $U_X = dx/dt$；U 为流动相的线性流速或线速。

（4）在该微小的时间区间 dt 内，由于溶质的迁移假定为等浓度条件下的迁移，所以这时该溶质的容量因子 k' 与流动相瞬时活度的关系应符合 SDT-R，即

$$\lg k' = \lg I - Z \lg a_D \tag{7-2}$$

或

$$k' = I/a_D^Z \tag{7-3}$$

（5）当混合物中最难分离的两种溶质：溶质 1（吸附弱）和溶质 2（吸附强）达到近似基线分离时，即分离度 $R_s = 1$ 时[8]，所需的柱长定义为最短柱长 L_{min}。在该分离度条件下，两个色谱峰间的距离 w 应近似等于两个相邻色谱峰的平均峰宽值。

在上述假设基础上，采用线性溶剂梯度洗脱方式对生物大分子进行色谱分离时，某溶质的有效柱长 L_{eff} 可表示为

$$L_{eff} = -\frac{U}{B} \int_{k_1'}^{k_2'} \frac{1}{Z k'(1 + k')} \left(\frac{I}{k'}\right)^{\frac{1}{2}} dk' \tag{7-4}$$

式中：k_1' 和 k_2' 分别为溶质迁移速度 $U_X = 0$ 和 $U_X = U$ 时的瞬时容量因子值；Z 为

1mol溶质吸附在固定相上时所置换出的溶剂分子数；I 为与溶质对固定相的亲和势有关的常数。

由式（7-4）可知，在其他色谱条件相同的条件下，有效迁移距离 L_{eff} 是随溶质的不同而变化的。对同一种溶质而言，k_1' 值越小，其对应的 L_{eff} 就越小，洗脱时所需时间也就越短；反之，洗脱时所需时间就越长。

表 7-1 是在流动相 A 液的置换剂水浓度的测定值为 43.7mol/L，B 液水浓度为 55.3mol/L。体积流速为 1.0mL/min、不同等浓度条件下，用 100mm×4.6mm I.D. 不锈钢色谱柱分别测定六种蛋白质：细胞色素 c（Cyt-c）、肌红蛋白（Myo）、核糖核酸酶 A（RNase-A）、溶菌酶（Lys）、α-淀粉酶（α-Amy）和胰岛素（Ins）的 Z 值、$\lg I$ 值及 L_{eff}。

表 7-1 六种蛋白在疏水柱上的 Z 和 $\lg I$ 值及 L_{eff}

蛋白质	Z	$\lg I$	积分上限 k' 值（[D]=43.722）	L_{eff}（积分下限 $k'=1$）/mm
Cyt-c	51.5	85.5	9.4	67.3
Myo	65.6	110.5	629.6	65.0
RNase-A	552.4	88.8	636.3	83.1
Lys	53.0	90.3	2328	84.3
α-Amy	116.8	200.5	8.68×10^8	39.9
Ins	68.7	118.8	1.14×10^6	69.2

对两种物质来说，如果要使它们基本分开，此时设定分离度 $R_s=1$，溶质 1 的最短柱长 L_{min} 表示为

$$L_{min} = \frac{U}{B}\int_{a_{D11}}^{a_{D12}} \frac{a_D^{Z_1}}{I_1 + a_D^{Z_1}}\, da_D \tag{7-5}$$

溶质 2 的最短柱长为

$$L_{min} = \frac{U}{B}\int_{a_{D21}}^{a_{D22}} \frac{a_D^{Z_2}}{I_2 + a_D^{Z_2}}\, da_D \tag{7-6}$$

通过计算机采用软件 Mathematic 4.0 进行数值计算可求得 L_{min}。

表 7-2 为计算出的分离不同蛋白对的最短柱长 L_{min}。

表 7-2 线性梯度下不同蛋白对刚好分离的最短柱长

不同蛋白对	相邻色谱峰宽平均值[1]/min	不同蛋白对分配系数比	L_{min}/mm
Cyt-c / Myo	2.02	1.52×10^{-2}	0.45
Myo / RNase-A	1.1	9.8×10^{-1}	33.4
RNase-A / Lys	1.75	2.66×10^{-1}	0.27
Lys / α-Amy	1.58	2.72×10^{-6}	3.36×10^{-7}
α-Amy / Ins	1.89	7.61×10^2	40.4

1）测定时的色谱条件：色谱柱 100mm×4.6mm I.D. 不锈钢色谱柱；体积流速 1mL/min；25min 线性梯度，100%A～100%B。

表 7-2 结果显示出，六种蛋白组成的五对溶质分别达到近似基线分离时所需的最短柱长 $L_{\min}$，因不同蛋白对近似基线分离所需的 $L_{\min}$ 是不同的，而且与表征它们色谱行为的 Z、$\lg I$ 值、流动相的线性流速、线性梯度陡度、积分上限及与分离度有关的积分下限有关。若要将这六种蛋白达到近似基线分离，选择最难分离的溶质对 α-Amy/Ins 时所需的色谱柱长度为 40.4mm。这从理论上说明了为什么人们在分离大分子时常常会用柱长为 50mm 色谱柱，能够基本满足生物大分子的 HPLC 分离。

7.2.2 短柱对生物大分子的分离效果

图 7-1 为四种标准蛋白在柱内径相同，而长度各异的三根色谱柱上的色谱图。虽然最短与最长柱长相差 30 倍，但分离效果基本一致[9,10]。

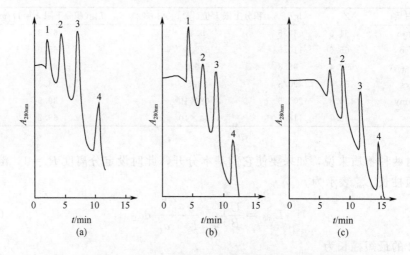

图 7-1 在 HPHIC 中用同柱长对四种标准蛋白的色谱分离图

（a）、（b）和（c）分别表示四种标准蛋白在柱长为 5mm、25mm 和 150mm 的

HPHIC 柱中的分离图

1. Cyt-c；2. Myo；3. Lys；4. α-Amy

§7.3　色谱饼——变性蛋白复性与同时纯化装置[1]

从 SDT-R 和实验检验的结果均表明，分离生物大分子可以采用较短的色谱柱，这就为可以装填小颗粒填料的半制备型、制备型和生产型的色谱饼的设计和应用奠定了基础。因为一般半制备型、制备型和生产型的色谱柱中一般装填的都是大颗粒填料，其主要的目的是为了能在较低的压力条件下进行大流量洗脱。但为满足必要的分离度要求，又不得不维持一定的柱长，这不仅使分离时间延长，而且降低产率，使生产成本升高。装填小颗粒填料虽然很容易满足分离度的要

求，并具有较大的柱负载量，但因在此条件下，色谱系统呈现出很高的压力而妨碍其应用。生物大分子在液相色谱分离中受柱长影响较小这一特性有利于对解决半制备型、制备型和生产型色谱分离中使用小颗粒填料的问题。此外，对于蛋白质的色谱复性，存在一个严重的问题：在进样的时候会形成聚集。如果聚集发生了，色谱柱的反压会明显升高，甚至会将色谱柱堵住。另外，目标蛋白质的质量回收率和活性回收率都会降低。在大规模 LC 复性中，这一问题显得更为重要。

耿信笃等[10,11]在 SDT-R 基础上，进行了大量的实验研究，依据不同生物大分子在 LC 分离时 Z 值具有较大的差异，首先设计和制造出厚度仅为 10mm，而直径从 20～500mm 的"饼"形色谱柱，将其称为色谱饼（chromatography cake）。因其可用于变性蛋白复性与同时纯化，故又称其为变性蛋白复性和同时纯化装置（unit of simultaenous renaturation and purification of proteins，USRPP）。图 7-2 是实验型、制备型和生产型的 USRPP 或色谱饼。它采用不锈钢外壳，其内装填经过化学改性的小颗粒、大孔球形硅胶介质，对蛋白质具有良好的分离和复性效果。既可用于大肠杆菌表达的包涵体蛋白的复性及同时纯化，又可用于动植物组织以及微生物中的活性蛋白质的快速分离纯化。

图 7-2　不同规格的实验室型和制备型 USRPP 的照片

该装置具有以下特点：

（1）良好的分离和复性效果，蛋白质量回收率和活性回收率均很高。

（2）在复性过程中能够部分抑制蛋白质聚集体的产生，能够在复性的同时使目标蛋白质得到纯化。

（3）柱压小，可在高压或中压色谱仪上使用。

（4）在复性过程中，即使形成蛋白质沉淀，其柱压也不会升高，不会影响装置的正常使用。

7.3.1　色谱饼的性能

1. 半制备色谱柱和色谱饼的分离性能比较

如图 7-3（a）和图 7-3（b）所示，规格为 5mm×50mm I.D. 的色谱饼和 200mm×7.9mm I.D. 的色谱柱，二者的内腔体积相同，均为（9.9±0.2）mL，并在 40MPa 压力条件下装填同一批 HPHIC 填料。在进样量相同和流速均为 4.0mL/min 条件下，对六种标准蛋白进行了分离。可以看出，柱几何体积相同、柱长/柱径相差较大的色谱柱和色谱饼分离蛋白时对分离度没有大的影响。

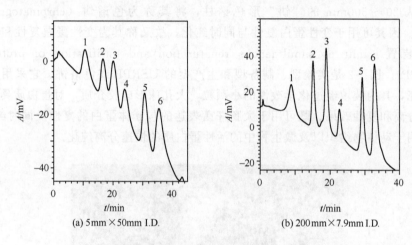

(a) 5mm×50mm I.D.　　　　　　　(b) 200mm×7.9mm I.D.

图 7-3　色谱柱与色谱饼分离性能的比较

流速 4.0mL/min；40min 线性梯度 100%A～100%B

1. Cyt-c；2. Myo；3. RNase-A；4. Lys；5. α-Amy；6. Ins

2. 色谱柱与色谱饼压力—体积流速曲线

如图 7-4 所示，色谱饼在使用前和使用后的两种压力-体积流速曲线都明显低于色谱柱的两种压力-体积流速曲线，说明在相同几何体积条件下，色谱饼的压力变化较色谱柱小。特别是在它们使用了一段时间后，色谱饼的优势更加显著。

图 7-5 为不同体积流速下，规格分别为 10mm×50mm I.D.、10mm×100mm I.D.、10mm×200mm I.D. 和 10mm×300mm I.D. 色谱饼的压力以及色谱仪的系统压力随流速的变化。可以看出，色谱饼在高流速下使用时其柱后压仍然很低。这表明装填小颗粒填料的色谱饼可在中、低压条件下对蛋白混合物进行制备分离。这不仅能充分发挥小颗粒填料柱效高和负载量大的优势，克服其造成色谱系统压力高的不足，而且还可在大流速条件下使用。

色谱饼的应用对生物大分子进行分离具有明显的优势，直径大、柱长短的色谱饼更适用于高流速下对蛋白的分离，这对缩短生产周期是有利的。具有中、低压色谱分离的高柱负载，有利于蛋白保持高的生物活性。因此，色谱饼的色谱分离不仅具有可与 HPLC 相媲美的分离效率，表明了色谱饼对生物大分子的分离已达到制备规模，将为色谱饼的工业化应用奠定了基础。

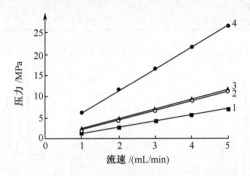

图 7-4　压力-体积流速曲线的比较

1. 色谱饼；2. 使用 30 次后的色谱饼；3. 色谱柱；

4. 使用 30 次后的色谱柱

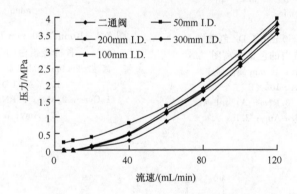

图 7-5　不同规格色谱饼的压力-体积流速曲线

3. 色谱饼与色谱柱质量负载和体积负载

表 7-3 为色谱柱和色谱饼的体积负载和质量负载比较。由表 7-3 可看出，色谱饼的体积负载和质量负载为所用色谱柱的近 1.6 倍，较前者所述的质量负载 1.2 倍还高一些。这是因为流动相在色谱饼中经装在柱入口端的径向流分布器使溶液均匀分布在大面积的填料上，降低了流动相的线速，从动力学角度上讲更有利于色谱填料对牛血清白蛋白（BSA）吸附更完全。因此，色谱饼比色谱柱体积负载和质量负载略高是合理的。

表 7-3　色谱柱和色谱饼体积负载和质量负载比较

规格	5mm×50mm I. D.	200mm×7.9mm I. D.
装填的填料量/g	6.0	4.6
体积负载/(mL/g)	0.067	0.043
质量负载/(mg/g)	28.65	23.46

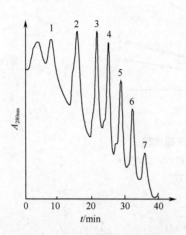

图 7-6　10mm×50 mm I. D. 色谱饼
　　对七种标准蛋白的色谱分离图

　　流速　5.0mL/min；40 min 线性梯度，
　　　　100％A～100％B

　　1. Cyt-c；2. Myo；3. RNase-A；4. Lys；
　　5. α-Chy；6. α-Amy；7. Ins

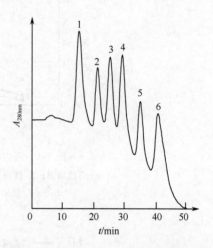

图 7-7　10mm×100mm I. D. 色谱饼对六
　　种标准蛋白的分离图

　　流速　20.0mL/min；40 min 线性梯度，
　　　　100％A～100％B

　　1. Cyt-c；2. Myo；3. RNase-A；4. Lys；
　　5. α-Amy；6. Ins

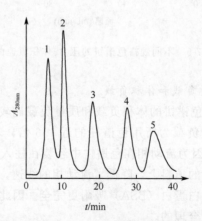

图 7-8　10mm×200mm I. D. 色谱饼对五种标准蛋白的分离图

　　流速　100.0mL/min；40 min 线性梯度，100％A～100％B

　　1. Cyt-c；2. Myo；3. Lys；4. α-Amy；5. Ins

7.3.2 不同规格色谱饼对标准蛋白的色谱分离

如图 7-6～图 7-8 所示，各种不同规格色谱饼的对不同蛋白混合物都可达到很好的分离效果。此外，色谱饼的低压环境还有利于对维持蛋白的活性[12~14]，这使得色谱饼用于蛋白质的工业规模制备成为可能。

§7.4 色谱饼用于蛋白复性与同时纯化

作者基于 SDT-R 提出生物大分子分离纯化的短柱理论以及变性蛋白在 HPHIC 中的复性机理等，设计制作的各种用途色谱饼（图 7-2），也就是用于基因重组蛋白药物的复性与同时纯化装置。此装置柱长度最小为 2mm，而直径可达 300mm，分离效率高，柱压低，分离速度快，在蛋白质的分离纯化及复性方面都有很好的应用前景。变性蛋白复性及同时纯化装置商品名称为多功能蛋白复性器（multiple functions-unit for protein renaturation，MFUPR）。MFUPR 为国际首创，是一个直径为 5～200mm，长度仅为 10mm 的"饼"状装置。在使用 1cm×5cm 的 USRPP 同时，在流速高达 7mL/min 的条件下，其柱后压力只有 30kg/cm²[①]。因柱流过的面积（如柱径为 10 mm）是常用的直径 4.6 mm 色谱柱的 4.7 倍，加之其柱长只有通常色谱柱的 1/10 ～ 1/25，所以少许的沉淀聚集在柱子顶端的滤片上或残留在柱填料的顶端，不会造成柱压的显著升高。而这些产物的沉淀在常用实验室规模的色谱柱上产生的柱压可能是 USRPP 的 10 倍乃至 100 倍，这或许是到目前为止，尚未见到通常所用制备色谱柱在工业生产规模上进行蛋白复性及同时纯化的原因。该装置既具有与常规色谱柱相近的分离效能，又具有高的复性效率。

如前所述，依据生物大分子的色谱保留特征，液相色谱法进行变性蛋白复性及同时纯化有一个理想过程，那么 USRPP 也具备了如图 1-1 所示的"一石四

表 7-4 不同进样条件下用色谱饼（10mm×20mm I. D.）对 rhIFN-γ 纯化的色谱峰收集液中的蛋白总量及比活

疏水填料类型	100%A 液进样		50%A 液进样	
	蛋白质总量/mg	比活/（IU/mg）	蛋白质总量/mg	比活/（IU/mg）
填料 I	0.53	$1.52×10^7$	1.24	$2.26×10^7$
填料 II	0.65	$2.21×10^7$	1.27	$3.78×10^7$
填料 III	0.81	$8.16×10^7$	9.87	$9.70×10^7$
填料 IV	0.51	$1.39×10^7$	1.21	$2.11×10^7$

① 1kg/cm² $=9.81×10^4$ Pa，下同。

鸟"的作用。由于该装置克服了常用的稀释法和透析法使变性蛋白复性时容易产生蛋白质聚集沉淀，质量回收率和活性回收率低的不足并可同时达到除去变性剂、分离和复性三重功效。表 7-4 是不同进样条件下用色谱饼（10mm×20mm I. D.）对 rhIFN-γ 纯化的色谱峰收集液中的蛋白总量及比活。因此，色谱饼能对蛋白质进行快速、高效复性，在基因工程技术中具有广阔的应用前景。有关 USRPP 对变性蛋白的复性及同时纯化详见本书第八章。

7.4.1 色谱饼对核糖核酸酶 A 和溶菌酶的复性及同时分离

USRPP 可在一次操作过程中同时对多种变性蛋白进行复性和纯化。将 7mol/L GuHCl 变性的 RNase-A 和 Lys 混合蛋白进样到 USRPP（10mm×50mm I. D.）中，可以得到如图 7-9 所示的分离复性图。从图 7-9 中看出，这两种变性蛋白质可在 20min 内被复性并完全分离，其中 RNase-A 的活性回收率为 94.4%，Lys 的活性回收率为 95.9%。

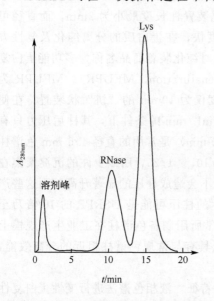

图7-9　USRPP 对7mol/L GuHCl 变性的 RNase 和 Lys 混合样品分离复性图
流动相 A 液为3.0mol/L（NH₄）₂SO₄＋ 0.05mol/L KH₂PO₄，B 液为0.05mol/L KH₂PO₄；流速1.0mL/min，20min 线性梯度；USRPP 为疏水型 XD-PEG，10mm×50mm I. D.

7.4.2 人血清白蛋白的快速纯化

人血清白蛋白（human serum albumin，HSA）是迄今为止产量最大、用量最大的蛋白质药物。在人体内血清白蛋白具有维持血液渗透压和携带血液中多种配基（包括脂肪酸、氨基酸、类固醇、金属离子及药物）与组织进行交换等生理功能，临床用于手术输血和危重病人补液，治疗创伤休克、发烧、水肿、低白蛋白血症和红细胞过多症等，而且能增强人体抵抗能力，是重要的临床药物。目前，HSA 的市场需求量很大，国际市场年需求量达 600t，我国需求量也已达 70t，并将随着农村生活水平和医疗条件的改善不断增加。采用规格为 10mm× 20mm I. D. 的疏水型色谱饼可对人血清中的 HSA 进行快速分离纯化。

将 HSA 的粗溶液注入到规格为 10mm×20mm I. D. 的色谱饼中，在所选定流速和梯度洗脱条件下，对其进行分离制备，得到色谱图 7-10。图 7-11 为 HSA 的十二烷基磺酸钠-聚丙烯酰胺凝胶电泳（SDS-PAGE）图。

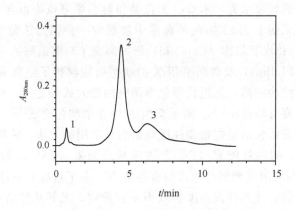

图7-10　HSA 的快速色谱分离图

色谱条件：流速 5.0mL/min；检测波长 280nm；A 液为 2mol/L
$(NH_4)_2SO_4$ 溶液（pH 为 7.0），B 液为 0.050mol/LKH_2PO_4（pH
为 7.0）溶液；梯度时间为 10min

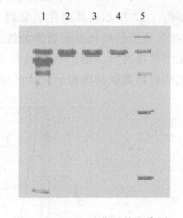

图 7-11　HSA 纯化后的电泳图

1. 粗溶液；2，3，4. 不同流速下色谱
纯化后的 HSA；5. 标准蛋白，分子质量
依次为：94kDa，67kDa，43kDa，30kDa，
20kDa，14kDa

从图 7-10 可以看出，在采用了较高流速和较短的梯度洗脱时间之后，HSA 的分离效果仍然较好，而且在使用过程中系统的压力也没有超过 15MPa，表明装填小颗粒填料的色谱饼可在中、低压条件下对蛋白混合物进行制备分离。这不仅能充分发挥小颗粒填料柱效高和负载量大的优势，克服其造成色谱系统压力高的不足，而且还具有可在大流速条件下使用的特点。另外，色谱饼的低压环境还有利于维持蛋白的生物活性。

对以上色谱峰进行了收集，采用 SDS-PAGE 电泳检测，Bradford 法测定蛋白含量，测得其质量回收率为 65%。经过薄层扫描之后，得到的 HSA 的纯度为 85%。

7.4.3　用色谱饼纯化蛋清中溶菌酶

溶菌酶是一种能够溶解细菌胞壁的碱性蛋白，在医学上具有重要的应用价值，可用来制备消炎药，与抗菌素合用可以治疗溃疡、口腔和鼻腔黏膜炎，也可以用作食品添加剂。溶菌酶广泛存在于动植物及微生物体内，鸡蛋清和哺乳动物的乳汁是溶菌酶的重要来源，木瓜、无花果和卷心菜等植物也含丰富的溶菌酶。英国细菌学家弗莱明于 1922 年在鼻黏液中发现的一种强力杀菌物质。1963 年，乔里斯（Jolles）和坎菲尔德（Canfield）研究测定了鸡溶菌酶的一级结构，1965年英国菲利浦（Phillips）及其同事用 X 射线衍射法解析了溶菌酶，是世界上第一个弄清了立体结构的酶，为近代酶化学研究的最大成果之一。有关溶菌酶的分离和纯化方法主要有结晶法[15]、离子交换法[16]和亲和色谱法[17]。由于溶菌酶等电点较高，离子交换色谱是制备高纯度溶菌酶最常用的方法，常用的离子交换剂有 Daolite C464、磷酸纤维素（PC）、羧甲基纤维素（CMC）和羧甲基琼脂糖（CMS）等，它们对溶菌酶都有较强的吸附能力。由于这些填料刚性小，收缩性大，再生手续麻烦，使其分离速度和效率受到影响，尤其从卵清提取溶菌酶时，色谱柱常被堵塞。色谱饼具有在分离过程中的少量蛋白沉淀在柱头时，柱子压力升高很小，不容易被堵塞的优点。溶菌酶的等电点为 11.0，而蛋清中的其他高丰度杂蛋白均为酸性蛋白，因此可以可以采用阳离子交换色谱对蛋清中的溶菌酶进行纯化。

本实验采用阳离子型色谱饼对蛋清中的溶菌酶进行了分离纯化，色谱分离图如图 7-12 所示，其纯化结果列于表 7-5 中。由表 7-5 可看出，盐析过的蛋清经 WCX 色谱饼纯化后溶菌酶纯度为 96％，活性回收率平均均为 92 ％，较过柱前纯化倍数提高 5.2 倍。整个试验从蛋清预处理到高纯度溶菌酶的制备不超过 1h，此法较经典软基质离子交换色谱分离速度快、纯化效率高、酶的活性回收率高。

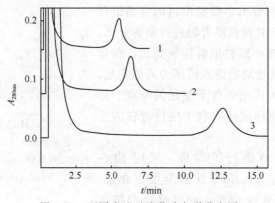

图 7-12　不同流速对溶菌酶色谱分离图

1. 4.0mL/min；2. 3.0mL/min；3. 2.0mL/min

表 7-5　蛋清中溶菌酶纯化结果

纯化步骤	溶液体积/mL	总活性/U	总蛋白/mg	比活/(IU/mg)	回收率/%	平均回收率/%
粗提液	4	1084	0.442	2452		
纯化后	4	1015	0.092	11 032	96 90 91	92±3

§7.5　快速蛋白纯化色谱柱

作为一种非常有效的分离手段，高效液相色谱（HPLC）已广泛应用于生物大分子的分离纯化及制备中，而色谱柱又是 HPLC 的核心部分，因此色谱柱（包括形状、材料、填料以及装填方法）的开发和研制便始终成为 HPLC 首要解决的问题。市售的各类色谱柱成本都相对较高，且还需要配套的色谱仪和装柱机等昂贵设备的支持。另外，由于蛋白分离采用的大孔硅胶（平均孔径＞30nm）一般是用小孔硅胶扩孔而成，加之为防止蛋白在分离过程中的不可逆吸附，使得其成本较一般小孔分离介质的色谱柱高出很多，在一定程度上限制了其广泛应用。

如前所述，变性蛋白复性及同时纯化装置用于蛋白复性时具有很多优点，然而其造价相对较高，为了能使更多的人能够进行蛋白分离或使用变性蛋白复性及同时纯化技术，耿信笃教授等研制出一种快速蛋白纯化柱。根据生物大分子分离的短柱理论，色谱柱的长度对蛋白质的分辨率仅有很小的影响，基于溶质的计量置换保留理论（SDT-R），蛋白分离只依赖于物质与固定相之间的接触面。因此我们不难得出结论，将较大颗粒的色谱填料装填料在一根较长的色谱柱与将较小颗粒的填料装在一根较短的色谱柱里的效果应该是等同的，而且色谱柱装填大颗粒的色谱填料，无须加压应能达到好的分离效果。然而，这种快速蛋白纯化柱的成本比色谱饼要小得多。从形状和色谱分离模式来看，这种柱子很像传统的液相色谱柱，但其分辨率却可以和高效液相色谱柱相媲美。需要指出的是，它们对生物大分子的分辨率和固定相表面的性质是有很大区别的。通过实验很好地证明了将小颗粒填料装填在厚度仅为 1cm 的色谱饼中[5]与将大颗粒填料装在一个色谱柱中有同样好的分离效果。

快速蛋白纯化柱采用塑料外壳，柱内装填经过化学改性的大颗粒、多孔球形硅胶介质，具有良好的分离和复性效果。它克服了常规色谱柱成本高，需要配套的色谱仪和装柱机等设备支持的缺点，可广泛适用于化学、化工、生物和医药等实验室。既可用于大肠杆菌表达的包涵体蛋白的复性及同时纯化，又可用于动植物组织以及微生物中的活性蛋白质的快速分离纯化。该色谱柱具有以下特点：

（1）柱效高，分离和复性效果好，蛋白回收率高。

（2）柱压小，适用性强，使用方便，可在高、中、低压色谱仪上使用。在无液相色谱仪条件下，采用氮气加压驱动流动相进行分离。

（3）成本低，价格便宜。

（4）装填方便，可采用自然沉降法或干法装填。

（5）应用范围广，既可用于蛋白质的复性，又可用于蛋白质的分离纯化。

7.5.1 快速蛋白纯化柱的形状及结构

柱子的形状如其他类型的色谱柱一样被设计成管状，柱长 7cm，内径 1.2cm。其最大特点是可以根据所装填料或实验需要对柱子的长短进行调节，该快速蛋白纯化柱的结构示意图如图 7-13 所示。

从图 7-13 可以看到，填料 5 被装进由上、下柱头 9 和 13 组装成的塑料柱管 11 内，柱子的上、下端由滤膜 4 和 12 封住，带有内导管的可调节杆 2 可通过调节杆外面的螺纹 3 在管内进行上下调节，从而使滤膜 4 刚好和填充床接触。流动相可从入口端 1 进入而从出口端 6 流出，在可调节杆 2 以及柱头 13 和塑料柱管 11 的内壁之间有密封圈 10 和滤膜 12 阻止固定相和流动相的泄漏。图 7-14 是快速蛋白纯化柱的照片图。

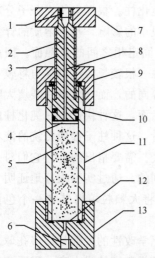

图 7-13　快速蛋白纯化柱的结构
示意图

1. 流动相进口接口;2. 可调节杆;3. 螺纹;
4,12. 滤膜;5. 填料;6. 流动相出口接口;
7. 调节手柄;8. 内导管;9,13. 柱头;
10, 密封圈;11. 塑料柱管

图 7-14　快速蛋白纯化柱的照片

如同最经典的液相色谱柱一样，该快速蛋白纯化柱既可以在低压条件下使用，又可在现代的中压和高压液相色谱仪条件下使用。如图 7-15 所示，柱前可接色谱仪，也可用氮气瓶提供压力，柱后可接检测器或直接进行分段收集。通过实验很好地证明了将小颗粒填料装填在厚度仅为 1cm 的色谱饼中与将大颗粒填料装在一个塑料管中的确都有好的分离效果。

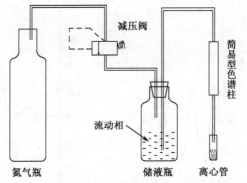

图 7-15　快速蛋白纯化柱用氮气瓶提供压力的示意图

7.5.2　色谱柱的柱压

将装填好的色谱柱在色谱仪上分别以水和硫酸铵为流动相测得其流速与压力曲线如图 7-16 所示。由图 7-16 中可看出该柱的柱压很小，这不但可以在较高流速下进行快速分离，而且低压环境还有利于维持蛋白的生物活性[10,11]。本实验中尝试用氮气瓶给柱子提供压力，测得其流速与压力的关系如图 7-16 中的曲线 2，实验表明，用氮气进行加压时在相同的流速下其压力比在色谱仪上要小 1 倍多，原因是用氮气直接加压时压力在管路中的损耗较少。

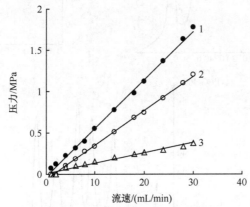

图 7-16　色谱柱的流速与压力曲线

1，2. 快速蛋白纯化柱接在色谱仪上并分别为以硫酸铵和水为流动相的流速与压力
曲线图；3. 以水为流动相用氮气罐直接加压时的流速与压力曲线图

7.5.3　疏水型快速蛋白纯化柱对标准蛋白的分离

为了检验该快速蛋白纯化柱的柱效和分离性能，用该色谱柱装填不同的经改性为疏水性大颗粒填料并对细胞色素 c（Cyt-c）、核糖核酸酶（RNase）、溶菌酶（Lys）、α-淀粉酶（α-Amy）和胰岛素（Ins）五种标准蛋白进行分离，其色谱

分离图如图 7-17 所示。从这五种类型的色谱柱对五种标准蛋白的分离结果来看，

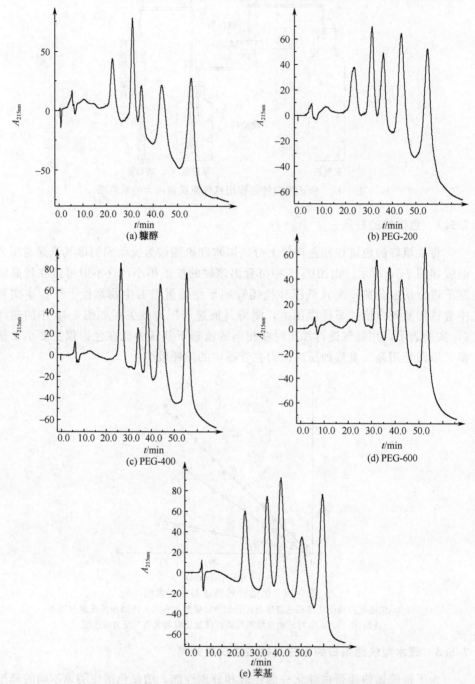

图 7-17　五种疏水型快速蛋白纯化柱对五种标准蛋白的分离图

流速：1 mL/min；梯度：100%A～100%B，50min 线性梯度；检测波长 λ＝215nm

标准蛋白从左到右分别为：1.细胞色素 c；2.核糖核酸酶；3.溶菌酶；4.α-淀粉酶；5.胰岛素

该色谱柱有较高的柱效，完全可以达到对五种蛋白的基线分离。

7.5.4　离子交换型快速蛋白纯化柱对标准蛋白的分离

图 7-18～ 图 7-21 为不同类型的离子交换型快速蛋白纯化柱对标准蛋白的分离色谱图，可以看出，离子交换型快速蛋白纯化柱均对标准蛋白有很好的分离效果。

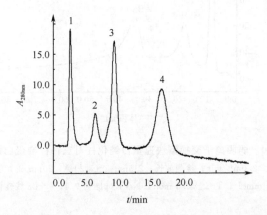

图 7-18　弱阳离子交换型快速蛋白纯化柱对四种标准蛋白的分离

色谱条件：流速 2 mL/min；梯度 100％A～100％B，30min 线性梯度；流动相 A　50mmol KH_2PO_4，pH 为7.0；

流动相 B　50mmol KH_2PO_4＋1.0mol/L NaCl，pH 为7.0；检测波长　$\lambda=280$nm

标准蛋白：1. 肌红蛋白；2. 核糖核酸酶；3. 细胞色素 c；4. 溶菌酶

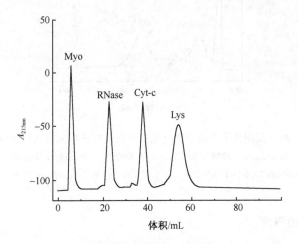

图 7-19　强阳离子交换型快速蛋白纯化柱对四种标准蛋白的分离

色谱条件：流速　2.0mL/min；检测波长215nm；流动相 A　20mmol/L NaH_2PO_4，pH 为6.8；流动

相 B　20 mmol/L NaH_2PO_4＋0.5 mol/L NaCl，pH 为6.8；40min 线性梯度0～100％B

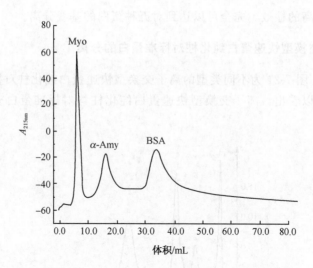

图 7-20 弱阴离子交换型快速蛋白纯化柱对三种标准蛋白的分离

色谱条件：流速 2.0mL/min；检测波长 215nm；流动相 A 20mmol/L Tris，pH 为 7.4；

流动相 B 20 mmol/L Tris ＋0.5 mol/L NaCl，pH 为 7.4；40min 线性梯度 0～80％B

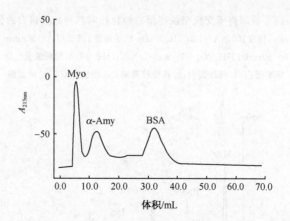

图 7-21 强阴离子交换型快速蛋白纯化柱对三种标准蛋白的分离

色谱条件：流速 2.0mL/min；检测波长 215nm；流动相 A 30mmol/L NaH$_2$PO$_4$,pH 为7.0；

流动相 B 30mmol/L NaH$_2$PO$_4$＋1.0 mol/L NaCl，pH 为 7.0；40min 线性梯度 0～80％B

7.5.5 柱寿命的测定

众所周知，色谱柱的寿命也是考查色谱柱性能的一个重要指标，一根好的色谱柱不但要有好的分辨率，而且必须要有好的重现性，也就是说在保持一个好的分辨率基本不变的情况下能使用多长时间。由于大多数基因重组样品，尤其是经高浓度的脲或盐酸胍或从动植物组织中直接提取的样品对色谱柱的寿命影响很大，有些色谱柱可能只进几次这样的样品就报废了。因此为了检验该色谱柱的使用寿命本实验采取进未纯化的猪心粗体液进行测试，通过进样 100 次之后再对五种标准蛋白进行分离，色谱图见图 7-22 曲线 B，和图 7-22 曲线 A 比较可发现其分离效果和柱效只是稍微有所降低，这表明该色谱柱有较长的柱寿命。

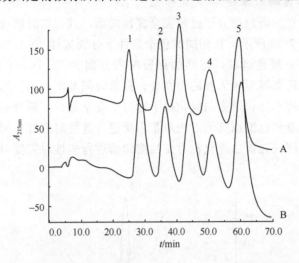

图 7-22　快速蛋白纯化柱在使用之前和进样 100 次之后对五种标准蛋白的色谱分离图的比较

A. 新装的快速蛋白纯化柱对五种标准蛋白的分离图；B. 快速蛋白纯化柱在进 100 次

猪心提取液之后对五种标准蛋白的分离图 。色谱条件：

流速 1 mL/min；梯度 100％A～100％B，50min 线性梯度；检测波长 λ＝215nm

标准蛋白：1. 细胞色素 c；2. 核糖核酸酶；3. 溶菌酶；4.α-淀粉酶；5. 胰岛素

7.5.6　快速蛋白纯化柱质量负载的测定

在体积流速为 2.0mL/min 的条件下，用流动相 A 液平衡柱子约 30min，然后使 A 泵继续进 A 液，B 泵进样品（样品为 2.0mg/mL 的 BSA），进样时，使 A 液与样品溶液的体积比为 9∶1。当记录曲线出现"S"形的另一平台时，停止进样。用 A 液冲洗色谱柱，当紫外检测器的吸光度值减小，并维持一恒定值后，用 30min 的梯度洗脱色谱柱，并收集洗脱液。梯度洗脱完毕后，延续梯度洗脱时间，直到紫外检测器的吸光度值减小并维持一恒定值后停止收集洗脱液。准确量取洗脱液的体积，在 595nm 条件下，用分光光度法测定收集液中蛋白质的质量浓度，计算出蛋白的总质量，色谱柱中填料的测定是用去离子水将测定完毕的柱子充分冲洗后，打出填料，在 105℃ 条件下烘干后称重。最后用测定的蛋白的总量除填料的质量即为色谱柱的质量负载。对于 BSA 而言，每克疏水填料可吸附 BSA 约 23.3mg。

§7.6 应用举例

7.6.1 疏水型快速蛋白纯化柱对变性溶菌酶的复性

1. 天然和变性溶菌酶的保留

如果一个变性的蛋白质分子已经完全复性的话,其保留时间应和天然的保留时间相同。如图7-23所示,在相同的色谱条件下分别进样30μL的天然溶菌酶和脲变溶菌酶于同一根色谱柱,得到的保留时间分别为23.56min和23.42min,除变性溶菌酶的色谱峰形较天然的稍宽外,保留时间基本相同。为了进一步证明变性的溶菌酶在疏水型快速蛋白纯化柱上达到了完全复性,需要对其活性进行测定。在溶液中用液相色谱或其他方法对蛋白质进行复性时有许多因素可能对其产生影响,因此在用快速蛋白纯化柱对变性溶菌酶进行复性时需要对影响因素进行详细的考查。

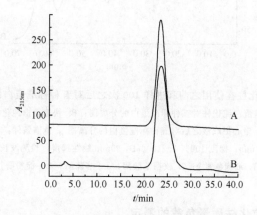

图 7-23 快速蛋白纯化柱对天然及变性溶菌酶的复性色谱图

A. 天然溶菌酶;B. 变性溶菌酶

色谱条件:A液为 3.0mol/L (NH$_4$)$_2$SO$_4$ + 0.05 mol/L KH$_2$PO$_4$(pH 为 7.0);B液
为 0.05 mol/L KH$_2$PO$_4$(pH 为 7.0);流速 2.0 mL/min,梯度 100%A~100%B,

30min;检测波长 λ=215nm

2. 影响溶菌酶复性的因素

流速是色谱分离的动力学因素,其对生物大分子的复性在一定程度上有一定的影响,本实验在 30 min 的线性梯度下分别考查流速(单位:mL/min)为 1.0、1.5、2.0、2.5 和 3.0 时对溶菌酶在疏水型快速蛋白纯化柱上的质量回收率和活性回收率的影响,测得其平均活性回收率和质量回收率为(93.2±4.0)%和(94.0±2.2)%,结果表明活性回收率和质量回收率损失很小。

在 HIC 柱上选择对复性的蛋白的洗脱梯度也是依据蛋白折叠的动力学因素。在流速为 2.0mL/min 的条件下,考查了从 20~40min 的不同梯度的变性溶菌酶

复性效率的影响，测得其平均活性回收率和质量回收率分别为（92.9±2.6)％
和（93.5±2.4)％。这个结果表明线性梯度时间对溶菌酶活性回收率和质量回收
率没有明显的影响，这也进一步证明了溶菌酶的折叠时间非常短。

众所周知，在溶液中高浓度的变性蛋白由于变性蛋白分子间的疏水相互作用
而很容易产生聚集，如果用 HIC 柱来对蛋白进行折叠，首先未折叠的部分蛋白
被疏水固定相吸附从而减少或阻止未折叠蛋白分子间的相互接触，从而提高了复
性的活性回收率和质量回收率。可以推断出变性溶菌酶的浓度在 HIC 柱上的影
响也可能很小。表 7-6 为在流速为 2.0mL/min，梯度为 30min 的条件下，改变
变性溶菌酶的浓度对复性效率的影响。从表 7-6 中可以看出，其活性回收率和质
量回收率并没有随变性溶菌酶浓度的增加而下降。

表 7-6　在 HIC 柱上变性溶菌酶浓度对活性回收率和质量回收率的影响

变性蛋白浓度/（mg/mL)	质量回收率[1]/％	活性回收率[1]/％
2.0	92.9±3.2	93.8±2.3
5.0	93.7±1.3	96.5±2.3
10.0	92.9±2.7	99.3±3.8
20.0	92.6±1.0	95.9±4.8
30.0	91.9±4.4	92.3±1.9
40.0	97.2±2.4	97.2±2.4
50.0	96.6±1.3	101.1±6.0
60.0	95.8±1.4	99.8±3.2

1）三次测得结果的平均值。

3. 不用色谱仪条件下的脉冲洗脱

当用氮气瓶来为快速蛋白纯化柱提供较低的压力时，流动相的流速可以达到
2.0 mL/min。在这种环境下，蛋白的分离可以在不用贵的色谱仪的条件下工作，
存在的唯一问题是目标蛋白何时流出色谱柱。这里有两种方法可以用来解决：
①通过在柱后接一个 UV 检测器在线检测目标蛋白的保留时间；②先分段收集
各部分洗脱液，然后在离线的情况下用光谱法进行检测。

通过在线检测的方法，测得复性后的溶菌酶的活性回收率和质量回收率分别
为（95.3±2.9)％ 和（100.6±3.6)％，当增加变性溶菌酶的上样量直到
6.0 mg,测得其活性回收率和质量回收率都大于 90％。这个结果很好地说明了在
没有通常的色谱仪的条件下，通过疏水型快速蛋白纯化柱也能达到很好的复性
效率。

7.6.2 快速蛋白纯化柱对猪心中细胞色素 c 的纯化

细胞色素 c 是一种含铁卟啉的结合蛋白质，铁卟啉和蛋白质比例为 1∶1。猪心细胞色素 c 分子质量为 12 200Da，酵母细胞色素 c 分子质量为 13 000Da 左右，因在其分子中以赖氨酸为主的碱性氨基酸含量较多，故呈碱性，等电点 pI 在 10.2～10.8 之间。每个分子含一个铁原子，约为分子质量的 0.43%，细胞色素 c 在细胞呼吸中起着主要的电子传递作用。因此，它特别适用于因组织缺氧引起的一系列疾病，如一氧化碳中毒、安眠药中毒、初生儿假死、心肌梗塞等。目前，细胞色素 c 主要采用层析法[18]进行生产。袁艺[19]采用与上述方法类似的工艺，纯化了辅酶 Q_{10}，并且联产细胞色素 c，每千克猪心可以得到 100mg 细胞色素 c。武龙等[20]采用 226 型弱酸性阳离子树脂和葡聚糖凝胶 G-75 层析柱组合的方法，制得了 A550red/A280 值高达 1.28 的高纯度细胞色素 c。本节采用疏水快速蛋白纯化柱对猪心中细胞色素 c 进行了分离纯化。

本实验选用 3.0mol/L 硫酸铵作流动相，将 100μL 猪心粗提液直接进入疏水型快速蛋白纯化柱中，如图 7-24 所示，在此色谱条件下，当猪心粗提液经过疏水柱时，一部分杂蛋白由于不保留而随溶剂峰一起流出，而大部分杂蛋白在疏水柱上的保留较强，出峰较晚，从图 7-24 中可以看出在目标峰附近几乎没有杂蛋白。

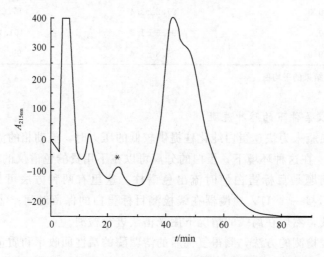

图 7-24　快速蛋白纯化柱对猪心中细胞色素 c 的纯化色谱图

色谱条件：梯度 50min；流速 2mL/min；检测波长 215nm；进样量 100μL；＊为目标峰

对目标峰进行收集，采用 PAGE 电泳检测，如图 7-25 所示。对电泳进行凝胶扫描得到其纯度化后的样品纯度达到 95%。

前面讨论的各种色谱条件都是在使用 70mm×10mm 的基础上的，如何把这种纯化方法用于工业制备是最关心的问题，因此实验中对纯化规模进行了放大，试验选用 200mm× 50mm 的大柱子，内装和前面性质相同的色谱填料 100g，所装填料是分析柱的 40 倍，一次进样可达 100mL 以上。由于直接用水提取的粗提液盐浓度非常小，如果一次进样太多会使细胞色素 c 不保留，而且当进样量增大时用进样器进样很不方便，因此采用用泵进样的方式。具体方法是向猪心的粗提液中加入一定量的硫酸铵，使其盐浓度接近流动相 A 液的浓度，然后用泵直接进样，待柱子里面的填料距离柱子底端 1/4 处以上全部变成深红色时停止进样（柱子透明），然后用 100％的 A 液进行平衡，待溶剂峰走完后开始走梯度。由于柱子的体积较大，故采用梯度为 60min，流速为 8mL/min，得到的色谱图如图 7-26 所示。从图 7-26 中可以看出，当实验规模放大 40 倍以后，采用该方法仍能达到较好的纯

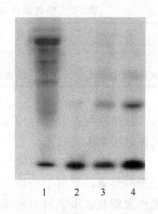

图 7-25　快速蛋白纯化柱对细胞色素 c 纯化电泳图

1. 猪心粗提液；2. 纯化后的细胞色素 c；3, 4. 经过三氯乙酸处理过的标准和样品

化，电泳扫描的纯度为 95％，质量回收率大于 97％。说明该方法完全可以用于放大到制备规模。

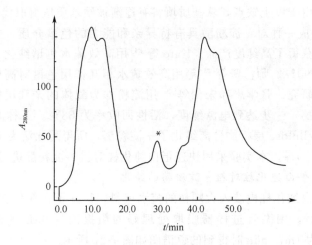

图 7-26　放大的快速蛋白纯化柱对细胞色素 c 的纯化色谱图

色谱条件：流速　8mL/min；梯度　0～100B％，60min；检测波长　280nm；细胞色素 c；

＊　为目标峰

用 Bradford 法分别测定粗提液和目标峰收集液的蛋白含量，并求得其质量回收率列于表 7-7 中。

表 7-7　快速蛋白纯化柱对细胞色素 c 进行纯化的质量回收率的测定

样品	总蛋白浓度/（mg/mL）	细胞色素 c 的浓度/（mg/mL）	质量回收率
粗提液	7.91	0.158	96.2%
纯化后的目标峰	0.2	0.152	

从结果可以看出，用这种柱子进行纯化有着较高的质量回收率，目标蛋白在纯化过程中损失较小。

综上所述，选用疏水色谱对猪心提取液中的细胞色素 c 进行纯化，简化了前处理的步骤，克服了传统层析法工艺繁杂的缺点；选用本实验室设计的柱子和合成的大颗粒疏水填料对细胞色素 c 进行一步纯化可达到 95% 的纯度。整个实验过程所用时间短，蛋白回收率高，并且该快速蛋白纯化柱用于纯化细胞色素 c 有较长的柱寿命，是一种较为理想的细胞色素 c 的纯化方法。

7.6.3　快速蛋白纯化柱对粗 α-淀粉酶的纯化

α-淀粉酶是一种催化淀粉酶水解酶，主要来源于动物胰腺、唾液、血液、细菌和各种高等植物，常用作食品添加剂，为了获得高纯度的 α-淀粉酶，研究人员[21,22]用软基质的离子交换色谱与亲和色谱分离纯化了 α-淀粉酶的粗酶提取液，但是，软基质色谱介质机械强度小，受压容易变形，分析速度慢，反复使用时配体容易脱落。由于以上缺点，软基质填料有逐渐被硬基质填料取代的趋势。李华儒等[23]首次合成一种对 α-淀粉酶具有特异亲和能力的色谱介质，并成功地纯化了工业粗酶，获得了高纯度产品。Kato 等[24]用高效疏水色谱纯化了 α-淀粉酶粗品，回收率为 90%。师治贤等[25]等用高效疏水相互作用色谱对高原小麦中的 α-淀粉酶进行了研究。张学忠和宋伦等[26]用淀粉株为载体的亲和层析法分离纯化了高温 α-淀粉酶，一步达到电泳纯度，活性回收率为 88%。王林海[27]用疏水吸附和 DEAE-Cellulose 层析法分离纯化了 α-淀粉酶，所得酶比活为 11 000IU/mg，活性回收率为 80%。本实验采用快速蛋白纯化柱对粗 α-淀粉酶进行纯化。

1. 疏水型快速蛋白纯化柱对粗 α-淀粉酶的纯化

在快速蛋白纯化柱内装入大颗粒的疏水填料，待柱子在色谱仪商用 100% 的 A 液平衡后，用微量进样器吸取处理好的粗提液 100μL 进样，在梯度为 50min，流速为 1mL/min 时得到的色谱图如图 7-27 所示。

从图 7-27 中可以看出，由于 α-淀粉酶的疏水性较强，因此在疏水性色谱柱上的保留很强，只有当 B 液的浓度达到 80% 以上时才被洗脱出来，而粗 α-淀粉酶里面的其他杂蛋白保留相对较弱而提前被洗脱出来，从图 7-27 中可以看出，在一定的条件下目标 α-淀粉酶能够和其他杂蛋白很好地分离开来。对收集的目标峰作 PAGE 检测，如图 7-28 所示。

从电泳图 7-28 上发现经纯化后的 α-淀粉酶在分子质量为 55 000Da 处只有一

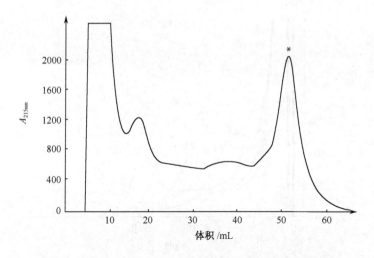

图 7-27 疏水型快速蛋白纯化柱对粗 α-淀粉酶纯化的色谱图

色谱条件：流速 1mL/min；梯度 50min；检测波长 215nm；进样量 $100\mu L$；＊为目标峰

条清晰的带，和标准 α-淀粉酶对照基本一致。图 7-28 所示的电泳图是在非变性的条件下得到的，即电泳样品的处理在非变性的条件下以及电泳缓冲液中不加 SDS。因为实验中发现，当在变性条件下得到的电泳图在分子质量为 55 000 Da 处的带很浅，而在分子质量为 20 000～40 000Da 之间有三条很明显的带，这可能是在变性的条件下 α-淀粉酶的链发生了断裂的缘故。

2. 盐浓度的影响

降低流动相浓度，使疏水作用减弱为最方便和最常用的洗脱方式。流动相的起始浓度对蛋白质的分离有明显的影响，离子强度大，容量因子大，选择性好，峰形尖锐。

实验考查了选用 3.0mol/L、2.0mol/L、1.5mol/L、1.0mol/L 的硫酸铵作为色谱流动相。发现在 1.0mol/L 硫酸铵条件下，α-淀粉酶的保留很弱而几乎不能和其他杂蛋白分开，而在其余三种条件下，分离度改变不大，如图 7-29 所示，活性测定结果表明酶的活性回收率以 2.0mol/L 最大，综合以上考虑，选择以 2.0mol/L 的硫酸铵效果为佳。所以，实验采用的浓度为 2.0mol/L 的硫酸铵溶液作为流动相。

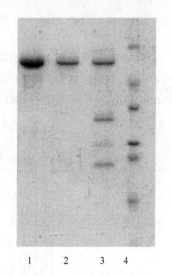

图 7-28 疏水型快速蛋白纯化柱对粗 α-淀粉酶纯化后的电泳图

1. 纯化后的 α-淀粉酶；2. 标准 α-淀粉酶；3. 粗 α-淀粉酶；4. 分子质量标准蛋白

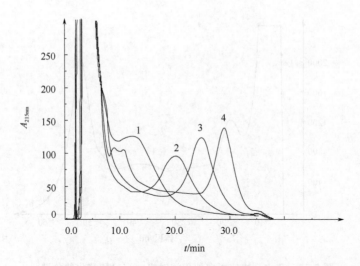

图 7-29　不同盐浓度下的 α-淀粉酶在疏水型快速蛋白纯化柱上的保留色谱图

色谱条件：流速 2mL/min；梯度 30min；检测波长 215nm

1. 硫酸铵的浓度为 1.0mol/L；2. 硫酸铵的浓度为 1.5mol/L；3. 硫酸铵的浓度为 2.0mol/L；4. 硫酸铵的浓度为 3.0mol/L

3. 流速

　　流动相的流速对 α-淀粉酶的保留有一定的影响，流速大时可用较短的梯度时间，流速太大会使分离度有所降低，而且流动相的消耗也比较大，实验考查了在 30min 梯度下不同流动相对 α-淀粉酶保留情况的影响，如图 7-30 所示。从图7-30

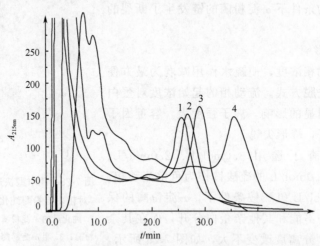

图 7-30　不同流速下的 α-淀粉酶在疏水型快速蛋白纯化柱上的保留色谱图

色谱条件：梯度 30min；检测波长 215nm；进样量 100μL

1. 流速 1.0mL/min；2. 流速 2mL/min；3. 流速 3mL/min；4. 流速 4mL/min

中可看出，流动相的流速对 α-淀粉酶的影响不是很大，在流速为 $1\sim4\ mL/min$ 时都能达到较好的分离，因此综合考虑选用 $2mL/min$ 的流速。

4. 分离方法的评价

为了考查方法的重现性，在相同的色谱条件下，平行收集 3 次目标溶液，测定其活性及活性回收率。结果列于表 7-8 中。

表 7-8 测得 α-淀粉酶相对活性结果的重现性

加入酶量/μL	纯化前活性	纯化后活性	纯化倍数	相对活性	活性回收率/%	平均活性回收率/%
100	5U	120U	24	0.63 ± 0.01	87/89/92	90 ± 3

由表 7-8 可看出，3 次测定结果活性回收率在 $87\%\sim92\%$ 之间，平均 90%，表明该方法有较高的重现性。此外，纯化前后测得的 α-淀粉酶的活性，纯化倍数为 24 倍。

为了测定被纯化的 α-淀粉酶分子质量，我们将收集的 α-淀粉酶进行 PAGE 电泳分析，得到的分子质量约为 $58kDa$ 的一条谱带，证明是 α-淀粉酶，经过扫描之后，纯度可以达到 88%。

疏水性活性蛋白在疏水性柱上有较强的保留，而亲水性的活性蛋白不保留或保留很弱，采用盐溶液作为流动相，在疏水柱上活性蛋白不会产生不可逆吸附，活性蛋白的三维结构不会被破坏，失活率低，尤其在快速蛋白纯化柱内装填大颗粒的疏水填料使得纯化的成本大大降低，而且该方法纯化步骤少，操作简单，纯化效率高，是一种理想的快速纯化 α-淀粉酶的新方法，此方法也可用于其他来源的 α-淀粉酶的纯化以及扩大到工业规模的制备。

7.6.4 疏水型快速蛋白纯化柱对重组人干扰素-γ 的复性与同时纯化

干扰素是一类在同种细胞上具有广普抗病毒活性的蛋白质，其活性的发挥受细胞基因组的调节和控制，涉及 RNA 和蛋白质的合成。其中干扰素-γ 又称免疫干扰素，是细胞分泌的一种功能调节蛋白，它不仅能抑制病毒复制和细胞分裂，而且具有免疫调节功能。在临床上可以治疗免疫功能低下、免疫缺陷、恶性肿瘤以及某些病毒性疾病。干扰素-γ 是由 143 个氨基酸残基组成，分子质量为16 775 Da，等电点为 8.6，由于其分子中无半胱氨酸，因此分子中不含二硫键。

目前，生产和应用量最大的是基因工程干扰素，由于基因工程 *E.coli* 发酵获得的干扰素-γ 是以包涵体的形式存在的，需要用高浓度的变性剂，如 $7.0\ mol/L$ GuHCl 或 $8.0mol/L$ 脲溶液对其进行溶解，因此得到的干扰素无生物活性，且与大量的杂蛋白混杂在一起，使进一步的复性和分离纯化比较困难。传统的方法是先用透析法或稀释法将蛋白复性，再采用多步的分离方法纯化才能得到纯度可达 95% 左右的活性干扰素-γ[28]。这些复性及分离纯化过程中的一个共同缺点是：

复性效率低，分离纯化步骤多，活性回收率和质量回收率均较低，致使生产成本高。1991年，耿信笃教授首次将疏水相互作用色谱用于重组人干扰素-γ的复性与同时纯化[29]研究，李翔[30]采用新工艺在直径为200mm的制备疏水色谱饼上复性及同时纯化重组人干扰素-γ，其纯度达到95.5%，比活5.1×10⁷IU/mg，并且，其活性回收率是通常方法的2～3倍。本实验采用快速蛋白纯化柱且内装大颗粒疏水填料对重组人干扰素-γ进行复性及同时纯化。

取新抽提的重组人干扰素-γ样品200μL直接进样，分别用线性梯度、脉冲以及非线性梯度进行洗脱，其色谱分离图如图7-31所示。

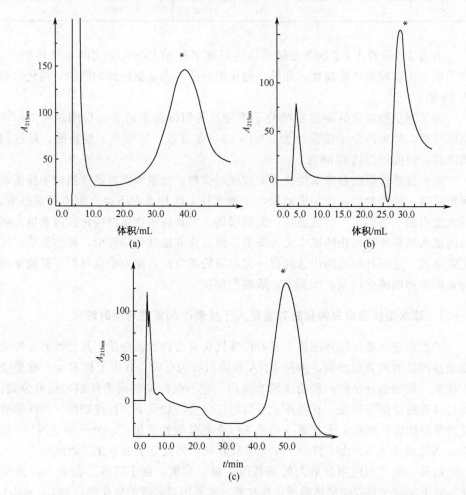

图7-31　在相同流速下不同洗脱方式对重组人干扰素-γ的洗脱色谱图

(a) 梯度　100%A～100%B，50min，(b) 脉冲　0～20 min 100%A，20～40 min 100%B；

(c) 非线性梯度50min

流速1mL/min；检测波长λ=215nm；＊为目标峰

从色谱图 7-31 可以看出，在疏水型快速蛋白纯化柱上无论用线性梯度、脉冲还是非线性梯度都能使重组人干扰素-γ 和其他杂蛋白分离。由于重组人干扰素-γ 在流动相中的溶解度很小，发酵得到的重组人干扰素-γ 盐酸胍提取液与流动相相遇便会产生白色浑浊沉淀，沉积于滤膜或管壁上，影响重组人干扰素-γ 的质量回收率。所以，如何进样是一个非常重要的问题。因为它除了影响质量回收率外，还影响色谱系统压力的大小，甚至决定选用色谱分离的模式。实验发现，当进样量小于 100μL 时，进样过程中产生的沉淀较少，并且随着流动相 A 液浓度的减小，产生的沉淀部分又被溶解并逐渐被洗脱，而不会使沉淀在柱头累积太多而影响柱压，因此当上样量较大时，可以采取分步进样法，即每次进样 100μL，待溶剂峰走完之后再进样，直到达到预定的进样体积为止。另外，干扰素-γ 在疏水色谱固定相上的保留较强，很小体积的盐酸胍溶液对干扰素-γ 的保留影响不大，因此多次进样对干扰素-γ 的谱带展宽影响不大。从图 7-31 的三个色谱图的峰型来看，说明用非线性梯度洗脱较好。

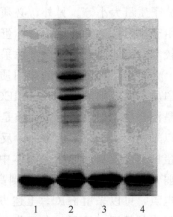

图 7-32　不同洗脱方式下的干扰素-γ 的电泳扫描图

1, 3, 4. 梯度，脉冲和非线性梯度洗脱；2. 抽提液

收集不同洗脱条件下的目标峰，用 SDS-PAGE 电泳检测，其中分离胶 15%，浓缩胶 6%，电泳结果如图 7-32 所示。

从电泳结果来看，除用脉冲洗脱方式收集的目标峰有一条很浅的杂带外，用其他两种方法洗脱得到的结果几乎没有杂带，这说明在抽提液中有部分杂蛋白的疏水性稍强，在用脉冲洗脱时由于开始用 100%A 液不能使这部分杂蛋白洗脱，而当流动相直接由 A 液变为 B 液时，这部分杂蛋白又连同目标蛋白一起被洗脱下来。对电泳结果进行薄层扫描得到的结果如下：抽提液的纯度为 73%，脉冲洗脱后的纯度为 90%，线性梯度洗脱后的纯度为 92%，非线性梯度洗脱后的纯度为 94%。说明用非线性梯度洗脱方式得到的结果最为理想。

对收集的样品采用细胞病变抑制法进行测活，测得不同洗脱方式下的活性列于表 7-9 中。

表 7-9　不同洗脱方式下的重组人干扰素-γ 的活性

洗脱方式	线性梯度洗脱	非线性梯度洗脱	脉冲洗脱
比活/ (IU/mg)	8.9×10^8	3.2×10^8	3.0×10^8

综上所述，用快速蛋白纯化柱对重组人干扰素-γ 进行复性及同时纯化，一

步纯化的结果可以达到 94%，相对于文献中报道的方法，该方法步骤少，操作简单。由于在实验中用大颗粒的疏水填料作为固定相氏操作压力大大降低，从而有效减小蛋白沉淀造成压力升高带来的影响。纯化的成本较其他方法低，有很大的应用价值。

§7.7　蛋白质复性及同时纯化的策略

当我们准备采用色谱法对某种变性蛋白进行复性时，和蛋白质的纯化类似，我们必须尽可能地了解目标蛋白质的物理化学性质，包括疏水性、等电点、相对分子质量大小等。另外，必须清楚蛋白质中是否含有二硫键以及二硫键的个数。由于排阻色谱复性后的目标蛋白质纯度较差，而亲和色谱成本较高，且应用范围较窄，因此此处仅重点考虑采用 HIC 和 IEC 对蛋白质进行复性并同时纯化。

对于一种要复性的蛋白质，是选择 HIC 还是选择 IEC，不能一概而论。蛋白质不同，则采用 HIC 和 IEC 复性后的结果相对好坏不同。包涵体中的蛋白质是混合物，如果目标蛋白质是酸性蛋白，而大部分杂蛋白是碱性蛋白的话，则可以采用阴离子交换色谱法；反之，可以采用阳离子交换色谱法，这样得到的目标蛋白纯度较高。如果包涵体中的目标蛋白疏水性很强，而杂蛋白疏水性相对较弱，则采用 HIC 法可以得到高纯度的目标蛋白。另外，如果不知道蛋白质的等电点，可以采用 HIC。上述方法的前提是我们对目标蛋白质和杂蛋白的性质有相当的了解。然而，大部分情况下，我们只对目标蛋白质的物理化学性质有所了解，而对杂蛋白的性质不清楚，甚至也不了解目标蛋白质的一些重要的性质，如等电点、疏水性等。所以，包涵体中的蛋白质的复性和纯化是一个经验性和实验性的工作，没有太多的理论进行指导，需要在实验中不断地摸索。下面仅给出一些指导性的建议和策略。

7.7.1　用 HIC 复性蛋白的一般策略

(1) 由于快速蛋白纯化柱的成本较色谱饼的低，因此应该首先用快速蛋白纯化柱对目标蛋白进行复性和纯化，等得到一个比较合适的条件后再用色谱饼进行复性和纯化。因为色谱饼内装填的是小颗粒填料，其分辨率较高，因此复性和纯化后的目标蛋白的纯度较高。

(2) 如果有待复性蛋白的标准品或对照品，应该先将标准品进样到 HIC 柱上，看它在 HIC 柱上的保留强弱。一般地，A 液为 3.0 mol/L $(NH_4)_2SO_4$ + 50 mmol/L PBS (pH 为 7.0)，B 液为 50 mmol/L PBS (pH 为 7.0)，色谱柱可从自己所购买的色谱柱中任选一根，如 PEG600 疏水型快速蛋白纯化柱，流速可以采用 2 mL/min，30min 线性梯度，然后根据目标蛋白的保留强弱，调节 A 液中 $(NH_4)_2SO_4$ 的浓度或色谱柱的疏水性，如果保留很强，则可以降低 A 液中 $(NH_4)_2SO_4$ 的浓度，最好能够找到一个能够使目标蛋白完全保留的最低

$(NH_4)_2SO_4$ 浓度；如果保留很弱，则可以换一根疏水性更强的色谱柱（如 PEG1000）。

（3）在策略（2）中所得到的条件下，进一定量的变性蛋白溶液，进样体积要根据变性蛋白的浓度确定，进样体积每次最好不要超过 $300\mu L$，如果进样体积超过 $300\mu L$ 时，则应分次进样，具体的操作是先进样 $300\mu L$，后用 $100\%A$ 液冲洗几分钟至不保留峰出来后再进样。等进完样后再开始走梯度进行洗脱，然后分段收集（从启动梯度后每隔 5min）色谱流出液，包括不保留峰。需要说明的是，有时候可能由于进样量太小或流速偏大，致使在整个色谱过程中，只有不保留峰，而没有其他色谱峰。但收集到的流出液采用三氯乙酸沉淀后，做电泳则有可能会发现某一时间段内含有目标蛋白。测定目标蛋白的质量回收率、活性回收率、比活和纯度。

（4）如果在洗脱过程中，目标蛋白没有被洗脱下来或者质量回收率太低，则可在流动相 A 液和 B 液中添加 $1\sim4mol/L$ 脲，或者可以采用逐步降低脲浓度的方法，如 A 液为 $2.0\ mol/L\ (NH_4)_2SO_4 + 6\ mol/L$ 脲 $+50\ mmol/L\ PBS$（pH 为 7.0）；B 液为 $2\ mol/L$ 脲 $+50\ mmol/L\ PBS$（pH 为 7.0），然后按照策略（3）中的方法进行试验。

（5）可以通过优化缓冲液种类、流速、流动相中脲浓度、流动相 pH 等，也可以在流动相中添加一些复性添加剂。

（6）许多蛋白质在复性过程中会产生一些沉淀，这会降低色谱柱的分离效率和负载量，使柱压升高，峰形变差，因此应该每隔一段时间（例如，10 次色谱操作）用强的蛋白溶解试剂（例如，$8\ mol/L$ 脲 $+0.05mol/L\ Tris+0.1\ mol/L$ β-巯基乙醇，pH 为 8.0）冲洗 30min，然后用该溶液浸泡过夜。

（7）如果不要求包涵体中的目标蛋白复性，只需纯化，则流动相可以采用 A 液为 $3.0\ mol/L\ (NH_4)_2SO_4+50\ mmol/L\ Tris$（pH 为 8.0），B 液为 $8\ mol/L$ 脲 $+0.05mol/L\ Tris+0.1\ mol/L\ \beta$-巯基乙醇，梯度洗脱。

7.7.2　用 IEC 复性蛋白的一般策略

（1）与 7.7.1 节中的（1）相同。

（2）A 液为 $50\ mmol/L\ Tris$，B 液为 $50\ mmol/L\ Tris+1\ mol/L\ NaCl$，pH 需要根据目标蛋白质的等电点来确定，一般应在 $7\sim8$ 范围内，而且至少要高于（酸性蛋白）或低于（碱性蛋白）等电点的 $1\sim2$ 个 pH 单位，相应的色谱柱则采用阴离子或阳离子交换色谱柱。流速可以采用 $2\ mL/min$，30min 线性梯度，进一定量的变性蛋白溶液，进样体积要根据变性蛋白的浓度确定，进样体积每次最好不要超过 $300\mu L$，如果进样体积超过 $300\mu L$ 时，则应分次进样，具体的操作是先进样 $300\mu L$ 后用 $100\%A$ 液冲洗几分钟至不保留峰出来后再进样。等进完样后再开始走梯度进行洗脱，然后分段收集（从启动梯度后每隔 5min）色谱流出液，包括不保留峰。需要说明的是有时候可能由于进样量太小或者流速偏大，致使在整个色谱过程中，只有不保留峰，而没有其他色谱峰。但收集到的流出液采用三氯乙酸沉淀后，做电泳则有可能会发现某一时间段内含有目标蛋白。测定目标蛋白的质量回收率、活性回收率、比活和纯度。

（3）如果在洗脱过程中，目标蛋白没有被洗脱下来或者质量回收率太低，则可在流动相 A 液和 B 液中添加 1～4mol/L 脲，或者可以采用逐步降低脲浓度的方法，如 A 液为 8 mol/L 脲＋50 mmol/L Tris（pH 为 8.0），B 液为 1～3 mol/L 脲＋50 mmol/L Tris（pH 为 8.0）＋1mol/L NaCl，然后按照（2）中的方法进行试验。

（4）可以通过优化缓冲液种类、流速、流动相中脲浓度、流动相 pH 等，也可以在流动相中添加一些复性添加剂。

（5）同 7.7.1 节中的（6）。

（6）如果不要求包涵体中的目标蛋白复性，只需纯化，则流动相可以采用 A 液为 8 mol/L 脲＋50 mmol/L Tris＋0.1 mol/L β-巯基乙醇（pH 为 8.0），B 液为 1 mol/L NaCl＋8 mol/L 脲＋0.05mol/L Tris＋0.1 mol/L β-巯基乙醇（pH 为 8.0），梯度洗脱。

另外，无论对于 HIC 还是 IEC，如果待复性的目标蛋白中含有二硫键，则应在流动相中添加一定浓度和比例的氧化型和还原型谷胱甘肽。

应该注意的是，色谱纯化后的收集液一般浓度较低，不能直接用于电泳检测，必须向收集液中加溶液总体积 10% 的 100%（质量浓度）三氯乙酸将蛋白沉淀，离心弃上清液，留沉淀。如果收集液中盐浓度较高，应该用三氯乙酸再沉淀一次，具体做法是向沉淀中加一定量的水，然后再加三氯乙酸进行沉淀。然后再用丙酮洗涤 2～3 次除去三氯乙酸，等丙酮挥发完后加入一定体积的样品缓冲液将沉淀的蛋白浓缩下来。另外，在测活性前应该除去对活性有影响的物质，如脲、盐酸胍等。

上面给出的只是一些一般性的指导。正如上面所述的，包涵体蛋白的复性和纯化是经验性很强的工作，有人说它是一种艺术。要得到高的活性回收率、质量回收率和纯度，目前还是一个研究性课题，只有通过不断实践和总结，才能得到满意的结果。

参 考 文 献

[1] 耿信笃. 计量置换理论及应用. 北京：科学出版社，2004
[2] Moore R M，Walters R R，J Chromatogr，1984，317：117～128
[3] Eksteen R，Gisch D J，Ludwig R C，Witting L A. America Chemical Society National Meeting. St. Louis，MO，April 8～13，1984
[4] Tennikov M B，Gazdina N V，Tennikova T B et al. J Chromatogr，1998，798：57～64
[5] Belenkii B G，Podkladenko A M，Kurenbin O I et al. J Chromatogr，1993，645：1～15

[6]　Freiling E C. J Phys Chem，1957，61：543～548

[7]　Valko K，Snyder L D，Glajch J L. J Chromatogr. A，1993，656：501～520

[8]　Giddings J C. Unified Separation Science. New York：John Wiley & Sons Inc. 1991. 101～105

[9]　Liu T，Geng X D. Chinese Chemical Letters，1999，10 (3)：217～222

[10]　刘彤，耿信笃. 西北大学学报（自然科学版），1999，29 (2)：123～126

[11]　耿信笃，张养军. 生物大分子分离或同时复性及纯化色谱饼. 申请号：01115263.X

[12]　Wong P T T，Heremans K. Biochim Biophys Acta，1988，956：1～9

[13]　Zhang J，Peng X D，Jonas A et al. Biochemistry，1995，34：8631～8641

[14]　Samarasinghe S D，Campbell D M，Jonas A et al. Biochemistry，1992，31：7773～7778

[15]　Alderton G，Ward H，Fevold H L. J Biol Chem，1945，157：43

[16]　Li Chan E，Nakai S，Sim J et al. J Food Sci，1986，51 (4)：1032

[17]　Weaver G C，Kroger M，Katz F. J Food Sci，1977，42 (4)：1084

[18]　李良铸，李明晔. 最新生化药物制备技术. 北京：中国医药科技出版社，2001. 210

[19]　袁艺. 安徽农业大学学报，1997，24 (2)：200～203

[20]　武龙，林淑萍. 精细化工，1997，14 (1)：24～26

[21]　Kruger J E et al. Cereal Chem，1969，46：219

[22]　Weber M et al. J Chromatogr，1986，355：456

[23]　李华儒等. 西北大学学报（博士学科专辑），1991，21 (2)：93～97

[24]　Kato Y et al. J Chromatogr，1986，360：456

[25]　师治贤，胡风祖等. 作物学报，1995，20 (3)：368

[26]　张学忠，宋伦等. 生物化学杂志，1995，11 (2)：224

[27]　王林海. 中国生物药物杂志，1998，19 (1)：48

[28]　Yasaburo A. Eur Pat Appl，1986，168：8

[29]　耿信笃，常建华，李华儒等. 高技术通讯，1991，1 (7)：1～8

[30]　李翔. 硕士学位论文. 西北大学，2002

第八章 重组蛋白药物的复性与同时纯化及其工业化生产举例

§8.1 概 述[1,2]

众所周知，21世纪是生命科学和生物技术的世纪。利用生物技术开发新型治疗药物是当前最活跃的领域，并已成为国际竞争的热点，现在全球范围内都意识到生物医药产业蕴藏着巨大的商机。基因工程药物自问世以来，就成为制药行业的一支奇兵，每年平均有3～4个新药或疫苗问世，开发成功的约50个药品已广泛应用于治疗癌症、肝炎、发育不良、糖尿病等疾病上，在很多领域特别是疑难病症上，起到了传统化学药物难以达到的作用。其原因在于，基因工程药物的研究与开发多是以对疾病分子水平上的了解为基础的，往往会产生意想不到的高疗效。基因工程彻底改变了传统生物科技的被动状态，使得人们可以克服物种间的遗传障碍，定向培养或创造出自然界所没有的新的生命形态，以满足人类社会的需要。

世界生物技术药物市场上销售前五名的也是重组蛋白类药物 [促红细胞生成素（EPO）、干扰素-α（IFN-α）、胰岛素（Ins）、粒细胞集落刺激因子（G-CSF）和生长因子（GH）]。对于重组蛋白类药物的研究方兴未艾。蛋白质药物可分为多肽和基因工程药物、单克隆抗体和基因工程抗体、重组疫苗；与以往的小分子药物相比，蛋白质药物具有高活性、特异性强、低毒性、生物功能明确、有利于临床应用的特点。由于其成本低、成功率高、安全可靠，已成为医药产品中的重要组成部分。1982年，美国 Likky 公司首先将重组胰岛素投放市场，标志着第一个重组蛋白质药物的诞生。20多年来，生物技术药物，尤其是蛋白质药物产业蓬勃发展。全球生物技术公司总数已近5000家，上市公司有600余家，销售总额近400亿美元，其中生物技术药物占总销售额的70%。从整个产业的分布情况看，生物技术公司主要集中在欧美，占全球总数的85%，欧美公司的销售额占全球生物技术公司销售额的97%。

近年来，作为基因工程技术的下游工程中的基因重组蛋白的分离纯化和复性技术越来越显示其重要性。据有人统计，基因工程产品的分离纯化和复性成本占到其全部成本的60%～80%。因此，选择正确的分离纯化和复性方法对于重组蛋白的生产成本具有很大的决定作用。当前蛋白质的纯化主要是依靠色谱技术。由于重组蛋白在组织和细胞中仍以复杂混合物的形式存在，因此到目前为止还没有一个单独或一整套现成的方法把任何一种蛋白质从复杂的混合物中分离出来，而只能依据目标蛋白的物理化学性质摸索和选择一套综合上述方法的适当分离程序，以获得较高纯度的制品。目前在重组蛋白生产过程中所采用的复性方法主要以稀释法和透析法为主。前已述及，色谱复性可以将蛋白复性和蛋白粗纯化甚至精纯化集成为一步色谱操作完成，这大大减少了生产工艺的操作步骤，而且降低了设备投资，从而降低了生产成本。另外，色谱复性用于重组蛋白的复性和纯化还有可能缩短某种新型重组蛋白药物的研发周期，从而可以在市场上抢占先机，给企业带来更大的经济利益。

虽然色谱复性用于蛋白复性还处于发展阶段，还不是特别成熟，但其已经用于一些重组蛋白的大规模和工业化复性并同时纯化，取得了很好的结果，为这一方法的成熟和进一步发展提供了实验依据，增强了人们对这一方法在实际应用中的信息。本章将列举一些用快速纯化柱和色谱饼对重组蛋白药物的复性与同时纯化及其工业化生产的例子，重点以 rhIFN-γ 为例，说明色谱复性中如何提高目标蛋白的质量回收率以及工艺放大问题，从中可看出色谱复性的巨大优势。另外，还对膨胀床色谱、模拟移动床色谱和连续环状色谱用于大规模蛋白复性和同时纯化进行了简单介绍。

§8.2　重组蛋白药物的复性与同时纯化

8.2.1　蛋白质复性及同时纯化装置对 IL-2-Ang 复性[3]

白细胞介素是一类介导白细胞相互作用的细胞因子，白细胞介素的种类很多，以阿拉伯数字排列，IL-2 就是其中的一种。IL-2 可以促进 T 和 B 细胞的增殖和分化、诱导和促进多种细胞毒性的活性抑制胶质细胞的生长，对于治疗病毒性肝炎、分枝杆菌和真菌的胞内感染等以及肿瘤、肾细胞癌、白血病等均有明显的疗效。IL-2-Ang 是在 IL-2 中又连接了一段肽链，它可作用免疫抑制剂抗多种病毒。

IL-2 的 133 个氨基酸序列，其分子质量为 16 000～17 000Da，等电点为 7～8，分子中有三个半胱氨酸分别位于第 58-、第 105 和第 125-位氨基酸，其中 58-位与 105-位半胱氨酸之间所形成的链内二硫键对于保持 IL-2 的生物活性起重要作用。在 IL-2-复性与纯化中，如二硫键的错配或分子间形成二硫键都会降低 IL-2 的活性。IL-2-Ang 中连接在 IL-2 的氨基酸链的分子质量约为 11 000Da，含有四对二硫键。因此 IL-2-Ang 的分子质量为 27 000～28 000Da，等电点为 7～8，分子中有 9 个半胱氨酸，有 4 个二硫键，因此二硫键错配概率很大。将 IL-2-Ang 的 8mol/L 脲提取液直接用制备型蛋白复性及同时纯化"装置"（10mm×50mm I. D.）进行复性和同时纯化，可得到如图 8-1 所示的分离图。从图 8-1 可看出，IL-2-Ang 可以在 35min 内与其他杂蛋白能够很好分离，电泳结果如图 8-2 所示，纯度可达 77％。如前所述，该目标产品中有 4 对双硫键，正确配对与错误配对的双硫键用 SDS-PAGE 电泳法是无法区别的，但在色谱柱上的保留性质差别很大，只有由 IL-2-Ang 的生物活性测定方法来进一步加以确定。目前尚无法下结论。但无论如何，在用制备型装置进行复性及纯化时，不仅能与杂蛋白分离，而且能与其错配双硫键的 IL-2-Ang 分离，或部分分离。这显示出该"装置"的又一优点。

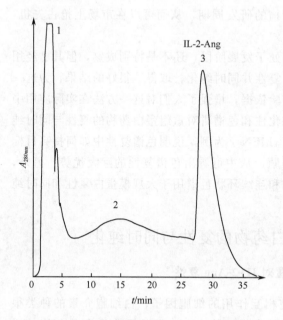

图 8-1 制备型蛋白复性及同时纯化"装置"对基因工程中发酵的的复性纯化图

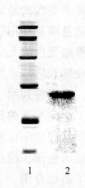

图 8-2 经制备型蛋白复性及同时纯化"装置"一步纯化复性的 IL-2-Ang 电泳图
1. 分子质量标准蛋白（14 400Da，20 100Da，31 000Da，43 000Da，66 200Da，97 400Da）；
2. 经蛋白复性及同时纯化"装置"的 IL-2-Ang

8.2.2　重组人胰岛素原的复性及同时纯化[4,5]

胰岛素原（proinsulin）是胰岛素的前体，分子内含有 3 对二硫键。图 8-3 是 USRPP 对重组人胰岛素原（rh-proinsulin）的 8mol/L 脲提取液的分离复性图，经一步 USRPP 后 rh-proinsulin 可以得到复性，其纯度为 94%，质量回收率为 95%。

8.2.3　对某大学重组蛋白样品的纯化

某大学重组蛋白样品的分子质量为 20kDa，分子内含有 1 对二硫键，1 个自由巯基。用疏水型快速蛋白纯化柱对 8 mol/L 脲变性的某大学重组蛋白样品进行纯化，其色谱图如图 8-4 所示，纯化后的蛋白纯度为 95.4%（图 8-5），其质量回收率为 76%。

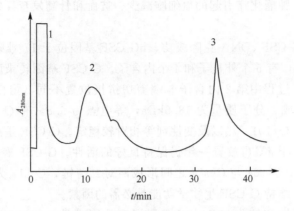

图 8-3 USRPP 对 rh-proinsulin 的复性纯化图

A 液为 3mol/L(NH$_4$)$_2$SO$_4$＋0.05mol/L PBS（pH 为 7.0）；B 液为 0.05mol/L PBS
（pH 为 7.0）；45min 非线性梯度；流速 5.0mL/min；检测波长 280 nm；USRPP
疏水型 XD-PEG，10mm×50mm I. D.

1. 不保留峰；2. 杂蛋白；3. rh-proinsulin

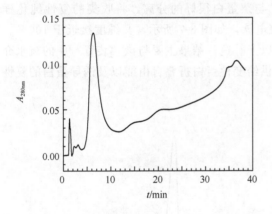

图 8-4　某大学重组蛋白样品的 HIC 纯化色谱图

色谱条件：A 液为 3.0mol/L（NH$_4$）$_2$SO$_4$＋ 50 mmol/L PBS ＋
2mol/L 尿素 ＋ 3mmol/L GSH ＋ 0.3 mmol/L GSSG（pH 为
7.0）；B 液为 50 mmol/L PBS ＋ 2mol/L 尿素＋ 3mmol/L GSH
＋0.3 mmol/L GSSG（pH 为 7.0）；35min 线性梯度；检测波
长 280 nm；流速 1.5mL/min

图 8-5　某大学重组
蛋白样品的电泳图

1. 包涵体提取液；
2. 疏水色谱纯化后

8.2.4　蛋白质复性及同时纯化装置对 rhG-CSF 复性[3,6]

粒细胞集落刺激因子（granulocyte colony-stimulating factor，G-CSF）是造
血干细胞在体内增殖、分化有关的一类造血刺激因子，广泛用于临床治疗上，对

粒细胞减少症、肿瘤化疗引起的血细胞减少、贫血和骨髓发育异常综合征等有很好疗效。

1986 年，G-CSF cDNA 克隆成功，hG-CSF 基因位于 17 号染色体的 q21-22 区，长约 2.5kb，有 5 个外显子和 4 个内含子。G-CSF 基因转录后产生一种前体 mRNA，在加工过程中第 2 内含子 5 端剪切拼接位置不同，蛋白质由 174 个和 177 个氨基酸组成。分子质量为 18.6kDa，等电点为 5.8，有 O-连糖基化位点，对酸碱（pH 为 2~10）、热以及变性剂等相对较稳定。G-CSF 是高度疏水的，在合适的条件下，于 4℃可放置一年仍保持良好的活性。G-CSF 有 5 个半胱氨酸，Cys36 与 Cys42，Cys64 与 Cys74 之间形成两对二硫键，Cys17 为不配对半胱氨酸，二硫键对于维持 G-CSF 生物学功能是必需的因素。

传统方法复性和纯化 rhG-CSF 主要遇到的困难是：G-CSF 的疏水性很强，在稀释复性时，大量的蛋白聚集沉淀，仅有少量的蛋白在溶液中复性，进而才能继续被分离纯化。针对 rhG-CSF 的这一特点，我们采用制备型蛋白复性及同时纯化"装置"对 E. coli 表达的 rhG-CSF 细胞破碎的月桂酸提取液进行了一步的复性及纯化。图 8-6 为制备型蛋白复性及同时纯化"装置"（10mm×50mm I. D.）对基因工程发酵的 rhG-CSF 的月桂酸提取液的复性纯化图。从图 8-6 看出，仅用 40min 就可使 rhG-CSF 与杂蛋白很好的分离，将收集的复性纯化样品测活，并作 SDS-聚丙烯酰胺凝胶电泳，如图 8-7 所示，其纯度接近于 100%。生物活性为常规复性方法的 2.6 倍以上。这一结果主要与该"装置"中的疏水介质能防止变性蛋白的聚集沉淀、提供给变性蛋白折叠自由能以及诱导蛋白的复性功能有关。

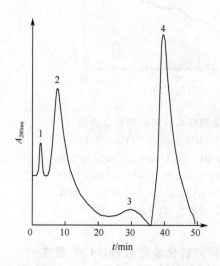

图 8-6 制备型蛋白复性及同时纯化"装置"对基因工程中发酵的 rhG-CSF 的复性纯化图
1. GuHCl；2, 3. 杂蛋白；4. rhG-CSF

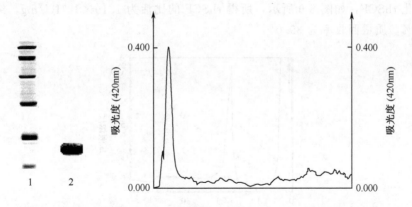

图8-7　经制备型蛋白复性及同时纯化"装置"的 rhG-CSF 电泳图（银染法）
及纯度扫描图

1.分子质量标准蛋白(14 400Da,20 100Da,31 000Da,43 000Da,66 200Da,97 400Da)；
2.经蛋白复性及同时纯化"装置"的 rhG-CSF

用蛋白复性及同时纯化装置（10mm×50 mm I. D. ）对 8mol/L 脲溶解的 rhG-CSF 进行复性及同时纯化，如图 8-8 所示，复性后 rhG-CSF 的比活为 2.0×10^8 IU/mg，纯度为 96.2%。

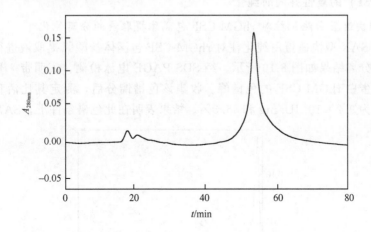

图8-8　用蛋白复性及同时纯化装置(10mm×50 mm I. D.)复性及同时纯化 rhG-CSF

8.2.5　重组人干细胞因子的复性并同时纯化

干细胞因子（SCF）是由多种细胞分泌的多功能细胞因子，具有非常广泛的生理作用。它是早期造血的关键细胞因子之一，并对造血祖细胞和干细胞的生存、增殖和分化具有重要的调控作用，可改善化疗、放疗引进的骨髓抑制状态。Wang（王骊丽）等[7]采用 HPHIC 对 8 mol/L 脲溶解的 rhSCF 进行了复性并同时纯化 rhSCF，如图 8-9 所示，所得 rhSCF 的比活为 1.19×10^6 IU/mg，纯度为93.5%，质量回收率为 39.0%。

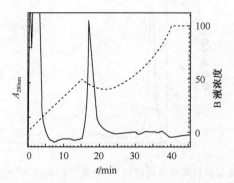

图 8-9　用 HPHIC 色谱饼（10mm×50mm I. D.）复性并同时纯化 rh-SCF 的色谱图

色谱条件：PEG400 疏水型色谱饼（10mm×50 mm I. D.）；A 液为 3.0 mol/L（NH₄）₂SO₄ + 50 mmol/L PBS + 2.0 mol/L 脲；B 液为 50 mmol/L PBS + 2.0 mol/L 脲；流速 4.0 mL/min，45min 非线性梯度，延长 10 min；检测波长 280 nm

8.2.6 SAX 型快速蛋白纯化柱对重组人粒细胞-巨噬细胞集落刺激因子（rhGM-CSF）的复性并同时纯化

1. SAX 型快速蛋白纯化柱对 rhGM-CSF 包涵体提取液的分离纯化

采用 SAX 型快速蛋白纯化柱对 rhGM-CSF 包涵体盐酸胍提取液进行分离纯化，色谱分离结果如图 8-10 所示。经 SDS-PAGE 电泳检测，表明带 * 号的色谱峰为目标蛋白 rhGM-CSF 的色谱峰。收集该色谱馏分后，测定其比活和质量回收率分别为 9.2×10^6 IU/mg 和 35.3%。结果表明在此色谱条件下，SAX 型快速

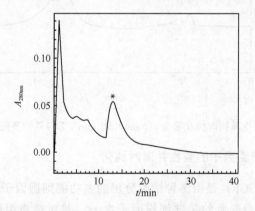

图 8-10　SAX 型快速蛋白纯化柱对 rhGM-CSF 包涵体 GuHCl 抽提液的色谱分离图

色谱条件：A 液为 20 mmol/L Tris-HCl+1mmol/L EDTA（pH 为8.0）；B 液为20mmol/L Tris-HCl+1 mmol/L EDTA + 1mol/L NaCl（pH 为8.0）；线性梯度30 min，0~100%B；流速2.0 mL/min；检测波长280nm

蛋白纯化柱对 rhGM-CSF 仅有较好的分离效果，而对 rhGM-CSF 的复性效果不好。这主要是流动相中没有加入氧化剂，不能使 rhGM-CSF 中两对二硫键有效正确对接，因而复性效果不好。

2. 流动相 pH 的影响

图 8-11 和图 8-12 分别给出了不同 pH 对 SAX 型快速蛋白纯化柱分离纯化 rhGM-CSF 包涵体抽提液的色谱分离图，以及目标蛋白的比活和质量回收率的比较。从图 8-11 和图 8-12 中可以看出，流动相 pH 为 8.0 时，rhGM-CSF 的色谱峰最高，复性结果最好。因此，流动相的 pH 为 8.0。同样，如前所述，由于流动相中没有加入氧化剂，不能使 rhGM-CSF 中两对二硫键有效正确对接，因而复性效果不好。

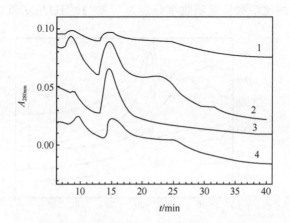

图 8-11　不同流动相 pH 对 SAX 型快速蛋白纯化柱分离纯化 rhGM-CSF 的影响

色谱条件同图 8-10

1. pH 为 7.0；2. pH 为 7.5；3. pH 为 8.0；4. pH 为 8.5

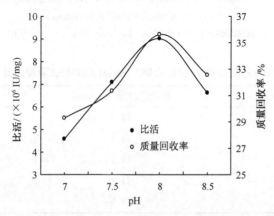

图 8-12　流动相 pH 对 rhGM-CSF 比活和质量回收率的影响

3. 流动相中 GSH/GSSG 对 rhGM-CSF 复性和纯化的影响

rhGM-CSF 分子内含有两对二硫键。在包涵体抽提液中由于含有还原剂 DTT，所以 rhGM-CSF 的二硫键是被还原打开的。因此，要获得有活性的 rhGM-CSF，必须在其分子中形成正确的二硫键。

图 8-13 是流动相中不同 GSH/GSSG 的比例对 rhGM-CSF 复性并同时纯化影响色谱图的比较。表 8-1 中列出了不同的 GSH/GSSG 时，rhGM-CSF 经 SAX 型快速蛋白纯化柱一步纯化并同时复性后的比活和质量回收率。从图 8-13 和表 8-1 中可看出，当流动相中加入 GSH/GSSG 后，rhGM-CSF 的复性效率明显提高。当 GSH/GSSG 的比例为 6∶1 时，rhGM-CSF 的色谱峰最高，复性效果最好。比活为 1.65×10^7 IU/mg，质量回收率为 42.5%。而未加入 GSH/GSSG 时，rhGM-CSF 的比活和质量回收率分别为 9.2×10^6 IU/mg 和 35.3%。

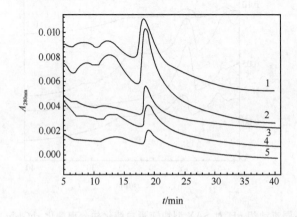

图 8-13　流动相中不同 GSH/GSSG 比例对 rhGM-CSF 复性和纯化的影响

色谱条件：流动相 A 为 20 mmol/L Tris-HCl ＋ 1 mmol/L EDTA ＋ 0～3.0 mmol/L GSH ＋ 0.3 mmol/L GSSG（pH 为 8.0）；流动相 B 为 20 mmol/L Tris-HCl ＋ 1 mmol/L EDTA ＋ 1 mol/L NaCl ＋ 0～3.0 mmol/L GSH ＋ 0.3 mmol/L GSSG（pH 为 8.0）；线性梯度 0～30 min，0～100% B；流速 2.0 mL/min；检测波长 280 nm；

GSH/GSSG：1. 10∶1；2. 6∶1，3. 3∶1；4. 1∶1；5. 0∶1

表 8-1　流动相中不同 GSH/GSSG 比例对 rhGM-CSF 的比活和质量回收率的影响

GSH/GSSG	比活/（$\times 10^6$ IU/mg）	质量回收率/%
10∶1	12.3	43.2
6∶1	16.5	42.5
3∶1	10.3	41.3
1∶1	11.8	41.7
0∶1	8.9	39.8

4. 流动相中不同脲浓度对 rhGM-CSF 复性和纯化的影响

虽然 SAX 型快速蛋白纯化柱能对 rhGM-CSF 在 30 min 内进行复性并同时纯化，得到了很好的复性效率，但是由于变性的 rhGM-CSF 在 SAX 型快速蛋白纯化柱容易形成沉淀而使其质量回收率较低。

图 8-14 是不同脲浓度下 SAX 型快速蛋白纯化柱对 rhGM-CSF 包涵体抽提液的色谱分离图，曲线 1～5 分别为流动相中添加了 1.0mol/L、2.0mol/L、3.0mol/L、4.0mol/L 和 5.0mol/L 脲时的 rhGM-CSF 的色谱图。

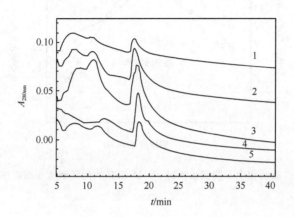

图 8-14　流动相中含不同浓度的脲对 SAX 型快速蛋白纯化柱对 rhGM-CSF
色谱分离图的比较

色谱条件：流动相 A 为 20 mmol/L Tris-HCl ＋ 1 mol/L EDTA ＋ 1.8 mmol/L GSH ＋ 0.3 mmol/L GSSG ＋ 1～5 mol/L 脲（pH 为 8.0）；流动相 B 为 20mmol/L Tris-HCl ＋1mmol/LEDTA＋1.8mmol/L GSH＋0.3mmol/L GSSG＋1mol/L NaCl＋1～5mol/L 脲（pH 为 8.0）；线性梯度 0～30 min，0～100％B；流速 2.0 mL/min；检测波长 280nm

1.1.0mol/L 脲；2.2.0mol/L 脲；3.3.0mol/L 脲 4.4.0mol/L 脲；5.5.0mol/L 脲

从图 8-14 中可以看出，随着流动相中脲浓度的增大，rhGM-CSF 色谱峰的峰高增大。当脲为 3.0mol/L 时，其色谱峰最高，分离效果最好。大于 3.0 mol/L 脲时，峰高却逐渐降低。图 8-15 是不同脲浓度下 rhGM-CSF 的比活和质量回收率的比较。图 8-15 的结果与图 8-14 是一致的。rhGM-CSF 的比活和质量回收率在脲浓度为 3.0mol/L 时最大，分别为 1.66×10^7 IU/mg 和 58.8％。

在最佳色谱条件下，其比活为 1.66×10^7 IU/mg，质量回收率为 58.8％，纯度为 96.2％，包涵体提取液中 rhGM-CSF 的纯度仅为 42.5％。

5. 稀释法

我们将 rhGM-CSF 包涵体抽提液加入到复性缓冲液中（含 20mmol/L Tris，1mmol/L EDTA，1mmol/L GSH，1mmol/L GSSG，20mmol/L NaCl），稀释 10 倍后，在冷室中搅拌放置 24h，再用 SAX 型快速蛋白纯化柱进行分离。分离

结果如图 8-16 所示。从图 8-16 可看出,稀释法复性后的 rhGM-CSF 的色谱峰很小(与色谱法相比,两者进样绝对含量相同),复性效率非常低,比活和质量回收率分别为 1.15×10^7 IU/mg 和 38.7%。用 SAX 型快速蛋白纯化柱对 rhGM-CSF 复性时,其比活和质量回收率均高于稀释法。

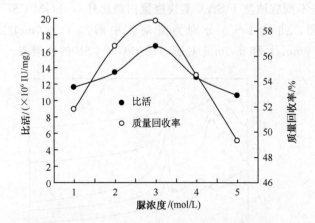

图 8-15　流动相中不同脲浓度对 rhGM-CSF 的比活和质量回收率的影响

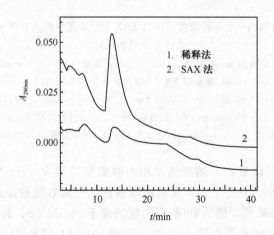

图 8-16　SAX 型快速蛋白纯化柱对稀释法和 IEC 法对 rhGM-CSF 复性效果的比较

8.2.7　在工业上用疏水相互作用色谱复性和纯化干扰素-γ[1,2,8]

干扰素是一类在同种细胞中具有广普抗病毒活性的蛋白质,根据干扰素的分子结构和来源可将其分为 α、β、γ 型。其中干扰素-γ 又称免疫干扰素,是细胞分泌的一种功能调节蛋白,它不仅能够抑制病毒复制和细胞分裂,而且具有免疫调节功能。在临床上可治疗免疫功能低下、免疫缺陷、恶性肿瘤以及某些病毒性疾病，其中治疗免疫效果较好的有肾细胞癌、白血病、黑色素瘤、肺癌、结肠癌以及生殖器疣等病毒病。干扰素-γ是由143个氨基酸组成的，分子质量为16 775Da，等电点为8.6，由于其分子中无半胱氨酸，因此分子中不含二硫键。基因工程 E. coli 发酵获得干扰素-γ是以包涵体形式存在的，需用高浓度的强变性剂，如7.0mol/L GuHCl 和 8.0mol/L 脲溶液对其溶解，因此，得到的干扰素无生物活性，且与大量的杂蛋白混杂在一起，使得进一步的复性和分离纯化比较困难。

发展工业级规模的干扰素-γ生产新工艺必须满足以下七点：①应该使用一个具有四种功能的理想的蛋白质复性及同时纯化装置（USRPP），这四种功能是完全去除变性剂，使目标蛋白复性，将目标蛋白和杂蛋白分离，容易回收变性剂；②用于复性和纯化大肠杆菌生产的治疗蛋白的一个理想技术应该包括蛋白质复性及同时纯化装置（USRPP），以尽可能地缩短和简化生产工艺；③优化的生产工艺应该容易放大到工业规模；④应该根据目标蛋白的特征来选择液相色谱的种类，包括流动相和固定相。在本研究中，干扰素-γ分子具有很强的疏水性，并且不含二硫键。一方面，干扰素-γ的复性应该主要由疏水相互作用力控制，不存在其他的二硫键错配问题；另一方面，干扰素-γ的强疏水性使它在 HPHIC 中有很强的保留，这使得它能够很好地与其他弱疏水性和中等疏水性的杂蛋白分离。所以，HPHIC 可以作为首选；⑤防止形成的沉淀进入软基质内部或者停留在填料中间大的空间，这不仅会使柱压急剧升高，而且会使形成的大颗粒沉淀很难溶解。因此，在蛋白质复性及同时纯化装置（USRPP）中应该装填刚性填料。商品的非刚性疏水色谱（HIC）填料通常不能达到这项要求；⑥应该定期用含二硫苏糖醇（DTT）的变性剂溶液溶解沉积在固定相上的蛋白沉淀以延长蛋白质复性及同时纯化装置（USRPP）的使用寿命。另外，将清洗出的含有重组干扰素-γ（当然，它是去折叠状态的）的流出液重新进样于蛋白质复性及同时纯化装置（USRPP）中使其再次复性，这样就可以降低重组干扰素-γ的质量回收率和活性回收率的损失；⑦与纯化相比，蛋白质的复性应该更重要。如果可能的话，使用蛋白质复性及同时纯化装置（USRPP）对蛋白质进行复性和纯化应该做到最好。因此，HPHIC 填料颗粒的直径必须很小，如5μm 或者更小。

1. 工业规模的蛋白质复性及同时纯化装置（USRPP）的分离能力

研究表明，分析型蛋白质复性及同时纯化装置（USRPP）的分离度可以与常用的色谱柱相媲美。我们需要知道随着蛋白质复性及同时纯化装置（USRPP）直径的增加，蛋白质复性及同时纯化装置（USRPP）的分离度是否会明显的降低，因此这是应该首先被测定的。因为 rhIFN-γ十分昂贵，所以用标准蛋白来测试分离度。如图8-17所示，当流速为2.0mL/min 时，六种标准蛋白在10mm×100mm I. D. USRPP-HPHIC 上能够达到基线分离。如图8-18所示，当流速为120 mL/min 时，五种标准蛋白在10mm×300mm I. D. USRPP-HPHIC 上能够达到基线分离。对比从图 8-17 和图 8-18 中所获得的分离度，两者的分离度均令人满意，但是前者的分离度要好于后者。

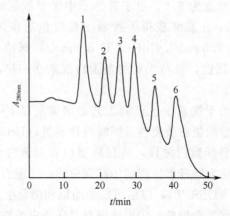

图8-17　规格为10mm× 100 mm I.D. 的 USRPP-HPHIC 分离六种蛋白质的色谱图
固定相　HIC 色谱柱（端基为 PEG-600）；40 min 线性梯度洗脱　100％ A 液（3.0 mol/L 硫酸氨－0.050 mol/L 磷酸二氢钾，pH 为7.0）～100％ B 液（0.050 mol/L 磷酸二氢钾，pH 为7.0），
延迟10 min；流速　20.0mL/min；灵敏度　0.1AUFS
1. Cyt-c；2. Myo；3. RNase-A；4. Lys；5. α-Amy；6. Ins

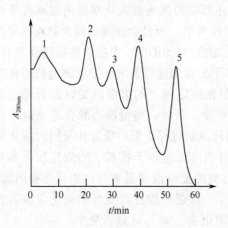

图8-18　规格为10mm× 300 mm I.D. 的 USRPP-HPHIC 分离五种蛋白质的色谱图
流速为120.0mL/min；60min 线性梯度；0～100％B；
其他色谱条件与图8-17相同
1. Cyt-c；2. Myo；3. RNase-A；4. Lys；5. α-Amy

2. 固定相

正如上面所指出的，固定相对包括定量控制的蛋白质复性的贡献是不仅可以防止或减少变性蛋白的聚集和沉淀的形成，并且还有另外三项功能：帮助蛋白质形成微区，帮助蛋白质修正错误折叠的结构，将复性后的目标蛋白和杂蛋白进行分离。因此，应该研究固定相对 rhIFN-γ 复性的影响。如表 8-2 所示，分别采用七种具有不同疏水性和端基的硅胶基质的HIC 固定相对 rhIFN-γ 进行复性，测定其质量回收率和活性回收率。为了节省昂贵的 rhIFN-γ 样品，将这七种填料分别装填在通常的色谱柱管中（4.6mm×100mm I.D.）。

可以通过表 8-2 所示的四组参数，生物活性回收率，质量回收率，纯度和比活性来评价所用 HPHIC 填料的性能好坏。rhIFN-γ 生物活性分析是以标准rhIFN-γ（比活为 $1.0×10^7 IU/mg$）的生物活性为对照，并且标准溶液的活性为

1×10^3 IU/mL，实际样品是溶解在 7.0mol/L 盐酸胍溶液而制成的。当测定生物活性时，将标准的 rhIFN-γ 稀释 10 倍，而将真实样品溶液稀释 4×10^3 倍，在样品溶液中盐酸胍的最终浓度为 1.75×10^{-3} mol/L。通常的稀释复性方法对 rhIFN-γ 进行复性要求把 7.0mol/L 盐酸胍中的真实样品稀释 100 倍，也就是说盐酸胍的终浓度只有 7.0×10^{-3} mol/L，这是进行 rhIFN-γ 生物活性分析时所采用浓度的 4 倍。然而，众所周知，采用这种方式的稀释法对 rhIFN-γ 进行复性是完全的，所以用于生物活性分析的真实样品也是如此。正因为如此，可以认为本研究中的生物活性分析方法是采用通常的稀释法对 rhIFN-γ 进行复性。如果将 7.0mol/L 盐酸胍中的 rhIFN-γ 或者未用 USRPP-HPHIC 复性的 rhIFN-γ 的总生物活性和质量分别定为 100%，那么，经过上述七种填料复性后的 rhIFN-γ 的活性回收率分别被提高了 2.6～49 倍。然而，采用稀释法复性 rhIFN-γ 的质量回收率仅为 11.2%。表 8-2 中的结果表明不同固定相对 rhIFN-γ 的复性效率是明显不同的，其中一些固定相的复性效率是很高的。

表 8-2　装填七种不同配基填料的色谱柱收集 rhIFN-γ 馏分的定量结果

不配基的填料	总质量 /mg	总活性 /($\times10^7$ IU)	比活 /($\times10^7$ IU/mg)	生物活性 回收率/%	纯度/%	质量回收率	质量损失 (柱子上的) /%	质量损失 (不保留的) /%
rhIFN-γ 提取液	2.9	0.14	0.06	100	56.7	1.664mg	—	—
PEG-200	1.6	7.1	4.3	5043	＞95.0	＞93.7%	0	＜6.3
PEG-400	1.4	3.4	2.5	2450	＞95.0	＞78.2%	9.5	＜12.3
PEG-600	1.2	3.8	3.1	2714	＞95.0	＞69.3%	21.7	＜9.0
PEG-1000	1.5	3.7	2.5	2642	＞95.0	＞85.6%	5.3	＜9.1
糠醇	1.1	2.8	2.5	2000	86.0	58.6%	33.4	8.0
氯吡啶	1.9	2.5	1.3	1764	82.6	94.3%	4.8	0.9
苯基	0.030	0.5	17	364	＞95.0	＞1.7%	92.8	5.5

注：柱尺寸　150mm×4.6mm I. D.；样品量　700μL 7.0 mol/L GuHCl 的 rhIFN-γ 抽提液，总共含有 rhIFN-γ 1.664mg；流速 1.5 mL/min，35 min 的非线性梯度，从 100% A 液 [3.0 mol/L 硫酸铵-0.05 mol/L 磷酸二氢钾（pH 为 7.0）]～100%B 液 [0.05 mol/L 磷酸二氢钾（pH 为 7.0）]，延迟 15 min。

表 8-2 中所表示的每种填料的 rhIFN-γ 质量回收率均小于 100%，端基为苯基的固定相 rhIFN-γ 质量回收率仅为 1.7%。这个事实表明，在色谱过程中损失了一些 rhIFN-γ。这是由于在进样过程中，一些变性的 rhIFN-γ 不保留，或者是由于在固定相上形成了一些蛋白质聚集体和沉淀，从而使得一部分 rhIFN-γ 不可逆地吸附在固定相上。

为了找出 rhIFN-γ 质量损失在哪里，在梯度洗脱完成后用一种含二硫苏糖醇 (DTT) 和高浓度变性剂的特殊强洗脱剂来清洗 HPHIC 色谱柱。将收集的馏分再通过 Superdex 75 grade GPL 色谱柱，然后测定其质量回收率和活性回收率。表 8-2 分别列出了由于不可逆吸附和不保留所引起的 rhIFN-γ 的质量损失。除了端基为 PEG-600，糠醇和苯基的填料，其他几种 HPHIC 填料的不可逆吸附都小于 10%。除 PEG-400 外，其他六种 HPHIC 填料由于不保留所引起的 rhIFN-γ 质量损失都小于 10%。这些结果表明，除苯基填料外，其他六种填料的质量和活性损失均不十分明显。

从表 8-2 看到，除氯吡啶和糠醇填料外，其他五种填料纯化的 rhIFN-γ 的纯度都大于 95%。除苯基填料外，其他六种填料复性 rhIFN-γ 后的比活相差不大。基于 rhIFN-γ 的纯度和比活，用这四种端基的填料（PEG-200，PEG-400，PEG-600，PEG-1000）复性和纯化的 rhIFN-γ 符合中国生物制品规程。通过对这七种不同固定相的综合研究，可以得出以端基为 PEG-200 的填料最好的结论。

在表 8-2 中，用苯基填料复性的 rhIFN-γ 的比活是其他六种填料的 10 倍。问题是，为什么用苯基填料进行复性时，rhIFN-γ 的比活这么高呢？

这有可能归因于 rhIFN-γ 二聚体的形成，二聚体的生物活性要比单体高得多。与其他六种填料比较，苯基填料的疏水性最强，变性 rhIFN-γ 以单体形式很强的吸附在固定相上，92.8% 的 rhIFN-γ 吸附在 HPHIC 固定相上，不能用流动相 B 洗脱下来，但是它能够用前面提到的强洗脱剂洗下来。rhIFN-γ 二聚体的疏水性较 rhIFN-γ 单体的弱，能够被流动相 B 洗脱下来。然而，在 HPHIC 体系中，与 rhIFN-γ 单体的量相比，rhIFN-γ 二聚体仅仅是很小的一部分。

3. 流动相

在蛋白质的色谱复性中，流动相也起着很重要的作用（表 5-18）。没有梯度洗脱时流动相组成的连续变化所提供的很高能量，吸附在固定相上的变性蛋白质分子或中间体就不能解吸附下来，将会永远紧紧的保留在固定相的表面，因此一个完整的色谱过程永远都不会完成。在 HPHIC 体系中，流动相的三种功能分别是：①瞬间并完全地除去色谱体系中的变性剂，这样会提供一个有利于蛋白质复性的环境；②含高浓度盐的流动相有很强的疏水性，可以将变性蛋白质推向 HIC 固定相表面，使得蛋白质分子脱水，并形成蛋白质的微区；③提供合适的流动相组成，并和固定相协同作用对一些蛋白质错误折叠中间体进行修正。

如上所述，HPHIC 梯度洗脱通常包括两种溶液，即强疏水性的流动相 A 和强亲水性的流动相 B。应该对前者进行选择，使每一个蛋白质中间体都能被吸附，因此其疏水性应该尽可能强。对于后者而言，它应该和流动相 A 协同作用以提供一个适合蛋白质复性的环境。

无论在理论上和实践上，硫酸铵已被证明是最好的盐，因此没有其他更多的选择。然而，基于蛋白质的疏水性，梯度洗脱时硫酸铵的起始浓度可以选择在 1.0~3.0 mol/L。蛋白质的疏水性越强，所选择的流动相 A 的浓度越低。一些弱疏水性或中等疏水性的杂蛋白在这种条件下不保留，从而增加了进样体积，或者 USRPP 的负载。

许多种缓冲溶液可以作为流动相 B。将磷酸二氢钾、氯化钠、乙酸钠、Tris、氯化铵、磷酸二氢钠和乙酸氨等七种盐配制成 0.05 mol/L 的缓冲液。将端基为 PEG-200 的填料作为固定相装填在色谱柱中（150mm×4.6mm I. D.）。用表 5-18 中所示的四组参数：生物活性回收率、质量回收率、比活和 rhIFN-γ 的纯度来评价这七种流动相的优劣。除氯化铵、磷酸二氢钠、乙酸氨分别作为 B 液时，质量回收率最低，用氯化钠作为 B 液，活性回收率最低外，其他的复性结果都相差不大。在 HPHIC 中，固定相对蛋白质复性的贡献比流动相大得多。以磷酸二氢钾作为 B 液时，rhIFN-γ 的质量回收率大于 93%，比活为 $4.3 \times 10^7 IU/mg$。与其他六种缓冲液相比，它是最好的一个。因此，在本研究中，分别采用含 0.05 mol/L 磷酸二氢钾（pH 为 7.0）的 3.0 mol/L 硫酸铵和 0.05 mol/L 磷酸二氢钾（pH 为 7.0）作为流动相 A 和流动相 B。

4. 流速

在普通的 HPLC 中，对小分子溶质来说，当流动相的流速被限定在合适的范围时，很容易就能找到合适的流速。然而，当流动相的流速太高时，因为两相中传质速率慢，溶质的质量回收率，特别是对于高相对分子质量的蛋白质而言，将会严重降低。对于蛋白质复性而言，除了质量传递，聚集体的解离和蛋白质沉淀的溶解也涉及动力学方面的问题，因此它们也受流动相的流速影响。因为这是一个十分复杂的问题，因此很难从理论上进行预测。可以通过实验获得优化的流动相流速。

在流速分别为 10mL/min，20mL/min，30mL/min 下，用 USRPP-HPHIC（10mm×200mm I. D.）对 rhIFN-γ 进行复性和同时纯化，如图 5-54 所示，可以看出，当流动相的流速为 10mL/min 时，rhIFN-γ 同其他杂蛋白的分离是最好的。

5. 传统工艺和新工艺的对比

在传统工艺中，rhIFN-γ 的复性和纯化是分别进行的。此处，以文献中报道的一个工艺为例，将其和本章所提出的新生产工艺进行对比。用总蛋白含量为 180mg 的 rhIFN-γ 的 7.0mol/L 盐酸胍抽提液对以上两种方法进行了试验。对传统方法而言，首先将 rhIFN-γ 溶液稀释并静置 24h 使其复性，然后，采用不同的色谱方法进行纯化。每一步的生物活性回收率和纯度都在表 8-3 中列出来。

表 8-3　传统技术复性及纯化 rhIFN-γ 所获得的结果

步骤	1 稀释复性	2IEC	3IMAC	4SEC
时间/h	24	9	3	8
生物活性回收率/%	3702	793	397	264
纯度/%	35.9	58.5	77.0	95
比活/（×10^{7}IU/mg）	2.48	5.85	4.4	3.5

注：7.0mol/L GuHCl 中 rhIFN-γ 总共有 180.5mg；IEC　S-Sepharose FF（50mm×50mm I. D. 柱床体积 98mL）；IMAC　Ni（Ⅱ）-Chelating Sepharose FF（60mm×26 mm I. D. 柱床体积 32mL）；SEC　Superdex 75 Prep grade（60mm×26mm I. D. 柱床体积 32mL）；流速　5.0mL/min。

从表 8-3 中所列出的结果可以看出，传统的 rhIFN-γ 复性和纯化技术包括四个步骤：第一步是采用稀释法复性；另外三步纯化过程都是色谱纯化方法，离子交换色谱，固定化金属离子亲和色谱和尺寸排阻色谱。完成整个复性和纯化过程总共需要 44h，还不包括脱盐和除热原。经过以上四个步骤，rhIFN-γ 的纯度达到 95%，生物活性回收率只是抽提液的 2.6 倍，比活为 3.51×10^{7}IU/mg。

采用相同的样品，用一个尺寸为 10mm×200mm I. D. 的 USRPP-HPHIC（内装 PEG-600 填料，柱床体积为 314mL）来复性和纯化 rhIFN-γ。用溶液 A 以 10mL/min 流速平衡色谱柱 20min 后，用泵将 45 mL rhIFN-γ 的 7.0mol/L 盐酸胍抽提液泵入 USRPP-HPHIC，采用 70min 从 100%A～100%B 的非线性梯度以流速 10mL/min 进行洗脱（图 8-19）。将收集的 rhIFN-γ 馏分用 Superdex 75 prep grade GPL 色谱柱脱盐。整个过程（不包括脱盐和除热原）仅需要 2h，生物活性回收率、纯度和比活分别为 62%，大于 95% 和 8.9×10^{7}IU/mg。

6. 用 USRPP（10mm×300mm I. D.）同时纯化及复性 rhIFN-γ

用所选定的流动相在 100 mL/min 流速下平衡 USRPP-HPHIC（10mm× 300mm I. D.）后，将总蛋白质含量为 2.0g 的 700mL rhIFN-γ 的 7.0mol/L 盐酸胍抽提液用泵泵入 USRPP-HPHIC（10mm×300mm I. D.）。在采用等度洗脱 120min 洗出一些杂质后，采用线性梯度（从 120～210min，50A%～100B%）进行洗脱，然后保持 100%B 到 300min。图 8-19 表示 rhIFN-γ 复性及纯化的色谱图。将收集的从 0～130min，130～220min，和 220～320min 三个馏分进行两次脱盐，然后测定 rhIFN-γ 纯度和生物活性。从 SDS-PAGE（图 8-20）的结果看，第一个馏分没有 rhIFN-γ。这表明 USRPP 的质量负载和体积负载分别足以容纳 2g 蛋白质和 700mL 盐酸胍抽提液。在最后一个收集的馏分中含有很少的 rhIFN-γ，表明在优化的色谱条件下 rhIFN-γ 能够完全被洗脱并和杂蛋白得到分离。从图 8-19 和图 8-20 看，第二个收集的馏分（130～220min）中含有复性和纯化后的 rhIFN-γ。其纯度大于 95%，比活为 8.9×10^{7}IU/mg。所得 rhIFN-γ 的纯度和比活都符合中国生物制品规程中的标准。如图 8-19 所示，采用 USRPP（10mm×300mm I. D. ）对 rhIFN-γ 进行复性及同时纯化仅需要 4h。

对比在进样前和进样后 7.0mol/L 盐酸胍抽提的 rhIFN-γ 的总生物活性回收率，在样品通过 USRPP-HPHIC 后，rhIFN-γ 的总生物活性回收率提高了 62 倍。与蛋白质的生物活性回收率通常只有 8％～20％的稀释法相比，USRPP-HPHIC 确实是一个强有力的蛋白质复性工具。

图 8-21 表示工业规模的 rhIFN-γ 的传统生产工艺和新生产工艺的比较。图 8-21（a）中虚线方框表示的是用包括四步的传统的生产工艺，总共需要花 44h 才能得到纯度为 95％的产品。如上所述，生物活性回收率是盐酸胍抽提液中总生物活性的 2.6 倍。图 8-21（b）中的虚线方框表示的是本研究中所提出的只有一步操作的新生产工艺，只需 2～4h 就可获得纯度超过 95％的 rhIFN-γ。生物活性回收率是盐酸胍抽提液中总生物活性的 62 倍。

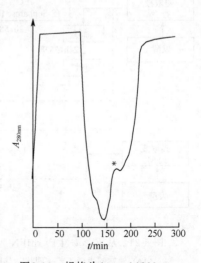

图 8-19　规格为 10mm×300 mm I. D. 的 USRPP-HPHIC 复性及同时纯化 rhIFN-γ

流速　100mL/min；0～120min 进样和平衡；120～210min，50％A～100％B 梯度洗脱；100％B 延长到 300min

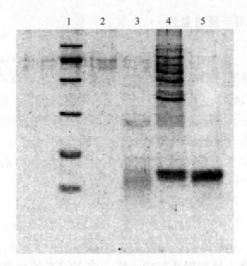

图 8-20　不同阶段洗脱的 rhIFN-γ 的 SDS-PAGE（银染）

1. 分子质量标准蛋白(14 400Da, 20 100 Da, 31 000 Da, 43 000 Da, 66 200 Da, 97 400 Da)；2, 3. 分别为 220～310min 之间和 130 min 之前所收集的馏分；4. 进色谱前的 rhIFN-γ 的 7.0mol/L GuHCl 提取液；5. 130～220min 所收集的 rhIFN-γ

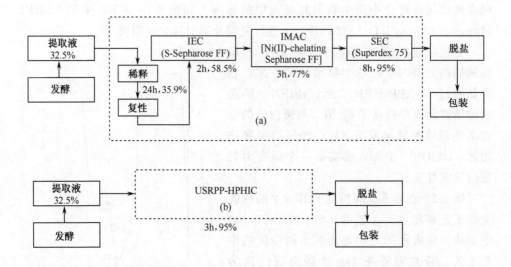

图 8-21　从 *E. coli* 生产 rhIFN-γ 的旧工艺和采用 USRPP 的新工艺的对比简图

(a) 通常的生产工艺　四步，44h，纯度＞95％，生物活性回收率提高了 1.6 倍；

(b) 新生产工艺　一步，3 h，纯度＞95％，生物活性回收率提高了 61 倍

本节报道了一种用 USRPP-HPHIC 一步复性并同时纯化 rhIFN-γ 的新工艺。实际上，其他科学家用 HPHIC 也成功地对一些蛋白进行了复性及同时纯化过程。然而，那只是实验室规模的，而不是工业规模的。

8.2.8　膨胀床色谱用于蛋白复性

膨胀床吸附色谱（expanded bed adsorption chromatography，EBA）是近年来发展起来的一种新型色谱技术，是一种大规模工业色谱技术。它可以起到传统的离心、错流微滤或超滤以及色谱分离等多步操作的作用。将其用于复性过程可以提高复性率，减少沉淀以及复性过程的步骤。用 EBA 进行蛋白质复性的工作是由 Cho 等[9]开始的，他们采用装填 STREAMLINE DEAE 树脂的膨胀床色谱柱对 8 mol/L 脲溶解的重组人生长激素-谷胱甘肽硫转移酶融合蛋白（rhGH-GST）细胞匀浆液进行复性，复性率高达 84％。

Cabanne 等[10]采用膨胀床阴离子交换色谱对 *E. coli* 表达的增强绿色荧光蛋白（EGFP）进行复性，图 8-22 是色谱图，峰 1 主要是目标蛋白，峰 2 主要是杂质。表 8-4 列出了 EGFP 的复性结果，抽提液中目标蛋白的纯度为 27％，将含 1.3g 总蛋白的抽提液上样到膨胀床中，峰 1 中 EGFP 的纯度为 95％，回收率为 90％，纯化系数为 3.5。

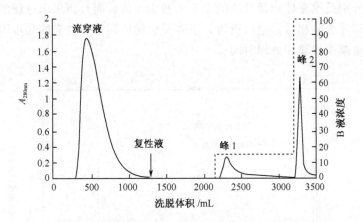

图 8-22　用膨胀床阴离子交换色谱复性 EGFP 的色谱图[10]

色谱柱　Q Hyper Z（90 mL 凝胶）；样品　8mol/L 脲＋20mmol/L 碳酸氢钠（pH 为9）溶解的细胞混合物；平衡液　8mol/L 脲＋20mmol/L 碳酸氢钠（pH 为9）；复性液　20mmol/L 碳酸氢钠（pH 为9）；洗脱液　1mol/L NaCl＋20mmol/L 碳酸氢钠（pH 为9）；检测波长280nm；流速　44 mL/min
峰1. 150mmol/L NaCl 洗脱的馏分；峰2. 1mol/L NaCl 洗脱的馏分

表 8-4　膨胀床阴离子交换色谱对 EGFP 的复性结果

	体积 /mL	蛋白 /(mg/mL)	总蛋白 /mg	EGFP /(mg/mL)	总 EGFP /mg	比荧光 /(mg EGFP/ mg 总蛋白)	回收率 /%	纯化倍数
粗提取液	400	3.30	1320	0.90	360.0	0.27		
流穿液	1050	0.86	903	0.03	31.5	0.03	8.8	0.1
峰1	260	1.32	343	1.25	325.0	0.95	90.3	3.5
峰2	230	0.07	16	0.01	1.4	0.09	0.4	0.3

　　Choi 等[11]分别采用 Q Sepharose Hi-Trap 填充柱和 STREAMLINE DEAE 膨胀床对重组 LK68 进行了复性，该蛋白是一种含 9 对二硫键和一个自由巯基的脂蛋白，他们在复性过程中采用类似 Creighton 所用的三缓冲液体系。图 8-23 为采用填充柱对 LK68 复性时的洗脱曲线图，其复性率为 68％，每克湿菌可以得到 10.9g 复性蛋白，两者均是采用稀释法时的 1.7 倍。在采用膨胀床复性时，分别对包涵体提取液和细胞匀浆液中的 LK68 进行了复性，对包涵体提取液来说，复性率与填充柱所得复性率相同，这表明蛋白吸附和柱上复性不会受到柱床压缩和流动相流向的影响。图 8-24 是 STREAMLINE DEAE 对细胞匀浆液中的 LK68 复性时的色谱图，大部分杂蛋白在 0.1～0.2 mol/L NaCl 被洗脱，复性 LK68 在 0.3 mol/L NaCl 时被洗脱，复性率为 44％，低于填充柱所得复性率。这主要是由于细胞匀浆液中的杂蛋白可能会占据色谱填料的表面，从而妨碍了目标蛋白的吸附，或者会干扰吸附蛋白的复性。然而，每克湿菌所得复性蛋白的量

却较高，分别是填充柱和稀释法的 1.7 倍和 3.0 倍。而且膨胀床过程能够在一步完成细胞碎片去除和目标蛋白吸附，不需要包涵体回收和洗涤的几步固-液分离，能够显著地减少步骤和处理时间。

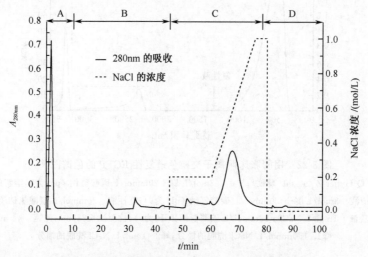

图 8-23　使用填充柱对 LK68 复性时的色谱图[11]

A. 上样；B. 冲洗（降低脲浓度）；C. 洗脱；D. 再生

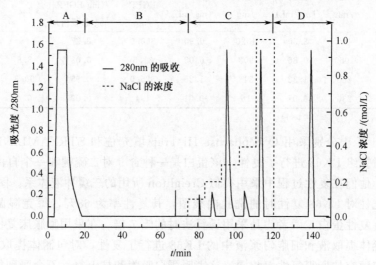

图 8-24　采用膨胀床对重组 LK68 的细胞匀浆液复性的色谱图[11]

A. 上样；B. 冲洗（降低脲浓度）；C. 洗脱；D. 再生

8.2.9　模拟移动床用于蛋白复性

模拟移动床色谱（SMB）是一种连续色谱过程，具有产量高、溶剂消耗低、产品稀释低等优点，因此操作费用较低，但其一次性投资较高。对制备和生产规模的分离而言，与高的一次性投资相比，低的运行费用占主导地位，因此 SMB 总的分离成本低于批模式色谱[12]。这种技术已经被用于大规模的石油化工、糖工业以及精细化工中的氨基酸分离和手性分离。Park 等[13] 以排阻色谱模式，采用四区 SMB 对 8 mol/L 脲还原变性溶菌酶进行了连续复性，该过程产量高、复性缓冲液消耗低、介质利用率高。SMB 单元包括四个区域，每个区域有一根色谱柱，它们顺序连接。在每一根色谱柱之间，放置进样、吸附剂、提取液和残留液四个端口。色谱柱之间的端口允许在切换时形成一个敞开的或者闭合的进口流（进样，吸附剂）和出口流（残留液，提取液）。通过端口的移动模拟固定相和流动相之间的逆流移动，如图 8-25 所示。从Ⅱ区和Ⅲ区之间将料液进入。低亲和的溶质和高亲和的溶质被分离并分别被收集在残留液和提取液中。从Ⅰ区和Ⅳ区将吸附剂进入。溶菌酶的活性回收率为 94%。如表 8-5 所示，与批模式 SEC 相比，SMB 所得溶菌酶的浓度高，样品稀释倍数低，而且吸附剂消耗少。

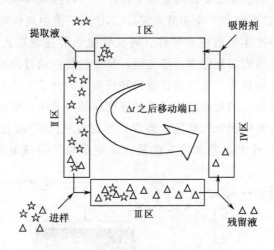

图 8-25　四区域 SMB 系统示意图

表 8-5　用批模式色谱和 SMB 复性溶菌酶的比较

项　目	批模式	SMB
复性液消耗/mL	221.16	221.16
实验次数	3	连续
起始样品浓度/(mg/mL)1)	10	2
最终浓度/(mg/mL)2)	0.08	0.25
稀释倍数 a/b	121.41	7.93

1) 料液中还原变性溶菌酶的浓度。

2) 批模式色谱出口或 SMB 残留液出口的复性溶菌酶的浓度。

8.2.10 连续环状色谱复性

虽然 SEC 复性在一定程度上可以降低复性过程中聚集体的产生，但是却不能有效地将变性蛋白质定量地转化成其天然活性态。由于动力学的关系，一部分蛋白总是会因为聚集而损失，而且传统的 SEC 复性都是以批的方式进行的，对变性蛋白的处理量较小，生产效率较低。连续环状色谱（continuous annular chromatography，CAC）是一种新型的色谱技术，它由 Martin 提出[14]，并由 Fox 及其合作者实现[15~17]，而后由 Sisson 等[18~20]做了进一步发展。该系统是由两个同心圆柱组成一个环面，色谱介质填充在环面中。环面通常以角速度 60°~600°/h 旋转。样品和洗脱液不断地从柱床顶部的固定入口处进入色谱柱。样品中组分的分离是靠色谱介质的旋转完成的。被分离的组分的谱带呈螺旋状，每一个具有特征的且固定的流出位置。CAC 可以使进样和分离连续进行，样品处理量大。Schlegl 等[21]在 SEC 复性的基础上设计了一种连续环状色谱复性系统，该系统包括一个 CAC 系统和一个超滤系统，CAC 用于蛋白复性和分离，超滤则用于回收复性过程中产生的蛋白聚集体。将变性蛋白质连续进入旋转的装有 SEC 填料的柱床，柱床预先用复性缓冲液充满，当变性蛋白通过色谱柱时，变性剂和蛋白分离，蛋白开始折叠。天然活性蛋白和聚集体因分子大小不同而得到连续的分离。将聚集体收集，用超滤浓缩后再循环到样品溶液中，样品溶液中高浓度的变性剂和还原剂能够使回收的聚集体溶解，然后再进入 CAC 进行复性。整个过程如图 8-26 所示。这个过程能使变性蛋白质定量地转换成复性的天然态蛋白。

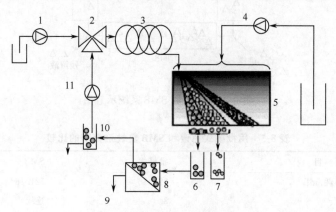

图 8-26　连续环状色谱复性示意图

1. 输送还原变性蛋白进样泵；2. 用于混合新鲜料液和经过错流过滤浓缩后的回收样品的混合器；3. 用于完全还原所回收的聚集体的反应环；4. 用于输送环形色谱系统洗脱剂的泵；5. 环形色谱系统；6. 含一个简单的玻璃瓶的蛋白聚集体回收设备；7. 用于回收单体蛋白组分的设备；8. 错流过滤设备；9. 过滤溶液出口；10. 用于收集浓缩聚集体的容器；11. 循环泵

采用 Superdex 75 PrepGrade 为填料对变性牛 α-乳白蛋白复性，普通的批模式 SEC 的复性率只有 30％，而采用该连续 SEC 复性系统，当循环率为 65％时复性率提高到 41％。如果聚集体能够定量地被溶解并循环到样品中，那么复性率就有可能接近 100％。Lanckriet 等[22]也采用排阻连续环状色谱复性法对还原变性的溶菌酶进行了复性，在蛋白浓度高达 1 mg/mL 时，活性回收率可达 72％。这一方法能将复性过程中的蛋白聚集体定量回收，而且使变性蛋白能够得到连续的复性，比普通的色谱复性具有更高的复性效率，自动化程度更高。图 8-27 为批式 SEC 复性和连续 SEC 复性的比较。

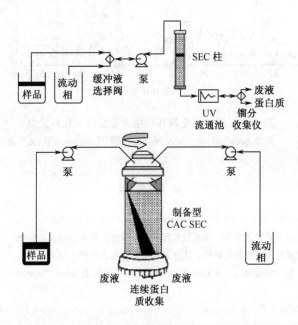

图 8-27　批式 SEC 复性和连续 SEC 复性的比较

Machold 等[23]用装填离子交换色谱填料 DEAE Sepharose 的制备型连续环状色谱（preparative continuous annular chromatographic，P-CAC）对 α-乳白蛋白进行连续复性，用 2 mol/L GuHCl 溶解复性过程中聚集和沉淀在色谱柱上的蛋白，并采用超滤对其进行回收，然后再进入色谱系统复性，使得复性率得到了一定的提高。图 8-28 为用离子交换环状色谱法复性 α-乳白蛋白的一个典型色谱图。该方法使 IEC 复性实现了连续操作，并为回收色谱复性过程的蛋白沉淀提供了很好的思路，然而 P-CAC 不稳定，特别是流速不稳定，峰位摆动，不容易操作。

综上所述，色谱法用于蛋白复性已经在大规模和工业化中得到了一定程度的应用，得到了很好的结果，为重组蛋白的工业化生产提供了有力的工具，具有很好的发展前景。

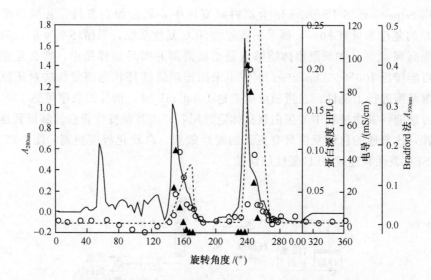

图 8-28　用离子交换环状色谱法复性 α-乳白蛋白

— UV 280 nm；··· 电导（mS/cm）；○ 加入 Bradford 试剂后590 nm 吸收；▲ 蛋白浓度（mg/mL）

参 考 文 献

[1]　Geng X D，Bai Q，Zhang Y J et al. J Biotech，2004，113：137～149

[2]　张养军. 制备型色谱饼的理论、性能及应用研究. 西北大学博士论文，2001

[3]　刘彤. 蛋白质复性及同时纯化理论、装置及应用. 西北大学博士论文. 1995

[4]　Bai Q，Kong Y，Geng X D. J Liquid Chromatography & Related Technologies，2003，26（5）：
683～695

[5]　Wang C Z，Geng X D，Wang D W et al. J Chromatogr B，2004，806：185～190

[6]　Liu T，Geng X D. Chinese Chemical Letters，1999，10（3）：219

[7]　Wang L，Wang C Z，Geng X D. Biotechnology Letter，accepted

[8]　李翔. 重组人干扰素-γ 生产工艺的重大改进. 西北大学硕士论文，2002

[9]　Cho T H，Ahn S J，Lee E K. Bioseparation 10：189～196，2002

[10]　Cabanne C，Noubhani A M，Hocquellet A et al. Journal of Chromatography B，2005，818：23～
27

[11]　Choi W C，Kim M Y，Suh C W，Lee E K. Process Biochemistry，2005，40：1967～1972

[12]　Zhang Z，Mazzotti M，Morbidelli M. Korean J Chem Eng，2004，21（2）：454

[13]　Park B J，Lee C H，Koo Y M. Korean J Chem Eng，2005，22（3）：425～432

[14]　Martin A V P. Faraday Soc，1949，43：332

[15]　Fox J B，Calhoun R C，Eglinton W J. J Chromatogr，1969，43：48

[16]　Fox J B，Nicholas R A. J Chromatogr，1969，43：61

[17]　Fox J B. J Chromatogr，1969，43：55

[18]　Begovich J M，Byers C H，Sisson W G. Sep Sci Technol，1983，18：1167

[19]　Scott C D，Spence R D，Sisson W G. J Chromatogr，1976，126：381

[20] Sisson W G, Scott C D, Begovich J M et al. Prep Chromatogr, 1989, 1: 139

[21] Schlegl R, Iberer G, Machold C et al. Continuous matrix-assisted refolding of proteins. J Chromatogr A, 2003, 1009: 119~132

[22] Lanckriet H, Middelberg A P J. Journal of Chromatography A, 2004, 1022: 103~113

[23] Machold C, Schlegl R, Buchinger W et al. J Biotechnol, 2005, 117, 83~97

第九章 典型实验

§9.1 色谱饼的使用

1. 色谱饼的安装

把色谱仪的吸液管放入盛有水的试剂瓶里，打开仪器电源，启动色谱泵，拧下色谱饼两端接头的密封堵头，当连接色谱柱的连接管接口处有液体流出后再接上色谱饼，按饼体上标示的流动相流向，将色谱饼的入口端通过连接管与进样阀出口相连接，待液体流出色谱饼后，再将色谱饼的出口与检测器连接。连接管通过空心螺钉、压环后尽量用力插到底，然后用手拧紧空心螺钉，直到拧不动为止，再用扳手继续拧紧，切记不要用力过大。如果流动相通过色谱饼时有漏液现象，则用扳手继续顺时针拧紧一些，直至不漏液为止。如果拧紧后依然漏液，可将螺钉拧松，卸下色谱饼，在空心螺钉上缠少许生料带后重新拧紧即可。

2. 流动相

(1) 疏水色谱（HIC）流动相。一般地，在 HIC 中，流动相 A 液（即弱洗脱液）为高浓度的盐-水溶液，如 $3.0\ mol/L\ (NH_4)_2SO_4 + 0.05\ mol/L\ PBS$，流动相 B 液（即强洗脱剂）一般为低浓度的缓冲液，如 $0.05\ mol/L\ PBS$。流动相 pH 一般为中性，即 pH 为 7.0。常用的盐还有 NaCl 和 Na_2SO_4 等，常用的缓冲液还有 Tris 等。

当用于分离某些强疏水性的蛋白质时，如果质量回收率较低，可在流动相中添加适当浓度（5%～20%）的乙二醇。如果待分离纯化的蛋白质的疏水性特别强（例如某些膜蛋白），可以 $0.05\ mol/L\ PBS$ 为流动相 A 液，50%～100%乙二醇 $+ 0.05\ mol/L\ PBS$ 为流动相 B 液。

(2) 离子交换色谱（IEC）流动相。在 IEC 中，流动相 A 液（即弱洗脱液）一般为低浓度的缓冲液，如 $0.05\ mol/L\ PBS$，流动相 B 液（即强洗脱剂）为较高浓度的盐-水溶液，如 $1.0\ mol/L\ NaCl + 0.05\ mol/L\ PBS$。流动相 pH 一般要高于（阴离子交换色谱）或低于（阳离子交换色谱）待纯化蛋白质的等电点至少 1 个 pH 单位。常用的盐还有 $(NH_4)_2SO_4$ 和 Na_2SO_4 等，常用的缓冲液还有 Tris 等。

需要指出的是，无论是 HIC 还是 IEC，均应注意以下两点：①当用于变性蛋白的复性时，由于某些蛋白遇到流动相后特别容易形成沉淀，因此需要在流动相中添加一定浓度的变性剂（如 1～4 mol/L 脲）以抑制沉淀的产生；②最好使用新鲜配置的流动相。如果所配置的流动相准备使用较长时间，最好加入 0.01%叠氮化钠，以防止细菌生长（尤其是在夏天）。

3. 色谱饼的平衡和洗脱

连接好色谱饼后，用 5 倍柱体积的蒸馏水冲洗色谱饼，然后用流动相充满色谱饼前的管路，用 5 ~ 10 倍柱体积的 A 液平衡色谱饼至基线平稳后进样，如果用梯度洗脱则首先在仪器上设好梯度程序，等梯度完成后重新用 100% A 液平衡色谱柱，即可进行下一次分离。

4. 色谱饼的维护和再生

（1）当色谱饼在使用较长一段时间后，色谱饼的压力可能有所升高（特别是用于变性蛋白质的复性或用于分离纯化强疏水性的蛋白质时），可用 8.0 mol/L 脲＋0.1 mol/L 巯基乙醇冲洗（将色谱饼中充满该溶液放置过夜效果更好），再用蒸馏水冲洗即可。

（2）在每次实验结束后必须用蒸馏水把色谱饼冲洗干净。

（3）在实验过程中如果有气泡进入色谱饼时，可用蒸馏水在较大流速下冲洗几分钟即可排除。

（4）使用一段时间后，应该对色谱饼的柱效进行检测，如果柱效明显降低，则可参照上述（1）中方法对其进行处理，反向冲洗效果会更好。

5. 色谱饼的保存

（1）避免色谱饼中填料的干瘪，从色谱系统中卸下色谱柱时，必须用密封堵头把色谱饼的两端封起来。

（2）避免霉菌滋生，当色谱饼有一段时间（超过 2 天）不用时，必须把色谱饼用蒸馏水冲洗干净，然后再用 0.01% 叠氮化钠水溶液或 70%~100% 甲醇将色谱饼充满，从色谱系统中卸下色谱饼，再用密封堵头把色谱饼的两端封起来。

6. 注意事项

（1）色谱饼在使用过程中流速应控制在不使柱压超过 30MPa。

（2）由于所用填料为硅胶基质，因此流动相的 pH 必须在 2~8 范围内。

（3）不要让色谱饼受到强烈撞击或振荡。

§9.2 科林快速蛋白纯化柱的测试

1. 流动相

（1）疏水色谱（HIC）流动相。一般地，在 HIC 中，流动相 A 液（即弱洗脱液）为高浓度的盐-水溶液，如 3.0 mol/L $(NH_4)_2SO_4$＋0.05 mol/L PBS，流动相 B 液（即强洗脱剂）一般为低浓度的缓冲液，如 0.05 mol/L PBS。流动相 pH 一般为中性，即 pH 为 7.0。常用的盐还有 NaCl 和 Na_2SO_4 等，常用的缓冲液还有 Tris 等。

当用于分离某些强疏水性的蛋白质时，如果质量回收率较低，可在流动相中添加适当浓度（5%~20%）的乙二醇。如果待分离纯化的蛋白质的疏水性特别强（例如，某些膜蛋白），可以 0.05 mol/L PBS 为流动相 A 液，（50% ~ 100%）

乙二醇＋0.05 mol/L PBS 为流动相 B 液。

（2）离子交换色谱（IEC）流动相。在 IEC 中，流动相 A 液（即弱洗脱液）一般为低浓度的缓冲液，如 0.05 mol/L PBS，流动相 B 液（即强洗脱剂）为较高浓度的盐-水溶液，如 1.0 mol/L NaCl＋0.05 mol/L PBS。流动相 pH 一般要高于（阴离子交换色谱）或低于（阳离子交换色谱）待纯化蛋白质的等电点至少 1 个 pH 单位。常用的盐还有 $(NH_4)_2SO_4$ 和 Na_2SO_4 等，常用的缓冲液还有 Tris 等。

需要指出的是，无论是 HIC 还是 IEC，均应注意以下两点：①当用于变性蛋白的复性时，由于某些蛋白遇到流动相后特别容易形成沉淀，因此需要在流动相中添加一定浓度的变性剂（如 1～4 mol/L 脲）以抑制沉淀的产生；②最好使用新鲜配置的流动相。如果所配置的流动相准备使用较长时间，最好加入 0.01％叠氮化钠，以防止细菌生长（尤其是在夏天）。

2. 色谱柱的安装

把色谱仪或蠕动泵的入口吸液管插入盛有水的试剂瓶中，打开仪器电源，启动色谱泵，拧下色谱柱两端接头的密封堵头，当连接色谱柱的连接管接口处有液体流出后再接上色谱柱，按柱管上标示的流动相流向，将色谱柱的入口端通过连接管与进样阀出口相连接，待液体流出色谱柱后再将柱的出口与检测器连接。在连接管路时一定要设法降低柱外死体积。连接管通过空心螺钉、压环后尽量用力插到底，然后用手拧紧空心螺钉，直到拧不动为止，再用扳手继续拧紧，切记不要用力过大。如果色谱柱通过流动相加压后有漏液现象，则用扳手继续顺时针拧紧一些，直至不漏液为止。如果拧紧后依然漏液，可将螺钉拧松，取下色谱柱，在空心螺钉上缠少许生料带后重新拧紧即可。

3. 色谱柱的平衡和洗脱

连接好色谱柱后，在流速 2～4mL/min 下用水冲洗 30min，然后在 2mL/min 的流速下用 50％B 液平衡柱子 10min 左右，用 100％A 液平衡 15min 左右至基线平稳后进样，采用事先在仪器上设定好的梯度程序（一般 30min 线性梯度 100％A～100％B，延长 10min）进行洗脱。等梯度完成后重新用 100％A 液平衡色谱柱，即可进行下一次分离。

4. 色谱柱连接在氮气瓶上使用

当在没有色谱仪和蠕动泵的情况下可以通过氮气瓶来提供压力，在氮气瓶的出口处连接一个小型的可调压力表，其最小刻度必须小于 0.1MPa，这样可以很容易调节压力的变化，一般情况下，只需要零点几个兆帕的压力就可以了。流速可通过调节减压阀来控制，实验前应先确定流速，等流速稳定后再开始试验。由于此装置没有梯度混合装置，因此不能进行梯度洗脱，而只能采用脉冲方式进行洗脱，然后分段收集并检测哪一段是所需的组分。

5. 色谱柱的维护和再生

（1）当色谱柱在使用一段时间后其压力可能有所升高（特别是用于变性蛋白质的复性或用于分离纯化疏水性很强的蛋白质时），色谱柱中的填料和柱头之间可能会有很小的空隙，这时可以通过缓慢调节柱头上的可调螺母来进行调节以消除柱头和填料之间的空隙。

（2）在每次实验结束后必须用蒸馏水将色谱柱冲洗干净。

（3）在实验过程中如果有气泡进入色谱柱时可用蒸馏水在较大流速下冲洗几分钟即可排除。

（4）使用一段时间后应该对色谱柱的柱效进行检测（可采用分离几种标准蛋白进行检测），如果柱效明显降低，可用 8.0 mol/L 脲＋0.1 mol/L 巯基乙醇冲洗（将色谱柱中充满该溶液放置过夜效果更好），再用蒸馏水冲洗即可。

（5）当色谱柱使用较长一段时间后，如果柱压明显增加，也可用上述清洗方法反复清洗几次。如果无效，则可将色谱柱从上端卸开，去掉滤膜进行超声清洗或更换滤膜。

（6）色谱柱在使用和保存过程中，尽量使柱身垂直。

6. 色谱柱的保存

（1）避免色谱柱中填料的干瘪，从色谱系统中卸下色谱柱时，必须用密封堵头把色谱柱的两端密封起来。

（2）避免霉菌滋生，当色谱柱有一段时间（超过 2 天）不用时，必须将色谱柱用蒸馏水冲洗干净，然后再用含 0.01％叠氮化钠的蒸馏水将色谱柱充满，从色谱系统中卸下色谱柱，再用密封堵头把柱子的两端密封起来。

7. 注意事项

（1）不能使用有机溶剂（如甲醇、乙醇、丙酮等）冲洗色谱柱；否则，会严重腐蚀柱管。

（2）色谱柱在使用过程中不应使柱压超过 5MPa。

（3）由于所用填料为硅胶基质，因此流动相的 pH 必须控制在 2～8 范围内。

（4）色谱柱在使用过程中不要反接。

（5）不要让色谱柱受到强烈撞击或振荡。

（6）进样量每次最好不要超过 $300\mu L$，如果进样量较大而超过 $300\mu L$ 时，则需要分次进样，具体的操作是先进样 $300\mu L$ 后，用 100％A 液冲洗几分钟至不保留峰出来后再进样。依此类推，直到进完所需体积样品之后再开始走梯度。

§9.3　实验一　科林快速蛋白纯化柱柱效的检测

实验目的

主要了解科林快速蛋白纯化柱的基本结构、操作方法及柱效性能的检测方法。

色谱柱的基本结构

根据生物大分子分离的短柱理论，色谱柱的长度对蛋白质的分辨率仅有很小的影响，基于 SDT-R，蛋白分离只取决于物质与固定相之间的接触面。不难看出，将较大颗粒的色谱填料装填料在一根较长的色谱柱与将较小颗粒的填料装在一根较短的色谱柱里的效果应该是等同的，而且色谱柱装填大颗粒的色谱填料，无须加压应能达到好的分离效果。然而，前者的成本比后者小得多。为了能使更多的人能够进行蛋白分离或使用变性蛋白复性及同时纯化技术，故陕西西大科林基因药业有限责任公司研制出一种科林快速蛋白纯化柱，用于变性蛋白复性及同时纯化。从形状和色谱分离模式来看，这种柱子很像传统的液相色谱柱，但其分辨率却可以和高效液相色谱柱相媲美。但他们对生物大分子的分辨率和固定相表面的性质是有很大区别的。为了对它们加以区别，故把新研制的这种柱子叫做科林快速蛋白纯化色谱柱。

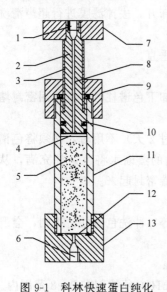

图 9-1 科林快速蛋白纯化
柱的结构示意图

1.流动相进口接口；2.可调节杆；
3.螺纹；4,12.滤膜；5.填料；
6.流动相出口端；7.调节手柄；
8.内导管；9,13.柱头；10.密封
圈；11.塑料管

柱子的形状如其他类型的色谱柱一样被设计成管状，柱长 7cm，内径 1.2cm。其最大特点是可以根据所装填料或实验的需要对柱子的长短进行调节，该简易型色谱柱的结构示意图如图 9-1 所示。

从图 9-1 可以看到，填料 5 被装进由上、下柱头 9 和 13 组装成的塑料管 11 内，柱子的上、下端由滤膜 4 和 12 封住，带有内导管的可调节杆 2 可通过调节杆外面的螺纹 3 在管内进行上下调节，从而使滤膜 4 刚好和填充床接触。流动相可从入口端 1 进入而从出口端 6 流出，在可调节杆 2 以及柱头 13 和塑料管 11 的内壁之间有密封圈 10 和 12 阻止固定相和流动相的泄漏。如同最经典的液相色谱柱一样，该简易型色谱柱既可以在低压条件下使用，又可在现代的中压和高压液相色谱仪条件下使用。通过实验，很好地证明了将小颗粒填料装填在厚度仅为 1cm 的色谱饼中与将大颗粒填料装在一个塑料管中，的确都有好的分离效果。

仪器和试剂

1. 仪器

ÄKTA Explorer 液相色谱仪（瑞典 Amersham Pharamacia 公司），KQ-250 型超声仪（上海昆山检测仪器厂）；CYG-100 高压气动泵（北京西助技术报务中心）；pH-25 型酸度计（上海第二分析仪器厂）；721-W 分光光度计（上海第三分析仪器厂）；实验所用超纯水由 Barnstead

E-Pure净水器（美国，Barnstead Co. Ltd）制备。所装填粒度为$38\mu m$左右的疏水填料（由陕西西大科林基因药业有限责任公司合成），科林快速蛋白纯化柱（陕西西大科林基因药业有限责任公司）及10mm×20mm色谱饼（陕西西大科林基因药业有限责任公司）。

2. 试剂

细胞色素c（Cyt-c，马心）；核糖核酸酶（RNase，牛胰脏）；溶菌酶（Lys，鸡蛋清）；α-淀粉酶（α-Amy，枯草杆菌）和胰岛素（Ins，牛胰脏）均购自Sigma公司（St. Louse，MA，美国），并用超纯水配制成质量浓度为5.0mg/mL的溶液。其余所有试剂均为分析纯试剂。

实验步骤

1. **色谱柱的装填**

由于这种柱子的直径较大且所用的填料颗粒为$38\mu m$左右的大颗粒疏水填料，因此采用常压匀浆装柱法，具体的操作方法是：首先称取4.0g左右的大颗粒疏水色谱填料，用蒸馏水在超声仪上超声10min左右，然后用装柱杯进行自然沉降装柱。在装柱的过程中也可以把装柱杯放在超声仪上进行超声装柱，这样可以使柱子装填得更均匀。等沉降30min左右就可去掉装柱杯，装好柱头后接在色谱仪上用5.0mL/min左右的流速冲洗30min便可使用了。

2. **流动相的配制**

流动相的组成：

A液　$3.0mol/L\ (NH_4)_2SO_4 + 0.050mol/L\ KH_2PO_4$（pH为7.0）。

B液　$0.050mol/L\ KH_2PO_4$（pH为7.0）。

按照上述流动相的组成配制A、B液各500mL，调pH为7.0，放置待用。

3. **色谱柱对标准蛋白的分离**

（1）分离条件的设置

按照色谱仪的基本操作方法，将装好的色谱柱连接在色谱以上，打开泵，设置流速为2mL/min，用A、B液各50%平衡10min，然后换成100%A液在平衡10min以上便可以进样。进样之前要先设置好程序，即分离的条件，一般设置线性梯度为50min，100%B再延长洗拖10min，流速2mL/min，检测波长215nm。

（2）进样

用微型进样器分解吸取标准蛋白细胞色素c（Cyt-c）、核糖核酸酶A（RNase-A）、溶菌酶（Lys）、α-淀粉酶（α-Amy）和胰岛素（Ins）各$20\mu L$进样，进样时先把进样阀扳LOAD状态，然后进样，待进完样之后再把进样阀扳到INJECT状态并同时按下控制仪上的RUN按钮，这时梯度便开始进行。其色谱分离图见图9-2所示。五种标准蛋白可达到基线分离，表明该简易型色谱柱对蛋白质分离具有很好的柱分离能力，也就是说具有很高的柱效。

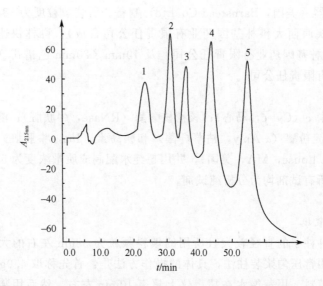

图 9-2　PEG400 疏水型科林快速蛋白纯化柱对五种标准蛋白的分离

色谱条件：流速　1 mL/min；梯度　100％A～100％B，50min 线性梯度；检测波长 λ=215nm

标准蛋白：1. 细胞色素 c；2. 核糖核酸酶；3. 溶菌酶；4. α-淀粉酶；5. 胰岛素

（3）仪器的清洗及色谱柱的保存

当梯度走完之后，需要对色谱仪进行清洗，即把进 A、B 液的塑料管放入蒸馏水里，调节 A、B 液各 50％清洗 10min 左右。然后关掉色谱仪并卸掉色谱柱，封好柱子的两端放置保存。

§9.4　实验二　科林快速蛋白纯化柱对猪心中
细胞色素 c 的分离与纯化

实验目的

进一步掌握仪器及科林快速蛋白纯化柱的操作，学习色谱柱对实际样品的分离与纯化。

实验原理

Cyt-c 是含铁卟啉的结合蛋白质，铁卟啉和蛋白质部分的比为 1：1，猪心 Cyt-c 的分子质量为 12 200Da，酵母 Cyt-c 分子质量为 13 000Da 左右，等电点为 10.2～10.8。因以赖氨酸为主的碱性氨基酸含量较多，故呈碱性。每个分子含一个铁原子，约为相对分子质量的 0.43％，Cyt-c 特别适用于因组织缺氧引起的一系列疾病，如一氧化碳中毒、安眠药中毒、初生儿假死、心肌梗塞等。不同原料提取的 Cyt-c 在结构、组成、相对分子质量、含铁量和等电点等方面可有不同。

Cyt-c 耐干燥、热和酸稳定，目前临床应用的注射用 Cyt-c 主要是从猪心中分离纯化的制品。由于 Cyt-c 具有疏水的内腔，而外部结构则是亲水的，因此可用疏水色谱法对其进行分离。

仪器和试剂

1. 仪器

ÄKTA Explorer 液相色谱仪（瑞典 Amersham Pharamacia 公司），KQ-250 型超声仪（上海昆山检测仪器厂）；pH-25 型酸度计（上海第二分析仪器厂）；721-W 分光光度计（上海第三分析仪器厂）；实验所用超纯水由 Barnstead E-Pure 净水器（美国，Barnstead Co. Ltd）制备。所装填粒度为 38μm 左右的疏水填料（由陕西西大科林基因药业有限责任公司合成），科林快速蛋白纯化柱（陕西西大科林基因药业有限责任公司）。

2. 试剂

硫酸铵（分析纯，天津南开化工厂）；磷酸二氢钾（分析纯，西安化学试剂厂）；氢氧化钾（分析纯，西安化学试剂厂）；盐酸（分析纯，西安化学试剂厂）；丙烯酰胺；N,N-亚甲基双丙烯酰胺（美国 Sigma 公司）；四甲基乙二胺（分析纯，西安化学试剂厂）；过硫酸铵（分析纯，上海化学试剂厂）；甘氨酸（电泳纯，华美生物工程公司）；甲醇、乙醇（分析纯，西安化学试剂厂）；EDTA（分析纯，西安化学试剂厂）；考马斯亮蓝 G-250（Fluka 进口分装）；其余试剂均为分析纯。

实验步骤

1. Cyt-c 的提取

取一定量的新鲜猪心，首先去除脂肪和肌腱等，切成小块洗去血液，在搅肉机中搅碎，然后加入 1.5 倍蒸馏水搅拌均匀，用 1mol/L 硫酸调整 pH 至 4.0 左右，常温搅拌提取 2h，用 1mol/L 氨水调 pH 至 7.0，用纱布压滤除去残渣，收集滤液，将残渣按上述条件重新提取一次，合并两次提取液，调 pH 至 7.2，在 4℃下静置过夜，在高速离心机上用 8000r/min 转速离心 15min，取上清液即得到细胞色素的粗提液。如果所得提取液不是立即使用时应放入冰箱中在 -20℃下冷藏。

2. 流动相的配制

流动相的组成：

A 液　3.0mol/L (NH$_4$)$_2$SO$_4$ + 0.050mol/L KH$_2$PO$_4$（pH 为 7.0）。

B 液　0.050mol/L KH$_2$PO$_4$（pH 为 7.0）。

按照上述流动相的组成配制 A、B 液各 500mL，调 pH 为 7.0，放置待用。

3. 分离条件的设置

按照色谱仪的基本操作方法，将装好的色谱柱连接在色谱以上，打开泵，设置流速为 2mL/min，用 A、B 液各 50％平衡 10min，然后换成 100％A 液在平衡 10min 以上便可以进样了，进样之前要先设置好程序，即分离的条件：设置线性梯度为 30min，流速 2mL/min，检测波长 280nm。

4. 进样

由于样品的浓度较低，如果进样量小的话会使目标峰不明显，而且收样量小还会给后面的电泳检测带来困难。因此，进样量一般在 200～500μL，如果要做电泳则进样量要在 1mL 左右，由于一次进样不超过 200μL，故当进样量较大时可采取累积进样法进样，即每次进样 200μL，待平衡后再进样 200μL，直到达到所需的进样量即可。用其色谱分离图见图 9-3。

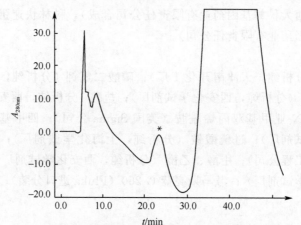

图 9-3　科林快速蛋白纯化柱对猪心中细胞色素 c 的纯化

色谱条件：流速 2 mL/min，梯度　100％A～100％B，30min 线
性梯度；检测波长 λ＝280nm；＊为目标峰

5. 收样

待目标峰出来时便进行收样，收样的时间是从目标峰刚开始上升时收起到峰下降到基线附近时结束。目标峰的位置可在进样之前进一针标准蛋白细胞色素 c，根据标准细胞色素 c 的出峰时间来确定目标峰的出峰时间。

6. 对 Cyt-c 质量回收率的测定

用 Bradford 法分别测定粗提液和目标峰收集液的蛋白含量，并求得其质量回收率列于表 9-1 中。

表 9-1　科林快速蛋白纯化柱对 Cyt-c 进行纯化的质量回收率的测定

样品	总蛋白浓度/（mg/mL）	Cyt-c 浓度／（mg/mL）	质量回收率/％
猪心粗提液	7.91	0.158	96.2
纯化后的目标峰	0.2	0.152	

从结果可以看出用这种柱子进行纯化有着较高的质量回收率，目标蛋白在纯化过程中损失较小。

7. SDS-聚丙烯酰胺凝胶电泳测定 Cyt-c 纯度

对目标峰进行收集，采用 SDS-PAGE 电泳检测，如图 9-4 所示。对电泳进行凝胶扫描得到其纯度化后的样品纯度达到 95％。

传统的提取 Cyt-c 的方法一般都用三氯乙酸来沉淀蛋白，但三氯乙酸可引起 Cyt-c 变性和聚合。实验中发现用三氯乙酸处理过的猪心样品和标准 Cyt-c 用电泳检测都有两条带，而未用三氯乙酸处理过的样品只有一条带，如图 9-4 所示。因此，在用三氯乙酸进行蛋白沉淀时必须严格控制三氯乙酸用量、沉淀温度和时间才能有效降低 Cyt-c 变性和聚合。本实验由于不用三氯乙酸处理样品而直接经过疏水柱，从而避免了三氯乙酸的负面作用，有利于提高收率。

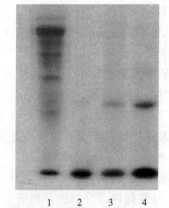

图 9-4　简易型色谱柱对 Cyt-c
纯化电泳图

1. 猪心粗提液；2. 纯化后的 Cyt-c；3、4. 经过三氯乙酸处理过的标准 Cyt-c 和样品

§9.5　实验三　科林快速蛋白纯化柱对变性溶菌酶和核糖核酸酶复性与同时纯化

实验目的

进一步了解科林快速蛋白纯化柱对变性蛋白的复性及同时纯化原理，学习和掌握变性溶菌酶和核糖核酸酶的复性原理及活性检测方法。

实验原理

利用 HPHIC 来复性及同时纯化蛋白的过程如下：当变性蛋白、变性剂和杂蛋白进入 HPHIC 系统后，由于 HPHIC 的固定相对变性剂作用力极弱，而对变性蛋白作用力较强，因此变性剂首先与变性蛋白分离，并随流动相流出色谱柱，蛋白的变性环境瞬间被除去。变性蛋白和部分杂蛋白被阻留在色谱柱中，随着流动相组成的不断变化，变性蛋白不断地在固定相表面上吸附-解吸附-再吸附，并在此过程中逐渐被复性，形成与天然态蛋白相同的三维或四维结构并流出色谱柱。与此同时，由于不同的蛋白质与固定相的作用力不同，因此蛋白在固定相中的停留时间也有所不同，复性的目标蛋白就可与大部分的杂蛋白分离。因此，

HPHIC可以在一步操作中同时完成四种功能：①迅速除去变性剂；②复性目标蛋白；③分离杂蛋白；④回收变性剂，即消除分离纯化过程中变性剂给环境造成的污染。可以说HPHIC具有"一石四鸟"的作用。

仪器和试剂

1. 仪器

ÄKTA Explorer液相色谱仪（瑞典Amersham Pharamacia公司），KQ-250型超声仪（上海昆山检测仪器厂）；pH-25型酸度计（上海第二分析仪器厂）；721-W分光光度计（上海第三分析仪器厂）；实验所用超纯水由Barnstead E-Pure净水器（美国，Barnstead Co. Ltd）制备。所装填粒度为$38\mu m$左右的疏水填料（由陕西西大科林基因药业有限责任公司合成），科林快速蛋白纯化柱（陕西西大科林基因药业有限责任公司）。

2. 试剂

硫酸铵（分析纯，天津南开化工厂）；磷酸二氢钾（分析纯，西安化学试剂厂）；氢氧化钾（分析纯，西安化学试剂厂）；盐酸（分析纯，西安化学试剂厂）；其余试剂均为分析纯。

实验步骤

1. 变性溶菌酶和核糖核酸酶A的制备

称取天然溶菌酶（Lys）和核糖核酸酶A（RNase-A）各10mg，溶于8.0mol/L脲中，浓度为5mg/mL，并在25℃变性24h，然后放在冰箱中待用。

2. 流动相的配制

按照流动相的组成：

A液　3.0mol/L $(NH_4)_2SO_4$ ＋ 0.050mol/L KH_2PO_4（pH为7.0）。

B液　0.050mol/L KH_2PO_4（pH为7.0）。

配制A、B液各500mL，调pH为7.0，放置待用。

3. 科林快速蛋白纯化柱对变性Lys和RNase-A的复性及同时纯化

待仪器平衡后，设置色谱条件为：梯度30min，并延长到40min，流速2mL/min，检测波长280nm。用微量进样器取变性好的Lys和RNase-A各$20\mu L$混合进样，由于RNase-A和Lys的疏水性有所差异，因此当这两种变性蛋白在经过色谱柱进行复性的同时得到了分离。分别收集这两个目标峰以便用于后面蛋白含量和活性的测定。

4. Bradford法测定蛋白含量

用Bradford法测定蛋白含量：根据Bradford法，用考马斯亮蓝G-250作为染料来测量蛋白在595nm的吸收。先绘制标准曲线，在六个5mL的塑料管中分别加入2mL考马斯亮蓝，然后依次加入0.2mg/mL的BSA溶液$0\mu L$、$20\mu L$、$40\mu L$、$60\mu L$、$80\mu L$、$100\mu L$、$120\mu L$，并用0.15mmol/L氯化钠溶液补至总体积为 2.2mL。在 595nm 处测定其吸光度值，再以 A_{595nm} 对 BSA 的浓度作图。测定样品时，在 5mL 的塑料管中分别加入 2mL 考马斯亮蓝，然后依次加入样品溶液，在 595nm 处测定其吸光度 A。将 A 代入标准曲线求待测样的蛋白含量。

5. Lys 活性的测定

取溶壁球菌干菌粉少许，加入少量 0.067mol/L 的磷酸缓冲液（pH 为 6.2），用玻璃棒研磨匀浆，再加入 pH 为 7.0 的磷酸缓冲液至 OD 值为 0.6～0.8 即可。用移液管移取 3.0mL 配置好的溶壁球菌菌液于比色皿中，加入相当量的 Lys 溶液，（酶量在 100μg 左右），迅速摇匀，以蒸馏水为参比，在 450nm 的波长下每隔 30s 测一次吸光值，共读 3min，以吸光度对时间作图，取最初线性部分，其斜率即为吸光度值的变化率。再以吸光度值的变化率对加入标准蛋白质的质量作图，用同样的方法测定样品的吸光度值的变化率，依据标准曲线求得蛋白的绝对量或浓度，同时与标准蛋白活性绝对值或浓度比较，便可计算出活性回收率。

6. RNase-A 活性的测定

（1）溶液的配制

1）0.1mol/L pH 为 5.0 的乙酸缓冲溶液。称取 5.78g CH_3COONa，加入 1.7 mL CH_3COOH，用蒸馏水稀释至 500mL。

2）0.05% 核糖核酸酵母溶液。称 0.05g 核糖核酸酵母，用 0.1mol/L pH 为 5.0 的乙酸缓冲溶液溶解并稀释至 100mL。

（2）测活方法。用移液管移取已配制好的 0.05% 的核糖核酸酵母溶液 2.5mL 于比色皿中，加入一定量的样品 RNase-A 溶液，迅速摇匀，以蒸馏水为参比，在 300nm 波长下每隔 30s 测一次吸光值，共读 3min，得到一组对应于时间 t（min）的 A_t 值。当样品管反应 3h 后再测定 300nm 处的吸光值 A_f，A_f 为最终的光吸收，分别求得一组对应于 t 的 $\lg(A_t - A_f)$，以 $\lg(A_t - A_f)$ 对时间 t 作图应得到线性关系，画出直线。求出直线斜率的数值 S，将 S 带入标准曲线，求得活性回收率。将 S 带入下列公式中，可求出酶的活力

$$单位/mg = S \times (-2.3) \times 4/(样品管中含酶的数量)$$

§9.6 实验四 科林快速蛋白纯化柱对重组人干扰素-γ 的复性及同时纯化

实验目的

通过对科林快速蛋白纯化柱对重组人干扰素-γ 的复性及同时纯化的学习，初步了解色谱法对实际样品的复性及同时纯化方法。

实验原理

干扰素-γ 又称免疫干扰素，是细胞分泌的一种功能调节蛋白，它不仅能抑

制病毒复制和细胞分裂，而且具有免疫调节功能。在临床上可以治疗免疫功能低下，免疫缺陷，恶性肿瘤以及某些病毒性疾病。干扰素-γ 是由 143 个氨基酸残基组成，分子质量为 16 775Da，等电点为 8.6，由于其分子中无半胱氨酸，因此分子中不含二硫键。

目前生产和应用量最大的是基因工程干扰素，由于基因工程 *E. coli* 发酵获得的重组人干扰素-γ（rhINF-γ）是以包涵体的形式存在的，需要用高浓度的变性剂，如 7.0mol/L GuHCl 或 8.0mol/L 脲溶液对其进行溶解，因此得到的 rhINF-γ 无生物活性，且与大量的杂蛋白混杂在一起，使进一步的复性和分离纯化比较困难。传统的方法是先用透析法或稀释法将蛋白质复性，再采用多步的分离方法纯化才能得到纯度可达 95% 左右的活性 rhINF-γ。这些复性及分离纯化过程中的一个共同缺点是：复性效率低，分离纯化步骤多，活性回收率和质量回收率均较低，致使生产成本高。1991 年，耿信笃教授首次将 HPHIC 用于 rhINF-γ 的复性与同时纯化研究，取得了显著成果。

仪器与试剂

1. 仪器

ÄKTA Explorer 液相色谱仪（瑞典 Amersham Pharamacia 公司），KQ-250 型超声仪（上海昆山检测仪器厂）；pH-25 型酸度计（上海第二分析仪器厂）；721-W 分光光度计（上海第三分析仪器厂）；VCF1500 型超声破碎仪（美国 SONICS 公司）；实验所用超纯水由 Barnstead E-Pure 净水器（美国，Barnstead Co. Ltd）制备。所装填粒度为 38μm 左右的疏水填料（由陕西西大科林基因药业有限责任公司合成），科林快速蛋白纯化柱（陕西西大科林基因药业有限责任公司）。

2. 试剂

硫酸铵（分析纯，天津南开化工厂）；磷酸二氢钾（分析纯，西安化学试剂厂）；氢氧化钾（分析纯，西安化学试剂厂）；盐酸（分析纯，西安化学试剂厂）；丙烯酰胺，N，N-亚甲基双丙烯酰胺（美国 Sigma 公司）；四甲基乙二胺（分析纯，西安化学试剂厂）；过硫酸铵（分析纯，上海化学试剂厂）；甘氨酸（电泳纯，华美生物工程公司）；甲醇，乙醇（分析纯，西安化学试剂厂）；脲（分析纯，西安化学试剂厂）；盐酸胍（分析纯，中国医药集团上海化学试剂公司）；EDTA（分析纯，西安化学试剂厂）；考马斯亮蓝 G-250（Fluka 进口分装）；其余试剂均为分析纯。

实验步骤

1. 流动相的配制

按照流动相的组成：

A 液　3.0mol/L （NH₄）₂SO₄＋0.050mol/L KH₂PO₄（pH 为 7.0）。

B 液　0.050mol/L KH₂PO₄（pH 为 7.0）。

配制 A、B 液各 500mL，调 pH 为 7.0，放置待用。

2. 科林快速蛋白纯化柱对重组人干扰素-γ 的复性及同时纯化

取新抽提的 rhINF-γ 样品 200μL 直接进样，采用 50min 线性梯度，流速为 2mL/min，其色谱分离图如图 9-5 所示。

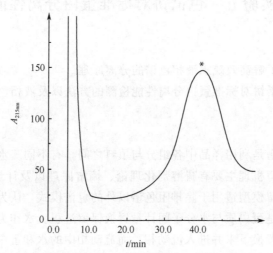

图 9-5　科林快速蛋白纯化柱对重组人干扰素-γ 的分离图

色谱条件：梯度　100%A～100%B，50min；流速　1mL/min，检测波长　215nm

＊为目标峰

实验中也可以用脉冲或非线性梯度进行洗脱，实验证明用这两种方法也能达到很好的复性及纯化效果。

3. SDS-聚丙烯酰胺凝胶电泳检测

对目标峰进行收集，用 SDS-PAGE 电泳检测，其中分离胶 15%，浓缩胶 6%，电泳结果如图 9-6 所示。

4. 活性的测定

对收集的样品采用细胞病变抑制法进行测活，测得不同洗脱方式下的活性列于表 9-2。从活性结果来看，这三种洗脱模式得到的 rhINF-γ 都有较高的比活，比文献报道活性提高 10 倍以上，这是由于疏水性蛋白在疏水性柱上有较强的保留，而亲水性的蛋白不保留或保留很弱，采用盐溶液作为流动相，在疏水柱上活性蛋白不会产生不可逆

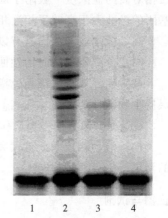

图 9-6　不同洗脱方式下的

rhINF-γ 的电泳扫描图

1,3,4.分别为梯度,脉冲和非

线性梯度洗脱；2.抽提液

吸附，活性蛋白的三维结构不会被破坏，因而失活率低。

表 9-2　HPHIC 中不同洗脱方式下的 rhINF-γ 的活性

洗脱方式	线性梯度洗脱	非线性梯度洗脱	脉冲洗脱
比活/（IU/mg）	8.9×10^8	3.2×10^8	3.0×10^8

§9.7　实验五　色谱饼对标准蛋白分离性能的检测

实验目的

（1）进一步了解高效疏水液相色谱的分离原理。

（2）掌握色谱饼对标准蛋白分离性能检测的方法以及液相色谱仪器的操作。

基本原理

高效疏水色谱是利用样品中各组分与填料之间具有不同疏水性来进行分离的一种方法。其保留机理主要有疏溶剂化理论、熵增原理以及计量置换保留模型，其中计量置换保留模型适用于除排阻色谱以外的色谱模式，认为蛋白质在疏水色谱上的保留过程是蛋白质与水分子间计量置换保留过程。水作为置换剂将吸附在配体上的蛋白质置换下来并进入流动相，而流动相中的水和蛋白质在被配体吸附时又会释放出相同数目的水分子。

Mories 对高效疏水液相色谱（HPHIC）三个基本点做了详细的描述：①保留过程有一个与其他色谱相反的温度系数，即温度增加，保留时间增长；②溶质在相对高的盐浓度下吸附于固定相上，而在低盐浓度时洗脱下来；③固定相疏水基团的极性大于高效反相液相色谱。

高效疏水液相色谱具有以下优点：

（1）分离蛋白质时活性回收率高。

（2）在高效疏水液相色谱中因采用了盐的水溶液作为流动相，可使许多需要保持生物活性的蛋白质在相似的条件下研究其物理化学性质。

（3）在分离方法上可以作为高效反相液相色谱的补充。

（4）流动相成本低且大大减少了在高效反相液相色谱使用的有机溶剂对环境的污染。

仪器与试剂

1. 仪器

高效液相色谱仪（LC-10A VP，日本岛津公司），包括两台 LC-10ATVP 泵，一台 SPD-10A VP 紫外可见检测器，一台 SCL-10A VP 主机控制仪，手动进样阀；KQ-250 型超声清洗仪（上海昆山检测仪器厂）；微量注射器（50μL）；

20mm×10mm I. D. 不锈钢色谱饼内装 PEG600 疏水填料（陕西西大科林基因药业有限责任公司合成）

2. 试剂

细胞色素 c（Cyt-c）、肌红蛋白（Myo）、核糖核酸酶 A（RNase-A）、溶菌酶（Lys）、α-淀粉酶（α-Amy）、胰岛素（Ins）（购自美国 Sigma 公司）；硫酸铵、磷酸二氢钾、氢氧化钠（分析纯）；水为去离子水。流动相均经超声仪超声脱气。

实验步骤

（1）流动相的配制

A 液　3mol/L（NH_4）$_2SO_4$ + 50mmol/L KH_2PO_4（pH 为 7.0）。

B 液　50mmol/L KH_2PO_4（pH 为 7.0）。

（2）将装有疏水填料的色谱柱接在高效液相色谱仪上，用 100%B 洗柱子 10min，100%A 平衡柱子，至基线走平，25min 线性梯度 0～100%B，延长 10min。流速 2.0mL/min，检测波长为 280nm。

（3）使用的标准蛋白分别为 Cyt-c、Myo、RNase-A、Lys、α-Amy 和 Ins，定性地了解柱子的分离效果。进样量分别为 15μL、15μL、10μL、3μL、15μL、20μL（标准蛋白均为 5 mg/mL）。根据色谱峰分离程度判断柱效。

（4）用水洗脱色谱仪 30min 以上再关机，避免流动相腐蚀或者堵塞管路。

实验结果

标准蛋白的分离情况如图 9-7 所示。图 9-7 中蛋白质洗脱顺序为：细胞色素 c，肌红蛋白，核糖核酸酶，溶菌酶，α-淀粉酶，胰岛素。从图 9-7 中可见，用这

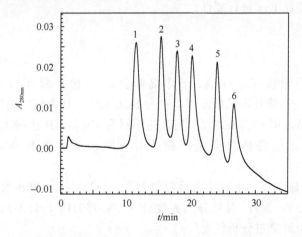

图 9-7　六种标准蛋白在 20mm×10mm I. D. 色谱饼中的分离图
1. Cyt-c；2. Myo；3. RNase；4. Lys；5. α-Amy；6. Ins

种方法对上述标准蛋白进行分离，基本达到基线分离要求。这说明色谱饼能够用于生物大分子的分离和纯化。

§9.8 实验六 科林快速蛋白纯化柱对还原变性溶菌酶的复性

实验目的

用弱阳离子交换型科林快速蛋白纯化柱对还原变性溶菌酶进行复性，初步掌握用离子交换色谱法对含多对二硫键的还原变性蛋白进行复性的方法。

实验原理

由于 95％的蛋白都含有二硫键，所以重组蛋白在复性过程中必然要涉及二硫键的正确对接问题。因此研究还原变性蛋白在疏水色谱上的复性对于基因工程重组蛋白利用疏水色谱复性有更广泛的指导意义。天然溶菌酶（Lys）具有较强的疏水性，其分子内含有 4 对二硫键。当 Lys 被还原变性时，由于稳定蛋白质结构的二硫键被破坏，其分子内的疏水性残基充分外露，很容易发生分子间的相互作用，从而引起聚集沉淀，并会形成错误的二硫键，因此其复性很难，采用常规方法复性所得的质量回收率和活性回收率均很低。用离子交换色谱（IEC）对还原变性的 Lys 进行复性已经获得了成功，并得到了很高的复性效率。用 IEC 对还原变性的 Lys 进行复性时，还原变性 Lys 被吸附在 IEC 固定相上，从而抑制了聚集体的产生，有利于蛋白质的复性。一般地，弱碱性环境（pH 为 8 ～ 9）有利于蛋白质的折叠和二硫键的对接，Lys 的等电点为 11，因此采用阳离子交换色谱对还原变性 Lys 进行复性。

仪器与试剂

1. 仪器

高效液相色谱仪（LC-10A，日本岛津公司），包括两台 LC-10AT VP 泵，一台 SPD-10A VP 紫外可见检测器，一台 SCL-10A VP 主机控制仪，一台 CTO-10ASVP 柱温箱，Rheodyne 7725 手动进样阀和 Class-VP 色谱工作站；弱阳离子交换（WCX）型科林快速蛋白纯化柱（陕西西大科林基因药业有限责任公司）。

KQ-250 型超声仪（上海昆山检测仪器厂）；CYG-100 高压气动泵（北京西助技术报务中心）；紫外-可见分光光度计（UV-1601PC，日本岛津公司）；721 分光光度计（上海第三分析仪器厂）。

2. 试剂

溶菌酶（lysozyme，Lys）（美国 Sigma 公司）；DTT（华美生物工程公司，美国 Amresco 公司进口分装）；DTNB（华美生物工程公司，美国 Sigma 公司进口分装）；氯化钠（分析纯，沈阳化学试剂厂）；Tris（分析纯，北京益利精细化学品有限公司）；脲（urea，分析纯，中国成都金山化工试剂厂）；盐酸胍（GuHCl，分析纯，中国医药集团上海化学试剂公司）；EDTA（分析纯，天津市劢特吉尔环保技术研究所）；考马斯亮蓝 G-250（Fluka 进口分装）。

实验步骤

1. 还原变性 Lys 的制备

10mg 的天然 Lys 溶解在 2mL 8 mol/L 脲变溶液中，其组成为：0.1 mol/L Tris-HCl，（pH 为 8.0）＋8 mol/L 脲＋1mmol/L EDTA＋0.1 mol/L β-巯基乙醇；40℃水浴恒温 3h。

2. 流动相的配制

按照流动相的组成：

A 液　0.10mol/L Tris（pH 为 8.0）＋3 mol/L 脲＋1mmol/L EDTA＋3mmol/L GSH＋0.6mmol/LGSSG。

B 液　1.0 mol/L $NH_4(SO_4)_2$＋0.10mol/L Tris（pH 为 8.0）＋3 mol/L 脲＋1mmol/L EDTA＋3mmol/L GSH＋0.6mmol/L GSSG。

配制 A、B 液各 500mL，调 pH 为 8.0，放置待用。

3. WCX 型科林快速蛋白纯化柱对还原变性 Lys 的复性

所有色谱过程均在室温下进行。流速为 2.0 mL/min。梯度为 25 min，0% B～100% B 线性梯度。用流动相 A 平衡 WCX 型简易色谱柱后，将 100 μL 8.0 mol/L 脲还原变性的 Lys 直接进入色谱柱中，启动梯度，检测波长 280 nm，其色谱图如图 9-8 所示。收集洗脱的 Lys 馏分，在室温下放置 4h 使其充分氧化，测定质量回收率和活性回收率。

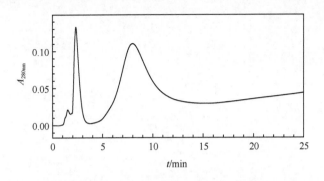

图 9-8　WCX 型简易色谱柱对还原变性 Lys 的复性色谱图

4. Bradford 法测定蛋白含量

根据 Bradford 法，用考马斯亮蓝 G-250 作为染料来测量蛋白在 595nm 的吸收。先绘制标准曲线，在 6 个 5ml 的塑料管中分别加入 2mL 考马斯亮蓝，然后依次加入 0.2mg/mL 的 BSA 溶液 $0\mu L$、$20\mu L$、$40\mu L$、$60\mu L$、$80\mu L$、$100\mu L$、$120\mu L$，并用 0.15mmol/L 氯化钠溶液补至总体积为 2.2mL。在 595nm 处测定其吸光度值，再以 A_{595nm} 对 BSA 的浓度作图。测定样品时，在 5mL 的塑料管中分别加入 2mL 考马斯亮蓝，然后依次加入样品溶液，在 595nm 处测定其吸光度 A。将 A 代入标准曲线求待测样的蛋白含量。

5. Lys 活性的测定

取溶壁球菌干菌粉少许，加入少量 0.067mol/L 的磷酸缓冲液（pH 为 6.2），用玻璃棒研磨匀浆，再加入 pH 为 7.0 的磷酸缓冲液至 OD 值为 0.6～0.8 即可。用移液管移取 3.0mL 配置好的溶壁球菌菌液于比色皿中，加入相当量的 Lys 溶液，（酶量在 $100\mu g$ 左右），迅速摇匀，以蒸馏水为参比，在 450nm 的波长下每隔 30s 测一次吸光值，共读 3min，以吸光度对时间作图，取最初线性部分，其斜率即为吸光度值的变化率。再以吸光度值的变化率对加入标准蛋白质的质量作图，用同样的方法测定样品的吸光度值的变化率，依据标准曲线求得蛋白的绝对量或浓度，同时与标准蛋白活性绝对值或浓度比较，便可计算出活性回收率。